行銷研究

——理論、方法、運用

蕭鏡堂　著

三民書局

國家圖書館出版品預行編目資料

行銷研究:理論、方法、運用 / 蕭鏡堂著. －－初版一
刷. －－臺北市: 三民，2005
　　　面；　　公分
　　參考書目：面
　　含索引
　　ISBN 957-14-4322-0　（平裝）

　1.市場學－研究方法 2.統計－電腦程式

496.031　　　　　　　　　　　　　94012077

網路書店位址　http://www.sanmin.com.tw

© 行 銷 研 究
—— 理論、方法、運用

著作人　蕭鏡堂
發行人　劉振強
著作財
產權人　三民書局股份有限公司
　　　　臺北市復興北路386號
發行所　三民書局股份有限公司
　　　　地址／臺北市復興北路386號
　　　　電話／(02)25006600
　　　　郵撥／0009998-5
印刷所　三民書局股份有限公司
門市部　復北店／臺北市復興北路386號
　　　　重南店／臺北市重慶南路一段61號
初版一刷　2005年9月
編　　號　S 493520
基本定價　柒元陸角
行政院新聞局登記證局版臺業字第○二○○號

ISBN　957-14-4322-0　（平裝）

序

面臨需求多樣化、產品生命週期短縮化、及市場成熟化的今天，為求掌握市場，獲取適當利潤，企業的經營莫不以滿足顧客的需求為目標，而其達成之方法則須賴於市場資料的蒐集、分析、與運用，故掌握滿足顧客需求之工具——行銷研究實遂扮演左右今日企業成敗之關鍵性角色。

在行銷學的領域中，行銷研究是發展最迅速，且最被企業界重視之一門新興學問。在國內，行銷研究技術的導入，也有將近三十年的歷史，但一般企業，迄今仍然無法正確有效地實施行銷研究，究其原因乃是誤解行銷研究的特性，將行銷研究視為單純之問卷調查。事實上，行銷研究是一種科學方法，它講求客觀原則，以合乎邏輯的手段，利用資料來瞭解、及解決特定之行銷問題，但任何資訊皆有風險；風險僅能降低，無法剔除，故為求降低資訊風險，行銷研究必須循一定的程序，即行銷問題的發掘、假設因素的設定、調查主題的確定、研究設計之編擬、資料的蒐集、資料的整理、資料的檢定與分析、及調查結果之報告等步驟進行。在應用上，行銷研究人員必須具有行銷學、統計學、管理學、及邏輯學的基本知識，方能如願以償的達到解決行銷問題之目的。

本書是一本最基本的入門書，書本的內容除了取材於美、日兩國之資料外，還參照個人從事之行銷研究個案，及歷年來的工作及教學經驗等彙編而成，並依

行銷研究的程序，將本書編排為行銷資訊、何謂行銷研究、確認調查主題、研究設計、間接資料的蒐集、抽樣調查、描述性資料的蒐集、因果性資料的蒐集、行為資料的蒐集、問卷設計、實地調查、調查資料之整理、資料分析(一)——單變數統計推估與檢定、資料分析(二)——多變數統計推估與檢定、及行銷研究報告之撰寫等十五章，分別說明有關理論、運作方式、及相互關係，使初學者對行銷研究有一整體性的概念、及初步性的應用技術。

由於行銷研究之範圍涉及甚廣，復因個人才疏學淺，謬誤之處，自當難免，尚祈各界先進專家不吝指正賜教。

本書之完成，首應感謝啟蒙老師、早稻田大學商學研究所指導教授原田俊夫博士之賜教。三民書局劉振強董事長慨允出版，在此謹致最大謝意。

蕭鏡堂

謹識於臺灣桃園市

2005 年 9 月 1 日

行銷研究

──理論、方法、運用

目　次

序

第二篇　行銷研究規劃

第3章　確認調查主題

第4章　研究設計

第三篇　資料蒐集

第5章　間接資料的蒐集

第6章　抽樣調查

10 第 10 章　問卷設計

第四篇　資料之整理與分析

第12章　調查資料之整理

第13章　資料分析㈠
——單變數統計推估與檢定

第14章　資料分析㈡
——多變數統計推估與檢定

第五篇　行銷研究報告

第15章　行銷研究報告之撰寫

15

第一篇

行銷研究之概論

第 *1* 章
行銷資訊

　　市場導向之經營，行銷資訊左右了企業經營及行銷的成敗。行銷資訊不同於行銷資料，它是將行銷資料配合行銷決策模式加以整理、分析而成，但由於任何資訊皆有風險性與時效性，故面臨於行銷環境急速變化的今日，如何評估行銷資訊、掌握行銷資訊的來源是行銷研究之主要課題。

　　針對前述之議題，本章分別以資料與資訊、行銷資訊與行銷、及行銷資訊的來源等三大單元，分別予以探討。

釋例 行銷研究與行銷決策

　　面臨家電市場飽和之情況下，某一家電公司想利用零利率分期付款的方式來開拓家電潛在市場，但市面上之其他行業，不論是家電、汽車、機車等等，早已採用零利率分期付款作為開拓潛在市場的策略，但成效不彰。為探求零利率分期付款到底有沒有市場，以供作為開拓潛在市場之依據，該公司進行家電分期付款市場潛力調查。調查的結果，發覺到中年齡層的人，大多數認為家電產品價格不高，又加上價值觀之關係，不願以分期付款的方式來購買家電產品，同時對家電的需求也僅局限於某些特定項目。至於年輕人，則一直追求新潮家電，偏向於享受型，由於所得之關係，願意以分期付款的方式來購買家電產品，但基於分期付款的手續太麻煩，故除非萬不得已，否則也不願意利用分期付款的方式來購買家電產品。除了直接資料之外，該公司也蒐集了相關之間接資料，經間接資料分析之結果，發覺到臺灣近 80% 之成年人擁有信用卡。根據蒐集之直接資料與間接資料之研判，認為若能克服分期付款手續麻煩的問題，年輕人將是一個很大的家電市場，於是利用信用卡作為分期付款之手段，遂成為開拓年輕人家電潛在市場之行銷策略依據。

1.1 資料與資訊

事實、現象、或事件等說明之文字、數據、或符號謂之資料 (Data)；如銷售收入、市場概況、客戶訪問數、產銷量等等。資料的數量往往非常龐大，且其來源又分散於各處，故較不易符合管理上的要求。資訊 (Information) 是指能影響某一特定行為之資料，它是配合管理目的，將資料加以處理而得 ❶。質言之，資訊是已轉換為有用形式之供決策參考之資料。例如銷售收入、產品類別等皆為資料的一種，僅憑它本身所顯示之意義，並不足引起行銷決策人員產生管理上之行為，但若將上述兩項資料加以整理，編製產品別銷售分析表，則可以使行銷人員藉著對銷售結構的瞭解，激發管理意識。此種將各種不同之資料，配合管理目的，經由整理、分析、及比較等過程之數據或現象稱為資訊。

行銷資訊是依據行銷決策問題模式，將各項相關資料加以整理、分析而得。資訊的產生過程中，由於涉及到資料的蒐集作業、及行銷決策有關之數字系統等統計之問題，故任何行銷資訊皆具有風險 (Risk)。基於資訊風險無法避免，僅能降低，行銷資訊之處理，應特別注意資訊的產生過程是否符合邏輯、數字系統特性是否符合調查要求、及統計工具的選擇是否適當等問題，切勿斷章取義，以免造成資訊的不可靠性，影響到行銷決策。

行銷決策須仰賴資訊，但並非所有之行銷資訊皆能符合決策之要求，故於運用之前，應對下列事項予以評估 ❷。

1. 關聯性 (Relevance)

行銷資訊必須符合行銷決策者的需求。為求確保資訊與行銷決策的關聯性，於資訊提供之前，行銷研究人員必須清楚瞭解決策人員面臨之行銷問題。

2. 品質 (Quality)

高品質的資訊必須具備時效性 (Timely) 與完整性 (Completeness) 兩大要件。

---

❶ Mayros and Wemer, *Marketing Information System : Designing and Application for Market.* Chilton Book Company, 1982, p.13.

❷ Sigmund, *Exploring Marketing Research.* 1997, p.30.

至於資訊品質的高低，則端賴資訊對現況之反應程度；即反應程度愈高，資訊品質愈高，反之則愈低。對行銷人員而言，為求確保行銷資訊的品質，資訊產生過程之有關作業及方法，應依理論觀點予以評估。

3.時效性

不合時宜之資訊的應用會導致行銷決策陷入錯誤的境界，尤其是面臨外在環境急速變化的今日，行銷資訊應特別重視速度與時效，以強化企業的競爭力。資訊時效的提升取決於資訊系統，透過企業內部的網路系統，將決策所須資訊直接傳送給決策者。

4.完整性

行銷決策不能根據單一資訊，而是匯集各種不同之相關資訊作為判斷依據，故行銷資訊的提供必須考慮資訊的完整性，切勿掛一漏萬，影響到決策的可靠性。

表 1–1　資料 (Data) 與資訊 (Information) 比較表

類別	資料	資訊	
		形態	決策 (Decision Making)
意義	折價券	趨勢　$Y = a + bx$	預估 變化趨勢
	銷貨收入	相關　$\begin{array}{l}1 > r > 0\\ r = 0\\ 0 > r > -1\end{array}$	相關性 獨立 相斥性
尺度形式、資料類型與代表值之關係			
尺度形式	資料類型		代表值
類別 (Nominal) 順位 (Ordinal) 等距 (Interval) 等比 (Rational)	定性 (Quality) 定性 (Quality) 定量 (Quantity) 定量 (Quantity)		眾數 中位數 算術平均數 幾何平均數

1.2　行銷資訊與行銷

行銷是指以滿足需求為前提而從事之瞭解市場、界定市場、及滿足市場的有關交換作業，這些行銷作業的運作，皆須仰賴正確的行銷資訊，以供分析可行方案，制定有效決策。如以新產品開發為例，行銷人員必須先掌握購買者特性、市

場規模、競爭形態、法規、流通機構、生產技術、及原材料來源等資料，並分別進行分析、研判之後，方能擬定符合市場及企業要求之新產品開發方案、及編制實行計畫。茲就行銷資訊之必要性，扼要列舉如下：

1.市場的擴大

市場營運的領域已由國內市場擴展到全球市場。市場空間的擴大及距離的拉長，企業對市場的掌握，非借助行銷資訊不可。

2.需求的多樣化

國民所得的提高、及傳播工具的發達，不僅使消費者的需求趨於多樣化，同時也擴大了對產品選擇的空間，故除非擁有大量且正確的市場相關資訊，否則不易迅速判斷及掌握市場需求的變化傾向。

3.行銷環境的變化

行銷環境能為企業帶來行銷機會與威脅，它會使某一產業由市場上消失，同時也能創造新的產業。如以環保環境為例，面臨於環保時代，有關涉及到污染的產業、或耗能產業皆會因環保而失去市場，但對環保科技、資源回收、污染防治設備、或節約能源的需求卻日益殷切，有關上述之產業遂應運而生。面對變化急速的行銷環境，唯有行銷資訊的充分掌握，才能降低環境風險，確保行銷機會。

4.決策風險

面對動態的市場與環境，行銷決策的不確定性也相對的提高。於市場導向的經營下，行銷除了扮演功能層面的角色外，還擔負企業整體決策的任務，故行銷決策一旦有任何差錯，則將使企業遭受極大的損失，甚至面臨破產之命運。為求降低決策風險，企業對行銷資訊的依賴也日益加深。

1.3　行銷資訊的來源

行銷資訊可經由：①決策支援系統 (Decision Support System)，②策略資訊系統 (Strategic Information System)，③行銷資訊系統 (Marketing Information System)，及④行銷研究 (Marketing Research) 等四大系統獲得，茲分別略述如下。

1.3.1　決策支援系統

　　「於決策之際，協助管理人員獲取及處理所需資訊之相互依存性、及變通性之資訊系統謂之決策支援系統」❸。質言之，決策支援系統是一種可以由管理者親自運作，毋須依賴資料處理專業人員協助擬定決策、進行分析、解決問題之電腦資訊系統，主要之構成要件有：

1. 資料庫 (Data Bank)

　　資料庫的大小與資料特性應配合決策項目之要求。

2. 模式庫 (Model Bank)

　　模式庫依行業特性而異。如以受天候左右之休閒業為例，模式建立應考慮天候、假期、人數、營業額、所得、顧客特性等變數。

3. 統計分析 (Statistical Analysis)

　　配合數的特性，選擇及運用適當的統計方法與各種統計解析方法。

4. 對談式軟體 (Dialogue Generation and Management Software)

　　僅須簡單操作就能依決策者的要求，由電腦螢幕中顯示有關之圖形、電腦語音，使決策者能輕而易舉的取得決策模式與資訊。

　　決策支援系統是針對「作好決策」，「如果這樣，則該怎麼辦?」而設計的依高層、中層、及基層等不同之階層，分別設計不同的決策支援系統。如以高階管理為例，高階管理者的職責是策略性規劃的擬定與實施，故其資訊大多來自於外部，範圍廣泛、整合度難、時間偏向於未來。

---

❸Lamb, Hair and McDaniel, *Principles of Marketing*, 2nd edition. Thomson South-Western, 1994, p.229.

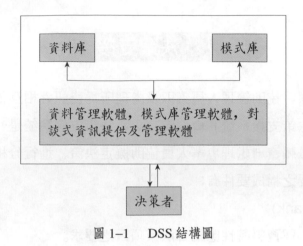

圖 1-1　DSS 結構圖

1.3.2　策略資訊系統

以實施企業整體策略為目的之資訊系統稱為策略資訊系統 (Strategic Information System)，簡稱 SIS。SIS 出現於 1985 年，它是當時美國企業為維持競爭優勢、掌握市場而設計之策略性資訊系統，其特質是著重於環境變化的因應、及企業整體性決策。主要功能如下：

1. 提供高品質、時效性資訊

由價值鏈 (Value Chain) 之相關產業的電腦系統、溝通系統、網路系統 (CCN) 與資料庫構成，可立即掌握上、下游之正確資訊。

2. 創造資訊的附加價值

資訊的單獨使用，其用途僅局限於一定的範圍，但若能融匯人、物、財等經營資訊，則能創造新的資訊價值，而 SIS 則具有此一功能。

3. 擴大資訊運用之領域

經由 SIS 產生出來之資訊，不僅可供長期計畫之用，同時也可用以掌握現況、監控環境、及開拓新市場之用。

4. 協助決策者

即時提供有關資訊，並從中擇取最佳方案。

5. 縮短決策時間、防止洩漏機密資訊

如以日本豐田汽車公司之 SIS 為例，其系統是由國內的營業部門、國外代理商等之營業資訊系統，研發機構之研究開發資訊系統，及生產單位與協力廠商之生產資訊系統，供應商之原材料供應資訊系統，及配送機構之物流系統所構成，電腦系統採用「自分律分散制御」，由各單位依其職責輸入密碼，索取所需資訊，達到縮短決策時間，及保密之目的。

表 1–2　一般性資訊系統與 SIS 比較表

類別	目的	資訊處理	系統形態	系統主控者	最終目標
一般性資訊系統	強化經營體質、經營合理化、增加銷售	集中式、固定性資料處分	企業內部各相關系統	資訊單位主管	維持企業間之平衡
SIS	改善企業體質及收益能力、經營多角化	集中式＋分散式、固定性資料＋非固定性資料處理	企業外部開放型系統	經營者	塑造競爭差異

1.3.3　行銷資訊系統

面臨行銷領域的擴大、及消費者需求多樣化與個性化之環境中，如何因應環境變化來調整行銷資源、強化競爭能力遂成為左右行銷成敗的關鍵因素，行銷資訊在行銷管理扮演的角色也日益重要。為求符合行銷的要求，行銷資訊的提供必須考量資訊的樣式 (Format)、內容、時間、及對象等之要素，而上述之要素的設計與整合，則須借助行銷資訊系統。

根據 Smith、Brine、及 Stafford 等三位教授之解釋，所謂「行銷資訊系統 (Marketing Information System) 係由人員、設備、及管理程序等三大要素構成之一種具有互動性、持續性、及未來導向性的結構體，它被用來處理及提供行銷決策所需之資訊」。換言之，行銷資訊系統是指循：①如何確定行銷決策所需之資訊，②如何蒐集所需資訊，③如何處理及分析資訊，及④如何適時提供決策所需資訊等程序來達成行銷管理之目的，而由人員、制度及設備所組成之結構體 (Structure)，基本上，它具有下列三大特性：

1. 相互性

行銷資訊系統是由資料投入、資料處理、及資料產出等三大單元構成的結構體，三位一體，連成一氣。

構成行銷資訊系統之第一要素是資料投入 (Input Data)。資料投入應符合行銷決策之要求；即根據行銷決策所需之資訊，決定資料來源及蒐集方法。假定市場占有率是行銷決策所需之資訊，則有關資料應來自企業內部的銷售資料、及企業外界之行業總銷售資料。資料投入包括外部資料及內部資料等兩大項。前者是指由外界之第三者；如政府機構、商業團體、大學或研究機構等提供之資料，而後者則指企業本身所擁有之資料；如銷貨收入、銷售成本、推銷員報告、或市場調查報告等。

資料處理 (Data Processing) 包括硬體與軟體兩大單元。硬體是指電腦及其相關設備，它是資料的分類、儲存、及擷取 (Retrieving) 之工具。在軟體方面，則由統計模式、檢定模式、管理模式等資料處理的模式，及資料庫、統計庫、模式庫、管理模式庫、顯示單元 (Display Unit) 等構成。軟體須配合行銷管理目的與報告體系，否則不易產生適當的管理資訊。

資料產出 (Output Data) 是指處理後之資訊的提供，它是利用顯示單元作為使用者與系統之間的溝通工具。在交談式資訊系統下，顯示單位是指螢幕或監視器。資料產出須考慮適時與適量；即行銷資訊的提供應根據企業內部的報告體系 (Reporting System)，配合管理階級，如課長、經理、總經理等，採用不同格式的報告表格及內容，於不同之期間，如課長級以「天」為單位、經理級以「週」為單位、總理以「月」為單位，分別提出行銷決策用資料。但為求異常現象能迅速發掘與處理起見，於資料產出之過程中，應將「例外原則」(Principle of Exception) 一併加以考慮。

2. 未來導向性 (Future Orientation)

所謂未來導向性是指行銷資訊系統是以防患未然為要旨，至於現今行銷問題之發掘則視為次要目標。事先發掘行銷不利事實，供行銷管理部門及時採取因應措施是行銷資訊系統的主要功能。有關不利事實的提供是根據預定基準作為依據，當某一行銷事實低於基準，則透過行銷資訊系統將不利事實告知有關人員，冀以

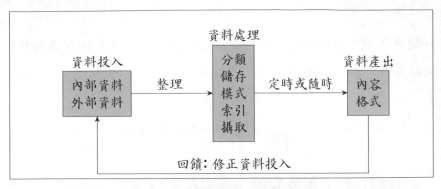

圖 1-2　行銷資訊系統要素構成圖

立即研擬因應對策，使行銷不利性降至最低。本質上，行銷資訊系統猶如飯店防火系統，當室內溫度或煙霧達到某一標準，火警警報系統就會自動發出信號，告知飯店內之有關人員，促其採取應變對策。

3.持續性 (Continuing Orientation)

　　行銷資訊系統是以特定行銷決策所需之資訊為對象，隨時提供有關之行銷資訊，故行銷資訊系統是屬於企業管理體系之一環，系統一旦建立，則不能輕易將其改變。

1.3.4　行銷研究

　　此一單元將於後續章節詳細探討，本節不予贅述。

Summary 摘　要

　　資料是指事實、現象、或事件等說明之文字、數據、或符號，而資訊 (Information) 是配合管理目的，將資料加以處理而得，能影響某一特定行為，換言之，資訊是已轉換為有用形式之供決策參考之資料。由於資訊具有風險，故資訊之產生，及其有關作業及方法，應依理論觀點予以評估。

　　行銷是指滿足需求為前提而從事之瞭解市場、界定市場、及滿足市場的有關交換作業，交換作業之過程中，涉及到市場擴大、需求多樣化、環境變化、及決策風險等之變數的影響，這些問題之解決，皆須依賴正確之行銷資

訊。

　　行銷資訊須考慮時效性，故應掌握行銷資訊之四大來源及其特性：即①決策支援系統，②策略資訊系統，③行銷資訊系統，及④行銷研究。

課　後　評　量　　*Review Exercises*

①資料與資訊有何不同？試舉例說明之。

②高品質資訊必須具備之要件有幾種？試列舉之。

③論行銷資訊之必要性。

④何謂決策支援系統？試說明之。

⑤試論行銷資訊系統構成之三大要件。

第2章
何謂行銷研究

　　行銷研究是行銷決策之必要工具，基於任何資訊皆有風險，而風險不能避免，僅能降低之情況下，為求降低資訊風險，唯一之辦法就是分析資訊產生過程之邏輯性，故行銷研究須循一定之步驟進行。行銷研究之目的是要預測未來之現象，為求能客觀地、完整地推估未知之現象，行銷研究須運用科學方法作為工具。標的物方面，由於行銷研究之標的物是行銷問題，故行銷研究之領域涵蓋了瞭解市場、界定市場、及滿足市場之有關行銷決策。此外，為求提高行銷研究之運用效果，行銷研究也須考慮若干評估條件。

　　針對上述之問題，本章分別以行銷研究之意義、行銷研究與科學方法、及行銷研究之一般原則與限制等三大單元，分別予以探討。

釋例 同樣的調查為什麼會有不同之結果？

　　2000 年的總統選舉，臺灣的不同之媒體，針對選舉結果的預測，出現了迥然不同之調查結果，而美國的三大媒體對 2004 年美國總統選舉結果的預測則相當一致，造成前述結果的原因乃是未能確實掌握調查之本質。本質上，調查是一種科學方法，總統選舉的調查應針對選舉問題特徵來調查；如選民之意識型態等，其步驟須循觀察、確定問題、設定假設、實驗、及驗證之步驟來推理選舉問題真象，如此才能達到客觀性、及完整性之要求。推理過程須借助推論統計，即使是假設正確，若實驗、驗證過程之有關資料蒐集作業有所瑕疵；如抽樣母體的構成要素、抽樣單位、問卷設計、調查方式等有問題，均會造成調查偏誤，形成同樣的調查但卻有不同之結果，故行銷研究若不須依照標準化（科學方法）的程序來執行，則會造成純以其徒具的數字外表來迷霧、或美化資訊，將決策引導至錯誤之境界。

2.1　行銷研究之意義

2.1.1　行銷研究之歷史背景

行銷研究 (Marketing Research) 的發展，深受美國經濟活動、行銷活動、及電腦科技等因素的影響。茲將其發展過程，略述如下 ❶：

1. 產業統計時期 (The Industrial Statistics Era)：1800–1920

1900 年代是美國經濟由農業轉變為工業的時期。於 1900 年前後，美國政府為求能正確地瞭解各種產業的生產狀況，以供政府作為促進經濟發展的依據，遂開始重視統計調查，統計調查的範圍，也由單純的人口統計擴展到經濟活動方面的調查分析。

於 1890 年，美國調查統計局職員 H. Hollerith 發明了類似今日 IBM 公司資料整理機器，不但使政府當局能迅速且大量按期蒐集及整理經濟與產業方面之資料，同時也擴大了行銷研究的空間。

在行銷研究之運用上，掌握市場實態是此一時期之主要特色。調查方式採大量觀察，利用一組觀測值的平均數作為評估依據，屬於敘述統計之領域。

2. 隨機抽樣、問卷調查、及行為衡量時期 (Random Sampling, Questionnaire and Behavioral Measurement Era)：1920–1945

重視消費者的動機研究是此一時期的主要特色。抽樣、問卷調查、及動機調查等之理論於此一時期形成。1937 年，Brown 教授的第一本行銷研究的名著 *Market Research and Analysis* 問世，此外，美國行銷學協會 (AMA) 也出版了一本行銷研究的教科書，指導行銷研究人員如何運用樣本調查來衡量消費者行為。

相較於市場實態調查，動機調查著重於消費者的意識、或產品的選擇理由，調查方式計有定性法 (Quality Approach) 與定量法 (Quantity Approach) 兩大類型。

---

❶Geral Zaltman and Philip C.Burger, *Marketing Research*： *Fundamental and Dynamics*. The Dryden Press, 1975, p.4 – 5.

前者採少量樣本，利用深度面談法 (Deep Interviewing)，探索消費者的潛在意識，後者則採大樣本，利用多變量分析法，研判消費者的動機。雖然也是採用抽樣調查，但在資料分析方面，它是利用樣本統計值來推測母體特性，領域上屬於推論統計。

3. 行銷管理時期：1945–1960

於行銷活動的演變過程中，1950 年代可視為行銷管理的時期。基於行銷管理的重點偏向於市場對行銷活動的反應，故行銷研究的內容也隨著行銷管理的要求，由市場現況與原因的解釋，擴展到因果關係的探討，行銷研究遂成為擬定行銷策略不可欠缺之主要工具。Harper Boyed and Ralph Westfaff 等兩位教授的名著 *Marketing Research*: *Text and Case* 於 1956 年問世。

4. 電腦分析及計量方法時期：1960–1970

1960 年代之電腦科技的引進，使行銷研究產生了革命性的變化，電腦也因而成為行銷研究不可欠缺的工具。藉由電腦對行銷研究的資料處理及分析力，使原本複雜且不易利用計量方式處理的某些行銷問題，如消費者行為、產品偏好、廣告接受度等等，也因電腦的應用而解決。

此一時期，行銷研究的方法大多著重於廣告調查與消費者行為分析，主要的代表性刊物有：*Journal of Marketing Research*、*Journal of Advertising Research* 等。

5. 消費者行為擴張時期：1970 以後

1974 年，以強調消費者行為與行銷關係的 *Journal of Consumer Research* 的問世，促使行銷研究的方向跨入另一新的境界。於此一時期，由於消費者行為理論的形成、及消費者行為衡量技術的開發，行銷研究的重點也漸趨於消費者的研究。以往難以捉摸的消費者行為問題，也因調查技術的不斷開發，而獲得更具體的結果。

2.1.2　行銷研究之定義

一、行銷研究之相關定義

迄至目前為止，行銷學者對「行銷研究」(Marketing Research) 一辭所下之定

義，眾說紛紜，莫衷一是，茲將較為重要者列舉如下：

1. 美國行銷協會 ❷

「系統化的蒐集、記錄、及分析產品或勞務之行銷問題有關資料之過程謂之行銷研究」。

2. McCarthy 教授 ❸

「發掘及分析有助於行銷管理者從事更好的規劃、執行、及控制等『事實』的有關資料之過程稱為行銷研究」。

3. 桐田尚作教授 ❹

「行銷研究是依一定的程序，根據科學方法的原則，尤其是統計技術，去蒐集及分析行銷問題之有關資料」。

4. Theodore N. Beckman 教授 ❺

「以確認消費者的欲望、規劃適當產品、並有效的轉移產品所有權及促進整體性行銷活動必要資料之獲取為目的，而從事之任何形態的調查稱為行銷研究」。

5. Aaker 與 Day 等教授 ❻

「行銷研究是結合企業及其面臨市場環境之工具。它包括確認、蒐集、分析、及解釋有助於行銷管理者瞭解環境、掌握問題與機會、及擬定與評估行銷策略」。

6. Kinnear 與 Taylor 等教授 ❼

「行銷研究是利用系統化及客觀性的方式去開發及提供有關行銷決策過程中所需之資訊」。

綜合上述諸家之定義，可將行銷研究的特性綜合為下列三點。

---

❷AMA Committee of Definition, *Marketing Definition*: *A Glossary of Marketing Terms*. American Marketing Association, 1960.

❸McCarthy, *Basic Marketing*, 8th edition. Irwin, 1984, p.138.

❹桐田尚作，《市場調查》，同文館，昭和 41 年，第 8 頁。

❺Beckman, *Marketing*, 9th edition. p.549.

❻Aaker and Day, *Marketing Research*, 4th edition. Wiley, 1986, G – 7.

❼Kinnear and Taylor, *Marketing Research*: *An Applied Approach*, 4th edition. McGraw-Hill, 1991, p.6.

二、行銷研究之三大特性

㈠行銷研究須循一定之步驟進行

所謂系統化程序 (Systematic Process) 是指行銷研究須按一定的步驟進行，如此所獲取之資料才能符合「客觀性」及「完整性」的原則。就系統化程序的特性觀之，本質上，行銷研究是屬於一種「科學方法」(The Scientific Method)。所謂科學方法是指對任何事情的處理；尤其是未知現象，須循觀察 (Observation)、確認問題 (Definition of the Problem)、設定假設 (Formulation of a Hypothesis)、實驗 (Experimentation)、及求證 (Verification) 等五大步驟進行。

上述之步驟中，「觀察」是利用現有資料，針對特定問題尋求、或發掘異常現象；如由銷售預算表發現實際銷售額低於預計銷售額之事實。「確認問題」是指對觀察結果所發現的事實，分析各種可能影響異常現象產生的原因，並將這些原因分別加以過濾，找出較為具體的問題癥結所在。例如廣告媒體的不當是影響銷售額下降的可能因素。至於「設定假設與實驗」是指將企業內部有關人員篩選出來的問題癥結，經由外界的專家、顧問、專業機構、或經銷商等第三者之查證後，確定問題癥結的真實性，作為設定行銷研究主題之依據。而「求證」則指利用實地調查，證明問題的所在，並究明原因，以作為擬定改善對策，建立管理模式。

科學方法的運用過程中，行銷研究與統計方法具有密切的關係。統計方法是行銷研究的主要工具，行銷研究必須利用敘述統計 (Descriptive Statistics) 之各種量數、差量、動差、比率、指數、及相關性等方法來觀察、分析、歸納遭受之行銷問題的種種特性。此外，行銷研究也須應用推論統計 (Inferential Statistics) 的假設檢定、實驗設計、或統計推論等之方法，分析調查資料，並探討資料的正確性及可靠性，以確定資料的運用價值。圖 2–1 是行銷研究之程序。

㈡行銷研究的範圍是以行銷問題為領域

所謂行銷是指於動態環境下，有效地將產品或勞務，由生產者或銷售業者轉移至消費者或使用者之一連串的有關活動，故行銷研究的範圍涉及到上述活動的有關問題，茲將主要項目列舉如下❽：

---

❽Kress, *Marketing Research*. Reston Publishing Company Inc., 1979, p.16.

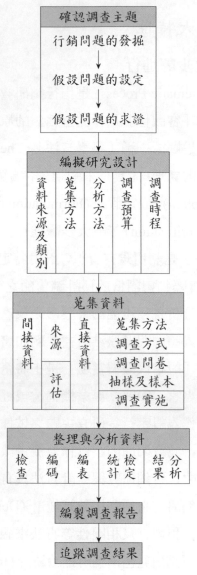

圖 2-1　行銷研究程序及相關作業

1.市場調查 (Research on Market)

(1)現有產品市場潛在性分析及新興產品需求預估。

(2)銷售預測。

(3)產品市場特性分析。

(4)銷售潛在性分析。

⑸市場傾向分析。

2. **產品調查 (Research on Product)**

⑴產品接受度調查。

⑵競爭產品分析。

⑶現有產品新用途分析。

⑷品牌別與客戶別分析。

⑸產品系列收益性分析。

⑹包裝設計分析。

⑺品牌命名分析。

3. **推廣調查 (Promotion Research)**

⑴廣告效果評估。

⑵廣告媒體選擇分析。

⑶動機調查。

⑷銷售地區設定分析。

⑸銷售方法評估。

⑹銷售配額 (Sales Quota) 設定。

⑺推銷員效益分析。

4. **分配調查 (Research on Place)**

⑴分配通路分析。

⑵中間商選擇分析。

⑶工業包裝及裝卸費用分析。

⑷運輸成本分析。

⑸倉儲成本分析。

5. **價格調查 (Research on Price)**

⑴需求彈性分析。

⑵價格接受度分析。

⑶成本分析。

⑷利潤分析。

㈢行銷研究是行銷管理的工具

行銷活動的規劃、執行、與控制之作業稱為行銷管理 (Marketing Management)，它是由行銷目標的設定，行銷策略的擬定，及行銷成果的評估等三大活動構成。行銷管理階段的不同，所需之行銷資訊，與運用之行銷研究的方法也不同，茲略述如下：

1.行銷目標設定階段

目標設定之要旨在於尋求敵我之優劣，掌握己身之利點，冀以達到知己知彼，百戰百勝之目的。於目標設定階段涉及之行銷作業，基本上有：①瞭解市場，②評估行銷機會點及問題點，及③掌握行銷機會與克服行銷問題等三大項目，須實施之調查計有：

⑴消費者調查 (Consumer Research)：

①買什麼? (What they buy?)：如買什麼樣的產品? 日用品、選購品、或特殊品? 對產品的滿足感?

②誰買? (Who buy?)：如個人或家長、購買者的特性。

③於何處買? (Where they buy?)：如何種形態之商店或場所?

④購買理由? (Why they buy?)：如購買動機、產品或服務的認知程度、購買考慮要素、經常接觸之廣告媒體等等。

⑤購買方式? (How to buy?)：如衝動性、計畫性、選擇性。

⑥購買時機? (When to buy?)：如天、週、季、年。

⑦購買數? (How much they buy at a time?)：如數量、重量。

⑧產品偏好的改變? (Preference Change)：如新產品的接受度、需求改變、偏好改變。

⑵市場特性分析 (Market Analysis)：

①市場規模：如潛在市場、現有市場、目標市場。

②競爭分析：如競爭者、競爭力市場占有率。

③產品生命週期分析：如產品生命週期階段、消費者對產品的認知度、產品面臨之市場特性。

⑶行業別成本結構分析 (Cost Structure of the Industry)：所謂成本結構分析是

指固定成本與變動成本的構成比例。就理論而言，成本結構的不同，應採取之行銷策略也不同，如服務業等之變動費用所占比率較高的產業，可採用減價手段，促進行銷成果。反之，固定成本費用較高之行業，如飯店等，則可運用特定期間的折價方式，擴大行銷成果。

⑷市場環境監控 (Market Environment Monitoring)：

　①社會、文化變化傾向。

　②經濟變動。

　③科技及技術開發。

　④政治及法規。

⑸分配機構 (Marketing Channel)：

　①現有分配機構之特性。

　②分配機構之變化傾向。

　③分配通路別需投入之促銷成本及其可獲取之利潤。

2. 行銷規劃擬定階段

　　行銷規劃是由目標市場選擇、行銷組合設計、及行銷預算編製等三大作業構成，有關之調查項目計有：

⑴市場區隔調查 (Segmentation Decision Study)：依選定之基準，由總市場分割若干具有相似特性之區隔化市場 (Market Segment)，並從中選擇一個或一個以上之區隔化市場作為目標市場，以供擬定行銷組合之過程稱為市場區隔 (Market Segmentation)。過程之不同，須實施之調查方式雖然不一樣，但大體上，計有下列數種：

　①判別分析 (Discriminate Analysis)：判別分析是利用判別值 (Discriminate Score) 來研判影響產品或服務需求之變數，如年齡、所得、職業、生活形態等等，以為選定對需求最具影響之類別變數 (Nominally Variables) 的調查，主要步驟有：a. 確認市場，b. 選擇影響需求之各種類別變數，c. 蒐集及分析資料，d. 計算資料之判別值，e. 選擇市場區隔變數。

　② AID 法 (Automatic Interaction Detector)：AID 法是藉著逐步過濾的程序，尋求最能解釋影響需求之變數，並將這些變數作為區隔市場的調查方

法。當市場區隔變數是屬於類別尺度 (Nominal Scale) 或順序尺度 (Ordinal Scale) 方得採用之。

③分群分析 (Cluster Analysis)：利用選定之區隔變數將消費者或使用者加以歸類，使歸類之消費者或使用者皆具有相似特性之歸類方法謂之分群分析。假定市場區隔變數是具有順序 (Ordinal) 的特性，則須利用因子分析法 (Factor Analysis)，將各個變數加以歸類後再區隔市場。若市場區隔變數是「無形的資料」，則應併用多向量表法 (MDS)。

(2)目標市場選擇：主要調查項目包括：①市場需求預估，及②競爭者評估兩大單元。市場需求預估 (Market Measurement) 是一種概括性用辭，依行銷管理層面之不同，可區分為市場潛量預估 (Estimating Market Potential)、行業市場需求量預估 (Estimating Industry Sales)、及企業銷售量預估 (Company Sales) 等三類型。

至於競爭者評估方面，主要項目有：①產業特性分析，及②競爭者輪廓分析 (Competitor Profiles Analysis) 等。

(3)行銷組合設計：滿足目標市場的工具謂之行銷組合 (Marketing Mix)，它是創造顧客價值的手段，其設計除了要符合目標市場之需求外，還得考慮企業本身之差別有利性 (Competitive Advantage)，市場定位調查是必要的調查項目。

針對目標市場的需求，將企業本身的產品或服務之特色與競爭者間予以明確的區分，使消費者或使用者在其心目中 (Mind) 有所區別之情況下，作為設計行銷組合之依據稱為市場定位 (Market Positioning)。分析的手法上，它是屬於多元尺度法 (Multidimensional Scaling) 的一種，調查方式計有：①屬性法 (Attribute-based Approach)，及②非屬性法 (Non-attribute-based Approach) 等兩種。

(4)試銷 (Test Marketing)：將產品及行銷方案，於事先選定之行銷模擬地區實施行銷活動，藉由市場對行銷組合的反應，發掘規劃階段忽略之缺點、及評估目標市場的可靠性，以供擬定全面性行銷策略之實驗設計稱為試銷。

有關試銷階段採用之調查方式，幾乎涵蓋所有之行銷研究的方法，在

此無法一一列舉，但若以所需資料之類型而言，則有：①銷售額或量，②市場占有率，③消費者或使用者之人文特性，④接受樣品，但不購買產品者之特性，⑤不同購買者之購買頻度，⑥產品之使用方式，⑦不同之促銷方式對銷售的影響程度，⑧不同的廣告對銷售之影響，及⑨重複購買率及其間隔時間等九項。

3.行銷活動執行階段

　　評估行銷效率是行銷活動執行階段之主要作業，有關之行銷研究作業項目計有：

(1)產品知名率分析：消費者或使用者對產品品牌之認知率稱為產品知名率。就購買程序而言，須先對產品認知之後，才會產生購買行為，故知名率 (Mind Share) 之高低，會直接或間接地影響到產品的銷售。

(2)市場到達率分析：市場到達率是指產品到達零售階段之比率，即所謂之鋪貨率。由於知名率與鋪貨率是影響產品銷售之關鍵要素，且此兩大要素相互間又具有取捨 (Cost Trade-off) 之關係，故須考慮兩者間的平衡，達到行銷效益之極大化。

(3)市場占有率分析：市場占有率 (Market Share) 是指企業本身之銷售量或銷售額對行業整體之銷售量、或銷售額之比率。分析之目的是瞭解企業本身之產品在行業中所占之地位，使企業之有關人員隨時掌握產品在市場上的競爭狀況，尋求最佳的行銷機會。

4.行銷控制階段

　　於特定期間，如月、季、年，將設定之行銷目標與實際執行成果加以比較，藉以衡量行銷績效、追究責任、改進缺失、及獎懲功過之行銷管理作業稱為行銷控制，主要之行銷研究作業有：

(1)年度計畫控制：以確保達成年度銷售目標及利潤目標為目的之行銷控制稱為年度行銷控制 (Annual Plan Control)，控制方式可循：①設定月別或季別目標，②按月別或季別衡量實際成效，③分析目標與實際間之差異，④採取因應對策、改善行銷成果等四大步驟進行。就應用面上，採用之工具計有：①銷售分析：利用預計銷售額與實際銷售額的比較,衡量及評估實際銷售結

果，發掘問題癥結，擬定改善對策之分析稱為銷售分析 (Sales Analysis)。
在行銷管理的應用上，銷售分析可區分為差異分析 (Variance Analysis)
及個體銷售分析 (Micro-sales Analysis) 等兩大項❾。

a. 差異分析：利用預計銷售額及預計成本，與實際銷售額及實際成本等四
者間之相互比較，尋求影響利潤之有關變數的分析謂之差異分析，分
析方式如下：

表 2-1　項目別預計與實際比較表

項目	預計	實際	差異
銷售量	20,000,000 lbs	22,000,000 lbs	+2,000,000 lbs
市場規模	40,000,000 lbs	50,000,000 lbs	+10,000,000 lbs
市場占有率	50.0%	44.0%	−6.0%
單位售價	$0.50	$0.4773	−$0.0227
單位變動成本	$0.30	$0.30	
單位貢獻利潤	$0.20	$0.1773	−$0.0227
貢獻利潤	$4,000,000	$3,900,000	−$100,000

表 2-2　利潤增減分析表

項目	摘要	金額
預計貢獻利潤		$4,000,000
銷售量差異	$(22,000,000 \text{ lbs} - 20,000,000 \text{ lbs}) \times \$0.20$	$400,000
市場規模差異	$(50,000,000 \text{ lbs} - 40,000,000 \text{ lbs}) \times 0.5 \times \$0.20$	$1,000,000
市場占有率差異	$(0.44 - 0.50) \times 50,000,000 \text{ lbs} \times \$0.20$	−$600,000
價格 / 成本差異	$(\$0.1773 - \$0.20) \times 22,000,000 \text{ lbs}$	−$500,000
實際貢獻利潤		$3,900,000

b. 個體銷售分析：以發掘影響銷售預算的行銷個體 (Segment) 為目的之
分析稱為個體銷售分析 (Micro-sales Analysis)。所謂行銷個體是指銷售
之主體，如產品別、地區別、推銷員別、客戶別、或訂單別等。個體
銷售分析的資料，主要來自於企業內部的財務資料，分析步驟須依產
品轉移流程，如由總銷貨額分析，地區別分析，推銷員別分析，而至

---

❾Kotler and Armstrong, *Principle of Marketing*, 3rd edition. Prentice Hall, 1986, p.629.

產品別分析。以下是產品別銷售分析之簡例：

表 2-3　預計與實際銷售額比較表

20××年×月　　　　　　　　　　　　　單位：元

項目	預計	實際	差異	達成率
銷貨收入	$14,500	$14,370	−$130	99.0%

表 2-4　地區別預計與實際銷售額比較表

20××年×月　　　　　　　　　　　　　單位：元

地區別	預計	實際	差異	達成率
北	$4,675	$4,765	+$90	102.0%
中	$3,625	$3,675	+$50	101.0%
南	$3,000	$2,800	−$200	93.0%
東	$3,200	$3,130	−$70	98.0%
合計	$14,500	$14,370	−$130	99.0%

表 2-5　南部地區推銷員別預計與實際銷售額比較表

20××年×月　　　　　　　　　　　　　單位：元

推銷員別	預計	實際	差異	達成率
甲	$750	$780	+$30	104.0%
乙	$800	$550	−$250	69.0%
丙	$790	$840	+$50	106.0%
丁	$660	$630	−$30	95.0%
合　計	$3,000	$2,800	−$200	93.0%

　　　循上述步驟分析結果，可推斷未能達成預計銷售目標之主要關鍵是南部地區之「乙」推銷員未能達到預定銷售目標所致，故如何改善「乙」推銷員之銷售效率，遂成為行銷管理之重點。

②市場占有率分析：誠如銷售分析，市場占有率分析也須針對影響占有率之有關因素，逐一探討，俾以找出問題之所在，擬定改善措施，至於分析方式，則可採用下列之模式❿：

---

❿Kotler, *Marketing Management*: *Analysis, Planning and Control*, 5th edition. Prentice Hall, 1984, pp.746 – 748.

市場占有率＝顧客滲透率×顧客忠實度×顧客選擇性×價格選擇性

顧客滲透率 (Customer Penetration)：顧客數對總顧客數之比。

顧客忠實度 (Customer Loyalty)：在相同的產品中，購買本品牌占其他品牌之比率。

顧客選擇性 (Customer Selective)：購買本品牌產品的平均數量對競爭品牌產品之平均數量的比。

價格選擇性 (Price Selective)：本品牌產品平均價格對所有之競爭品牌產品平均價格之比。

　　根據上述之模式，假設企業本身發覺到市場占有率下降，則可由下列之四種狀況，加以探討：

a. 公司失去某些顧客。

b. 現有顧客對公司產品的購買量降低。

c. 公司固定顧客減少。

d. 公司產品平均價格高於競爭品牌之平均價格。

③行銷費用對銷貨收入之比率分析：除了銷售之外，行銷費用也應一併加以控制，以便確保於一定額度之行銷費用下，達成預定之銷售目標。

　　行銷費用對銷售收入的比率分析，著重於行銷功能費用項目對銷貨收入之比率及其變化趨勢。分析方法上，須先運用行銷費用分析 (Marketing Cost Analysis)，分別計算各個行銷功能別行銷費用 (Functional Marketing Cost) 之後，方能實施比率分析。費用項目與銷售間之關係，可利用控制圖 (Control Chart) 來追蹤各個比率的期間變動，追究異常現象發生之原因。

④顧客態度追蹤 (Customer Attitude Tracking)：為求採取必要之因應對策，於行銷活動的控制過程中，必須建立一套顧客態度監控制度，以便隨時追蹤經銷商、或顧客對企業或產品的態度變化。一般而言，顧客態度追蹤系統的主要構成要項有：a. 抱怨與建議系統 (Complaint and Suggestion System)，b. 顧客反覆調查 (Customer Panel)，及 c. 顧客調查 (Customer Survey)。

(2)行銷獲利性控制：將費用約束於銷貨收入負擔之範圍內，藉以產生最大的行

表 2–6

項目	金額	構成比
銷貨收入	$60,000	100.0%
銷貨成本	$39,000	65.0%
銷貨毛利	$21,000	35.0%
功能別行銷費用	$15,800	26.4%
銷售功能費用	$5,500	9.2%
廣告功能費用	$3,100	5.2%
儲運功能費用	$4,800	8.0%
訂單功能費用	$2,400	4.0%
行銷貢獻利益	$5,200	8.7%

銷利潤是行銷管理之首要任務。面對多元化之經營環境下，行銷管理人員必須確實瞭解「行銷個體 (Market Segment)」，即產品別、推銷員別、顧客別、定單別、或地區別等之利益結構，方能有效的控制行銷獲利性，達到預定之行銷利潤目標。

行銷獲利性分析 (Marketing Profitability Analysis) 是指計算、比較、及分析「行銷個體」之各個單元對整體行銷利潤貢獻的程度，使行銷管理部門依其貢獻度之不同，擬定適當的行銷對策，增大企業整體之利潤。有關之分析步驟，可循下列之步驟進行：

①確定分析對象。

②計算「行銷個體」各個單元之淨銷售額。

③計算「行銷個體」各個單元之銷售成本。

④計算「行銷個體」各個單元之銷售毛利。

⑤分攤功能別行銷費用。

⑥編製「行銷個體」損益表。

(3)策略性控制 (Strategic Control)：行銷成果深受外在環境的影響，故行銷策略須定期評估，隨時調整，以因應外在環境的變化。有關策略性控制之工具計有下列兩種❶：

---

❶ Kotler and Armstrong, *Principle of Marketing*, 3rd edition. Prentice Hall, 1986, p.761.

①行銷效益等級評核: 行銷效益等級評核 (Marketing Effectiveness Rating Review) 是指將影響行銷效益的因素區分為顧客哲學 (Customer Philosophy)、統合性行銷組織 (Integrated Marketing Organization)、完整性行銷資訊 (Adequate Marketing Information)、策略導向 (Strategic Orientation)、及經營效率 (Operation Efficiency) 等五大類，每一大類再細分為若干小類，設計一套適合企業本身的行銷效益評量表 (Marketing Effectiveness Rating Instrument)，實施行銷效益等級調查，更根據不同之因素得點之高低，作為修正行銷策略之依據。

②行銷稽核: 所謂行銷稽核 (Marketing Audit) 是指以全面性、系統性、獨立性、及定期性的方式，對行銷環境、行銷目標、行銷策略、及有關之行銷活動加以檢視 (Examination)，冀以達到界定行銷問題的領域、確認行銷機會、及建議與擬定改善對策之目的。

行銷稽核的執行方式是由有關人員共同研擬計稽項目、選定對象、確定期間，並依稽核項目設計稽核表及實施評估，評估結束後，由稽核人員正式提出發掘之問題點，擬具改善對策。

行銷稽核之項目雖依企業特性之不同而異，但基本上有: a. 行銷環境稽核, b. 行銷策略稽核, c. 行銷組織稽核, d. 行銷系統稽核, e. 行銷生產力稽核，及 f. 行銷功能稽核等。

2.1.3　行銷研究的類型

1.初步分析

發掘行銷問題，及辨認行銷問題點是初步分析 (Preliminary Research) 之主要目的。就行銷研究的程序而言，初步分析是行銷研究的出發點，關係到行銷研究之成敗。於無法發掘行銷問題、或辨認行銷問題點之情況下，若冒然進行行銷研究，則將會使行銷研究導入於錯誤的境界。一般而言，初步分析是以企業內部的財務資料及銷售資料為範圍。

初步分析之工具大多以銷售分析 (Sales Analysis)、市場占有率分析 (Market

Share Analysis)、與行銷費用分析為主。藉由預計銷售額與實際銷售額間之差異發掘行銷不利因素是銷售分析的主要功能，在行銷研究的運作上，銷售分析可作為設定行銷問題之工具。初步分析的另一工具是市場占有率分析，它是藉著企業本身的銷售額與行業整體銷售額的比較，來瞭解企業在行業中之地位，並進而探討企業面臨之潛在性行銷問題。就費用之特性而言，絕大多數的行銷費用皆為固定費用，故行銷利潤的極大化並不在於行銷成本的抑制，而是各個成本項目的有效配合與運用。行銷費用分析是指為衡量行銷效率及改善行銷成果為主要目的之成本分析法，在行銷研究的運用上，它是用來作為發掘行銷問題之工具。

2.探測性調查

設定各種可能影響行銷問題的假設因素，經由求證之過程，闡明行銷問題的真相及癥結，以供確認調查主題是探測性調查 (Exploratory Research) 之目的。在行銷研究的運作上，探測性調查須循設定假設因素、過濾假設因素、及求證假設因素之步驟進行。

由初步分析發掘之行銷問題，如銷售額下降、廣告效果差等之現象，僅不過是問題的表面，故須進一步針對行銷問題，由企業內部有關人員設定及分析影響行銷問題之各種假設因素，並就各項假設因素中，分別過濾，從中摘取影響最大的因素作為假設問題的癥結，如此才能達到界定假設之行銷問題點之目的。假設因素的設定及篩選是利用企業內部及外界的間接資料，如銷售資料、客戶資料、生產資料、競爭者資料、產業資料、經濟資料等等，運用腦力激盪法 (Brain Stone)、或要因分析法 (Element Analysis) 來過濾及篩選影響行銷問題癥結因素。

當假設之行銷問題癥結由內部人員確認後，行銷研究人員須進一步地求證假設之行銷問題癥結的真實性，以便作為擬定調查主題及選定調查方法之依據。有關假設之行銷問題癥結的求證，除了間接資料之外，也須利用直接資料。

3.結論性研究

調查主題決定之後，接著便是進行蒐集供管理人員驗證問題點之資料，此種資料的蒐集謂之結論性研究 (Conclusive Research)。基本上，結論性研究大多以直接資料為主。依資料特性及蒐集方法的不同，結論性研究可區分為：①勘察法 (Survey Method)，②觀察法 (Observational Method)，及③實驗法 (Experimental Design)

等三大類型。

4.成果性研究

根據結論性研究資料來擬定行銷對策之分析稱為成果性研究，主要項目有：

⑴各相依性分析：

①相關分析。

②多元迴歸分析。

③判別分析。

④自動互動檢視分析。

⑵互相依性分析：

①因子分析。

②分群分析。

③聯合分析。

2.2 行銷研究與科學方法

為求瞭解遭受之問題特徵，以合理的思考過程作為基礎，並經由正確的概念 (Concept)、清晰的定義 (Definition)、合理的推論 (Inference) 之步驟，建立一套主題 (Principle)、假設 (Hypothesis)、模式 (Model)、原則 (Principle)、理論 (Theory)、或法則 (Law) 的推理過程謂之科學方法 (Scientific Method)。換言之，所謂科學方法是指對任何問題的處理，為求客觀及完整起見，須循觀察、確定問題、設立假設、實驗、及求證等之步驟來解釋問題真相的推論流程。對任何問題的處理，科學方法的運用須秉持客觀性、正確測定的可行性、及處理方法的適合性等三大原則。

行銷是社會科學的一種，它是以觀察人與人之間的關係作為研究的重點，研究範圍包含歷史、社會、及人際關係。針對以關係複雜、變數眾多之社會科學的研究，研究領域涵蓋了各種不同的理論，故社會問題的解決，必須先經由觀察，並將問題明確化，隨後再設定各種不同的假設，運用相關理論加以求證，藉由獲取之正確問題癥結，進而擬定各種解決方案之步驟進行。對具有上述特性之行銷

問題而言，行銷研究有關之科學方法計有歷史法 (The Historical Method)、歸納法 (The Inductive Method)、演繹法 (The Deductive Method)、及分析法 (The Analysis Method) 等四項 ❷，茲分別說明如下。

一、歷史法

分析或探討過去的事實，並將其作為瞭解現況及預測未來之基礎的推論方法謂之歷史法。

「歷史是會重演的」，基於特定現象出現的反覆性，歷史法可運用於作為推論未來之工具；即利用過去的資料來研判將來可能發生之現象。由於任何問題的產生皆與其面臨之環境有關，故問題的特性可利用環境因素來推測，藉由對特定問題有關之過去環境要素的分析，來瞭解及處理目前遭受之問題。以下是歷史法在行銷研究之運用：

1.市場動向分析 (Market Forecasting and Market Trend Analysis)

市場動向會受到經濟循環的影響，故歷史法可運用於市場預估或市場趨勢分析。

2.情境分析 (Situation Analysis)

情境分析是以特定問題面臨的環境分析為重點。大多數的環境因素皆會有重複出現之特性，歷史法的運用有助於達到瞭解特定因素之目的。

3.行銷研究結果之解釋 (Interpretation)

經由解釋階段，雖然可使行銷問題癥結明確化，但問題解決對策的擬定仍然須參考過去的現象，故於研究結果的解釋得須借助歷史法。

就行銷研究而言，歷史法具有下列之功用：

⑴由過去的事實來瞭解現況。

⑵基於某些特定現象的重複出現，歷史法可作為推測特定環境因素變化的工具。但由於社會現象不同於自然現象，故也會有不再重複出現的可能。

⑶為求瞭解行銷面臨之環境特性，行銷管理須運用各種不同的環境資料，故對環境資料的蒐集而言，歷史法是一種很重要的工具。

❷桐田尚作，《市場調查》，同文館，昭和 41 年，第 25 頁。

雖然歷史法具有上述之功用，相對地，它也有如下之缺點：

(1)欠缺精確度。

(2)僅強調事實的傾向，無法比較各個事實間的相關性。

(3)偏向於記述性資料，不易量化。

二、歸納法

將經由事先控制之若干個體，以觀察或個案研究之方式，來推測一般性結論之推論的方法稱為歸納法。質言之，先蒐集資料再推測結論，如問題建構、因果關係的假設等之推論的方法稱為歸納法。

就行銷研究而言，任何資料在適當的控制基礎下，假定能充分選擇適當的控制個體，則可獲得正確的一般性結論。蒐集方法皆須應用到歸納法，如以運用勘察法 (Survey Method) 作為調查郵購市場規模為例，其方式是先瞭解一般消費者利用郵購購買的實際情況，然後再根據調查結果來推測整個郵購市場規模。為求達到上述之目的，調查樣本的選擇應預先設定若干控制條件，如頻度、單位購買量等等，藉由對樣本的適當控制，達到正確地推估郵購市場規模之目的。

三、演繹法

經由完整性理論的探討過程，將某些現象整理為特定結論的推論方法謂之演繹法，即根據理論將假設予以驗證之推論方法。首尾一貫的思考方式是演繹法的必要條件，故演繹結果的正確與否，關鍵性不在於演繹的過程，而是提供之資料或現象的可靠性，在行銷研究之運用上，行銷研究人員須將歸納法與演繹法相互併用。

在行銷研究的過程中，演繹法是被用於調查結果的解釋。除此之外，探測性研究結果的判定 (Finding) 也須運用到演繹法。總而言之，行銷研究之有關統計性判定，演繹法是一種主要的工具。

四、分析法

分析法是指將某一變化大，且不易解釋之整體分割為若干「等質」的個體，

經由對個體觀察的結果，據以推論整體特性之過程。類別上，分析法可區分為下列三種：

1. 記述分析

對變化性大，且又難以掌握之市場現象將其分割為若干「等質」的個體，並對這些個體加以觀察及記述謂之記述分析。例如為瞭解清涼飲料的購買者特性，將構成清涼飲料市場依其構成要素，如年齡、性別、地區等之不同，分割特性相似的市場，分別觀察各個要素對購買習性之影響程度。

2. 因果分析

利用時間數列 (Time Series) 觀察構成時間數列之各個有關要素的變化事實，冀以找出變化原因及辨明結果之分析。

3. 邏輯分析

邏輯分析是指針對事實之問題，經過探討之過程，提出邏輯性之命題，運用各種現象，把握命題顯示之各種概念，然後再利用事實證明其邏輯關係之推論方法。

2.3 行銷研究之原則與限制

由於行銷研究大多以直接資料 (Primary Data) 為對象，並利用抽樣調查作為蒐集工具，故於調查資料運用之前，應特別注意下列之原則與限制。

2.3.1 行銷研究之原則

為求提高行銷研究之運用效果，行銷研究的實施，應遵守下列之各項原則[13]：

1. 真實性原則 (Reality)

行銷研究是以追求事實真相為目的。所謂事實真相的追求是指在設定之條件下，利用歸納法整理之經驗法則來調查特定現象或事實發生的可能率。為求發現

---

[13] 原田俊夫，《現代マーケティング：プロフイール、計畫、調查》，同文館，昭和 51 年，第 119 頁。

特定現象或事實真相，行銷研究的實施必須嚴謹選擇及設定前提條件，在許可範圍內蒐集資料及吸取經驗，綜合既定事實來推測未來，故樣本調查的實施，樣本的抽取必須慎重考慮抽樣方法、調查對象、及可信賴程度。

2.正確性原則 (Exactness)

　　理論上，行銷研究的結果必須絕對正確，但事實上，由於資料的片斷、調查時機的不妥、調查地點的不當、調查經費的不足、調查員訓練的不落實、或調查對象的抗拒等之因素，均會影響調查資料的正確性。面臨調查資料無法達成絕對正確的情況下，唯一的處理方式是如何將可能發生之誤差範圍縮短到最小，冀以保持相對性的正確度。

　　行銷研究的誤差共有補償誤差及累計誤差等兩種。前者是由偶然因素的結合而產生，它可藉由採用大量資料的方式，將誤差範圍縮小至某一程度。至於後者乃是因統計方法的不當、或調查員與被調查者間之偏見、不信任、誇張等之因素所引起，在資料的蒐集過程中，若忽略上述之因素，則調查誤差會逐漸擴大，降低行銷研究之正確性。一般而言，累計誤差可運用正確的統計方法、或公共關係作為降低的手段。不論是補償誤差或累計誤差，皆有不能控制之一面，但若能於事先加以預防，則可將誤差降至某一最低限度。

3.連續性原則 (Renewal)

　　行銷研究是針對特定時點的現象作為實施之基礎，故行銷研究的結果僅能瞭解某一特定時點的市場靜態狀況。但為適應市場的動態性，彌補靜態的缺陷，應再對特定時點連續實施調查，並將連續調查資料加以連串，以作為研判市場變動之參考。為提高行銷研究的效果，須於連續性調查實施之前，慎重選擇調查的基準時點。

4.比較性原則 (Comparison)

　　行銷研究的實施須投入大量的金錢、人力、與時間，故調查結果若能與其他企業、或不同期間、不同行業等之調查資料相互比較，則必會使行銷研究產生相乘效果。但由於資料提供單位之不同，資料的內容、編製的方式、日期等也未必相同，故若能於行銷研究實施之前，將欲比較的資料也一併加以考慮，則必能提高調查資料的運用效果。

5. 統一性原則 (Unification)

為求行銷研究的結果能達到上述之連續性與比較性，行銷研究應針對特定之調查目的，盡量克服可能遭受的困難，使調查方法、項目、資料類別、及分析方法趨於一致。

6. 相互性原則 (Assortment)

經營管理之觀點上，行銷研究須追求調查作業之效益性，故行銷研究的實施，應盡可能的減少人力與費用之浪費，並於不違反調查理論之情況下，使相同的調查結果也能同時運用於多種不同之用途，而不僅局限於調查目的之範圍。

行銷研究之相互性，誠如標準化的螺絲釘，可以到處通用；它與其他機構之調查資料配合成為自己的第三種資料，也可以將調查資料提供給其他部門作為資料。

7. 標準性原則 (Standardization)

行銷研究之過程中，往往會遭遇到難以預料之各種突發狀況，使調查工作人員措手不及，影響到調查結果之正確性。為使調查能順利進行起見，行銷研究之有關作業，如訪問方式、抽樣方式、問卷填寫方式、資料整理方式、分析方式等等均須標準化，冀以加速完成調查作業，將調查偏誤降至最低。

8. 假設性原則 (Hypothesis)

正常情況下，行銷研究是以事先設定之假設作為資料蒐集的依據，然後再利用蒐集之資料來探討對假設的接受度，故假設的設定若不合邏輯、或內容過於籠統，則無法使行銷研究結果具有任何實質上的意義。質言之，若無設定假設作為調查的前提、或無法很清晰、很具體地將問題的假設加以定義和描述，則調查結果將會流於一般化，無法確實解決行銷遭受之問題點。

2.3.2　行銷研究之限制

由於行銷研究大多以直接資料為蒐集之對象，且皆利用抽樣調查作為工具，故於調查資料運作之前，應特別注意下列之限制因素：

1. 時間因素

行銷研究是以瞭解某一特定時點之行銷現象為目的，如 6 月 30 日之飲料市場

占有率、或 7 月 15 日至 7 月 30 日之電視收視率等等，但行銷研究有關作業之執行，往往會涉及到其他相關單位之配合，而影響到調查作業的進度，無法按預定時間完成調查，降低資料之時效性。除此之外，行銷研究報告也須運用到次級資料，故次級資料的時效性也會影響行銷研究報告的可靠性。

2.費用因素

投入於行銷研究之經費也會左右調查結果。於調查經費受到不合理限制之情況下，行銷研究單位往往會以縮小調查範圍、或少量採樣等之圖陋就簡的變通方式來替代原本之研究設計。根據變通方式獲得之資料，其可靠性、準確性絕對無法達到行銷研究之要求。

3.技巧因素

技巧是指理論與經驗的結合。行銷研究之有關理論，除了行銷學之外，還包括統計學、心理學、社會學、及思維的邏輯方法、歸納與推論方法等。至於經驗方面，則因行銷研究是以人為對象，而人的行為皆受到面臨之社會環境因素的影響，據此情況下，為求調查結果能更接近事實，行銷研究人員須充分瞭解調查問題面臨的社會環境、文化背景、地區特性等之因素，如此才不會降低調查效果。如以國內之北、中、南、東之消費行為調查為例，依臺灣的行政劃分，雖將宜蘭及臺東歸屬於東部地區，但由於受到交通與地勢的影響，宜蘭地區消費行為特性傾向於北部，而臺東地區則趨向於高屏。

周全的研究設計有助於技巧因素的克服，提高調查之正確度。以下是研究設計之檢核項目：

(1)行銷研究主持者或委託者：

①主持者之學歷及經驗。

②外界有關人員對主持者之評價。

③研究主持者是否有迎合委託者 (Sponsor) 之傾向？

④研究主持者是否有接受評核及檢討調查得失之雅量？

⑤委託者是否會因調查經費上的吝嗇而破壞行銷研究之完整性？

(2)行銷研究內容：

①調查目的與範圍是否明確？

②調查目的是否有先入為主之偏見存在?

③調查目的與範圍是否符合事先之假設?

④調查方法是否符合調查目的?

⑤調查結果是否能符合調查目的?

⑶研究方法:

①研究報告是否能符合需要者之要求?

②行銷研究人員是否知道調查可能發生之偏誤? 對這些偏誤是否有採取預防措施?

③調查時間對調查結果有無影響?

④以時點作為比較目的之調查,其調查方法是否一致?

⑤調查母體及樣本是否具有代表性?

⑥抽樣方法是否適當?

⑦調查作業是否有依統計方法?

⑧利用勘察法,事後有無進行覆查?

⑨利用郵寄法,事後有無實施回郵者與拒絕回郵者間之特性分析?

⑩調查問卷是否有經過試訪?

4.調查因素

　　行銷研究因受到作業環境及人為因素的影響,使統計方法無法運用於調查作業而產生誤差,此種誤差稱為調查偏誤 (Bias)。調查偏誤的產生會降低調查結果的準確性,扭曲調查結果。茲就調查偏誤產生之來源列舉如下:

　　⑴抽樣架構: 於抽樣之際,若忽略了抽樣架構之完整性,則會使調查結果產生偏誤。抽樣架構 (Sampling Frame) 是指構成調查母體單元 (Unit) 之「名冊」(List)。理想的抽樣架構應能代表調查母體的特性,否則將無法獲得準確的調查資料。如以「洗衣粉品質評估」之調查為例,由於並非每一位家庭主婦皆為洗衣粉的消費者,故洗衣粉的抽樣架構應對母體單元給予若干條件上的限制,如年齡、職業、所得等,否則會因被調查者特性之不同,而產生完全不同的調查結果。原則上,抽樣架構的建立應考慮:①抽樣架構的構成要素,②抽樣單位,③產品特性,及④消費時間等四大要素。

⑵調查問卷：調查問卷上之任何問題 (Question)，若其辭句、用語、或編排順序等有所不當，均會造成調查結果偏離事實，影響調查的可靠性。如以「品牌使用概況」之調查為例，若調查問卷問題之用辭是；「請問於這個月內，你有沒有飲用過 A 品牌之汽水?」 則其調查結果，A 品牌汽水之飲用率勢必會高於其他之品牌，其理由是調查問卷問題之陳述對 A 品牌預設立場，具有誘導作用。

⑶調查員：調查員本身之條件、訓練、經驗、或專業知識不足等之因素也會使調查結果產生偏誤。如以顏色偏好度之調查為例，由於每一個人對顏色的偏好皆有主觀性，因此若事先沒有對調查員給予適當的訓練，並利用色卡作為顏色評定之依據，則會因個人主觀上的不同，造成調查結果的偏誤。

⑷調查對象：調查對象的接受度、調查內容的瞭解度等之因素也是造成調查偏誤的主要要素之一。通常之情況下，調查對象對於有關個人生活上、或隱密性之問題，如年齡、所得、教育程度、生理現象等之問題，大多不願據實回答，而會產生調查上的偏誤。

由於行銷研究具有上述之限制，故 Willard M. Fox 教授曾對行銷研究做如此之評語：「行銷研究並非特效藥、也非萬能藥，行銷研究的使命是客觀性的提供有關行銷方面之情報，而非市場的預言者」。總而言之，行銷研究雖然是解決行銷問題之有效工具之一，但並非指利用行銷研究，均可以使行銷問題迎刃而解。為使行銷研究能成為有效的行銷管理工具，行銷人員必須充分掌握行銷研究的特質及其應用的限度，使行銷研究在限制之條件內，充分發揮最高的效用。

Summary 摘 要

行銷研究之歷史隨著經濟、行銷、及科技等環境之變化，區分為五大時期。時期的不同，行銷研究之定義也不同。在 1970 年代，行銷研究是指以解決行銷管理之問題為目的之資料的蒐集、分析、及解釋之行銷作業，其有關之作業須循一定步驟進行，此外，行銷研究的主題及有關之作業內容，也須配合行銷研究之步驟，其類型可歸納為初步分析、探測性調查、結論性研

究、及成果性研究。

　　由於行銷資訊具有風險，為求降低行銷資訊之風險，行銷研究必須根據科學方法來進行，科學方法雖然有歷史法、歸納法、演繹法、及分析法等四大項，但其運用須考慮行銷研究之要求。

　　此外，為提高行銷研究之應用效果，行銷研究的實施，應考慮到行銷研究的限制因素及一般性原則。

課　後　評　量　　*Review Exercises*

①試論行銷研究之意義。

②試列舉行銷研究之步驟及其相關作業。

③何謂科學方法? 其與行銷研究有何關係? 試說明之。

④初步分析與探測性調查有何不同? 試說明之。

⑤何謂假設性原則? 其與調查結果有何關係? 試說明之。

⑥何謂誤差 (Bias)? 其產生之來源有幾種? 試列舉之。

第二篇

行銷研究規劃

第3章
確認調查主題

本質上，行銷研究是問題解決的過程，即解決問題必先辨認遭受之問題點、辨認問題點方能界定問題的涵蓋範圍、擬定解決問題的構想，根據構想才能提出問題的解決對策，故行銷研究的實施，必先明確設定調查主題，即如何將行銷問題轉換成調查問題，以作為資料蒐集與分析之依據。

本章就調查主題確定之有關作業，依表3–1列舉之步驟，分別探討如下：

表3–1　調查主題確認程序表

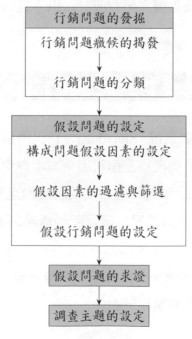

釋例 要調查什麼?

　　某食品公司由銷售資料顯示，發覺到銷售量有下降之現象，針對此一問題，該公司立即召集有關人員，列舉出市場競爭、價格、經銷商、推銷員、品質、廣告等等之影響銷售量下降之假設因素，經有關人員探討結果，皆認為廣告文案是影響銷售量下降之因素,為求確認此一由內部人員篩選出來之假設因素是否正確，將其交由外界之第三者驗證，若驗證結果證明廣告文案的確是造成銷售量下降之因素，則如何設計有效之廣告文案遂成為解決銷售量下降問題之調查主題。

3.1 　行銷問題的發掘

　　行銷研究是為解決行銷問題而實施，故應事先瞭解企業面臨之行銷問題，以便明確界定問題的範圍、妥善擬定研究設計。以下是行銷問題明確化應實施之有關行銷研究作業項目。

3.1.1 　行銷問題徵兆的揭發

　　觀察 (Observation) 行銷現況 (Situation)，藉以瞭解企業面臨的行銷問題是行銷研究作業之首要工作。所謂觀察是指利用企業本身之間接資料，尤其是行銷財務資料、運用行銷診斷模式，隨時掘發行銷問題癥候之監控作業 (Monitoring)。在行銷研究的過程中，觀察行銷現況、發掘問題癥結所實施之調查稱為初步分析 (Primary Research)、或情境分析 (Situation Analysis)，它是以提供「所要研究的是什麼?」為目的，而對企業內部及外部實施之間接資料的蒐集與分析。基本上，初步分析所需之間接資料的主要類型計有:

　⑴景氣及經濟資料。

　⑵法規及政治資料。

　⑶同業資料，如產品系列、生產量、規模、歷史、財務、研發、市場、通路、價格、原料來源等。

⑷公司內部資料，如企業歷史、規模、成長概況、分支機構、客戶類型、市場、產品系列、行銷策略、競爭對象等等。

初步分析、或情境分析的階段，須運用行銷審核 (Marketing Audit) 作為工具，主要類型及審核項目如下❶：

1.行銷環境審核

　⑴總體環境審核：

　　①人文 (Demographic)。

　　②經濟。

　　③資源。

　　④科技。

　　⑤政治。

　　⑥文化。

　⑵個體環境審核 (The Task Environment)：

　　①市場。

　　②顧客。

　　③競爭者。

　　④通路。

　　⑤供應商。

　　⑥公眾 (Public)。

2.行銷策略

　⑴企業使命。

　⑵行銷目標。

　⑶行銷策略。

　⑷行銷預算。

3.行銷組織審核

　⑴組織結構。

　⑵功能效率。

---

❶Kotler and Armstrong, *Principles of Marketing*, 3ʳᵈ edition. Prentice Hall, 1986, p.57.

⑶互動效率。

4.行銷體系審核

⑴行銷資訊系統。

⑵行銷規劃系統。

⑶行銷控制系統。

⑷新產品開發。

5.行銷生產性審核

⑴獲利性分析。

⑵成本效益分析。

6.行銷功能審核

⑴產品。

⑵價格。

⑶分配。

⑷廣告與促銷。

⑸推銷。

3.1.2　行銷問題的分類

依行銷研究之觀點，企業面臨的行銷問題可區分為原因型問題與目標型問題等兩種。

1.原因型問題

原因型問題是指某一特定不利因素的消除，行銷問題就可以迎刃而解，例如銷售收入的減少、市場占有率的下降、或客戶抱怨事項等之不利因素消除，有助於提高或改善行銷效率，故行銷效率的提升可藉由將影響行銷不利因素的消除而改善。例如「如果增加推銷員的訪問次數，就可以增加銷售量」、或「如果改善包裝，就可以提高競爭能力」等。在行銷研究的程序上，原因型問題須經由行銷問題徵兆揭發的階段方能確定。

2.目標型問題

目標型問題則指某一特定行銷目標的達成，就可以解決行銷遭受的問題，例如「要不要開發新產品?」、「明年應該賣多少?」、「有沒有新產品可開發?」或「新產品被市場接受的可行性」等問題。這些問題毋須經由行銷問題徵兆揭發階段，而由企業有關人員直接指定即可。以下是設定目標型問題採用之兩大分析方法：

(1) Creative Issue Three Approach，簡稱為 CITA 法：適用於現有產品之新用途的發掘、或改良之目標型問題的設定。茲以改善烤箱功能之調查為例，將目標型問題設定之設定步驟，如圖 3-1。

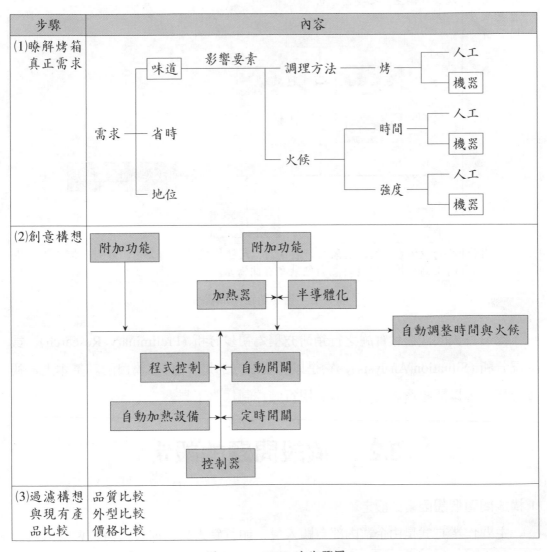

圖 3-1 CITA 法步驟圖

(2)關聯樹法 (Relevance Tree Method)❷：適用於新產品開發之目標型問題的設定，其特色是利用引申需求 (Derived Demand) 的原理，針對某一特定之消費品探究有關之工業品的需要。茲以鮮乳為例，將與鮮乳有關之工業品需求問題設定過程，如圖 3–2。

步驟	內容
(1)鮮乳需求要素分析	需求要素之重要度順位： ①衛生 ②營養 ③方便 ④口味
(2)影響需求要素之要因分析	改善「衛生」之要因分析 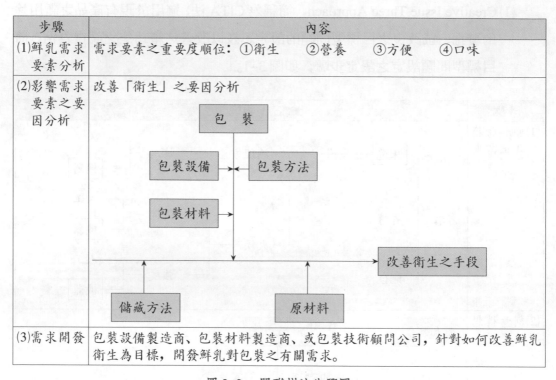
(3)需求開發	包裝設備製造商、包裝材料製造商、或包裝技術顧問公司，針對如何改善鮮乳衛生為目標，開發鮮乳對包裝之有關需求。

圖 3–2　關聯樹法步驟圖

揭發行銷問題癥候實施之行銷研究稱為初步分析 (Preliminary Research)、或狀況分析 (Situation Analysis)，它是以「要研究的是什麼?」為目的。基本上，初步分析大多以間接資料為主，並利用行銷控制作為工具。

3.2　假設問題的設定

1.構成問題假設因素的設定

主要作業方式是由企業內部有關人員，如行銷人員、研發人員、會計人員等

❷八田知成，《市場調查戰略》，ビジネス社，1973 年，第 221 頁。

組成分析專案小組，參考企業內部的間接資料，利用特性要因分析圖、或「魚骨圖」，以腦力激盪方式，盡量列舉可能影響行銷問題癥結的假設因素。

2.假設因素的過濾與篩選

由專案分析小組將選出來的假設因素，會同企業內部有關之專業人員、及外界之專家或顧問，依其對行銷問題的影響程度，分別加以過濾與篩選，並選擇影響最大的假設因素作為假設之行銷問題點。

3.假設行銷問題的設定

將假設行銷問題利用要因分析法或實驗法，進一步的確定影響行銷問題的假設因素，以便由有關人員設定假設的行銷問題。

茲將上述三大步驟之運用，舉例說明如下。

假設某公司的銷售收入經由預計與實際比較結果，發覺到銷貨收入有減少之現象。為求瞭解此一「原因型問題」的產生原因，行銷研究人員須召集有關人員，以腦力激盪法依經濟、政治、競爭、品質、推廣、價格、通路、及消費者等之層面，盡量列舉可能影響行銷問題之各種假設因素，隨後再經由有關人員或專家之過濾，設定如下之假設因素：

(1)消費者因素。

(2)競爭因素。

(3)廣告因素。

(4)經濟因素。

為求更具體設定影響行銷問題的假設因素，須針對上述之假設因素，進一步的經由專案分析人員，利用要因分析 (Elements Analysis) 解析各種可能影響之假設因素，並將這些假設因素，分別加以過濾、歸類、及檢討之後，假定認為廣告效果可能是影響銷貨收入減少之主要因素，則應再設定可能影響廣告效果之假設因素，並將這些假設因素分別一一加以分析，尋求具體的影響因素，以供行銷研究人員求證這些因素與銷貨收入間之關係，作為設定假設之行銷問題之依據。如以本例，影響廣告效果之假設因素計有下列四項：

(1)廣告文案因素。

(2)廣告時機因素。

(3)廣告媒體因素。

(4)廣告費用因素。

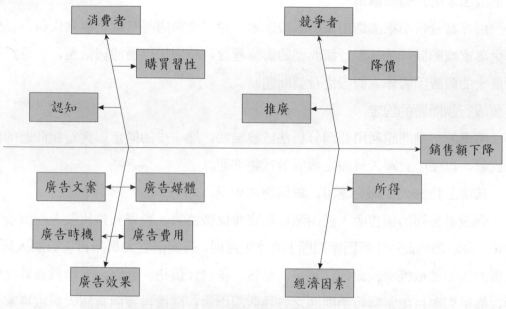

圖 3-3　要因別「魚骨法」分析圖

　　於設定行銷問題之階段，所需之資料仍然偏重於間接資料，尤其是企業內部之行銷財務資料、行銷研究資料、外界發佈之各種經濟資料、及其他專業提供之專業性資料。至於現有之間接資料之運用，則可利用事先編製之資料核對表，將有關之假設因素與資料來源加以對照，以供有關人員能即時獲取所需資料，並作有效地運用。

表 3-2　資料核對表

來源別　　類別 假設要素別	內部資料		外部資料			
	行銷財務	行銷研究	廣告公司	媒體機構	競爭廠商	政府機構
廣告媒體						
廣告時機						
廣告文案						
廣告費用						

3.3 假設問題的求證

假設的行銷問題設定之後，行銷研究人員必須進一步地展開求證假設的工作，驗證行銷問題的真實性，冀以確定調查主題及調查項目。由於假設行銷問題點的設定作業皆在企業內部實施，倘若僅依內部研判之結論作為設定研究主題之依據，其結果將會是膚淺的，對真正之行銷問題的解決，當然不會有任何實質上的助益，故須由行銷研究人員親往現場接觸市場狀況，瞭解行銷問題面臨之市場實際狀況，以求驗證行銷問題點之真實性。如以前例，當設定廣告因素是影響銷售額的原因之後，行銷研究人員應針對影響廣告效果之各種因素，如廣告媒體、廣告文案、廣告時機、廣告費用等等，分別對外實施非正式調查 (Informal Investigation)，如會同廣告代理商就本產品之廣告文案與競爭產品的文案實施文案效果測試 (Copy Test)、或就產品銷售季節性指數與廣告費用間之變化相互對照，俾以發掘兩者間之關係、或其他的新假設，掌握廣告遭受的真正問題點。茲就假設問題求證之過程，舉例說明如下：

具有二十年歷史之甲香皂公司，突然發覺香皂之銷售額有日益減少之現象。根據銷售額減少之事實，經該公司之行銷研究部門將有關之間接資料加以分析及篩選後，設定了若干影響銷售額減少之假設因素：

⑴香皂市場之競爭廠商皆投入大量之廣告作為競爭的工具。

⑵甲公司之香皂市場占有率並無下降。

⑶廣告方面之投資及其策略運用之技巧，甲公司均不如競爭廠商。

⑷香皂市場已呈飽和狀態。

根據上述之四項假設，行銷研究人員認為改善目前銷售狀況之方法唯有就：①新產品的開發，及②廣告策略的改變等兩者選一。為求驗證篩選出來之假設因素與銷售額間之關係，行銷研究人員分別對篩選出來之假設因素實施探測性調查。有關廣告策略方面，可運用企業內部及外界之廣告有關的間接資料，如廣告費支出資料、廣告媒體別收視率資料、廣告媒體別收視者背景資料等加以分析，藉以研判廣告策略之妥當性。此外，也應實施實地調查，分別訪問經銷商及消費者，

以瞭解他們對香皂之味道、品質等等之感受程度。經探測性調查之結果，發現到消費者對目前市面上之香皂品質均有不滿意之現象，因此「新香皂開發」遂成為改善目前銷售額之調查主題。

3.4　調查主題的設定

誠如醫生對病人的診斷，唯有正確的找出病狀，才能對症下藥。病人的病痛好比企業所遭受之行銷問題，診斷就是調查主題的設定過程，而病狀則等於調查主題的設定。對行銷研究而言，調查主題若設定錯誤，不但無法達到解決行銷問題之目的，反而會將行銷決策導入於錯誤之境界。

行銷研究成敗之關鍵繫於調查主題的設定，質言之，即如何將行銷問題轉變為調查主題。在行銷研究之過程中，調查主題是行銷研究的基礎，行銷研究之一切有關之作業，如資料來源、蒐集方法、分析方法等皆須以調查主題為依據，它是為解決行銷問題而設定。為解答調查主題所提出之各項問題，行銷研究人員應回答各種答案，而這些答案稱為調查項目。如以前述之例，解答調查主題之調查項目如表3–3。

表3–3　調查主題與調查項目表

假設前提	假若提升廣告效果，則會恢復原來銷售額
調查主題	廣告效果調查
調查項目	(1)廣告接觸度 (2)廣告瞭解度 (3)廣告好感度 (4)廣告記憶度

Summary　摘　要

確認調查主題是行銷研究之第一步驟。調查主題之確定由行銷問題的發掘、假設問題的設定、及假設問題之求證等三大項目構成。行銷問題發掘的首要工作是行銷問題癥結的揭發與行銷問題之分類。行銷問題癥結的揭發須

運用到企業內部之間接資料，尤其是行銷財務資料，至於行銷問題的分類，則關係到是否該進行行銷問題癥結揭發之問題；即「原因型問題」須經行銷問題癥結揭發之階段，而「目標型問題」則否。

　　假設問題之設定是由企業內部有關人員提出，利用要因分析法、實驗法作為工具。由於假設問題是由企業內部有關人員提出，故須經過企業外部驗證之後才能設定調查主題。有關驗證假設問題之調查稱為非正式調查。

課　後　評　量　*Review Exercises*

①試論確認調查主題之必要性。

②「原因型行銷問題」與「目標型行銷問題」有何不同？試說明之。

③何謂「初步分析」？試說明之。

④試論假設問題求證與假設問題設定之關係。

⑤試論「非正式調查」之必要性。

第4章
研究設計

　　如何利用最經濟、最有效的方法來蒐集及分析調查所需之資料是研究設計之主要目的。調查資料依調查主題而異，但由於被衡量事物應與其屬性相符合，如個體歸類需用類別尺度、個體大小需用順位尺度、個體等級需用等距尺度、個體數值需用等距尺度、等比尺度等，故其運用之蒐集方法與分析方法也不盡相同，於實際進行蒐集與分析資料之前，行銷研究人員須預先設計一種特定之架構 (Framework)、或藍圖 (Blue Print)，以作為評估調查方法與資料分析之依據，此種架構、或藍圖稱為研究設計。換言之，研究設計是指為評估行銷研究之可行性、經濟性、及詮釋調查問題所需之各種測定變數的蒐集與分析之一系列的方法與程序為主體而編製之計畫書 (Plan)。

　　針對上述，本章分別以研究設計之意義、研究設計之流程及構成項目等兩大議題探討。

釋例　廣告文案調查到底值不值得調查？

　　如以廣告文案調查為例，其調查涉及到資料特性、資料來源、蒐集方法、分析方式等之問題，而這些問題關係到調查之可行性與調查費用，故於廣告文案調查實施之前，應針對調查主題——「廣告文案調查」探討可能達成廣告文案調查之目的之各種資料、蒐集方法、及分析方式，如廣告文案內容之瞭解 (事實資料)、或各種不同之廣告文案之比較(因果資料)，並評估廣告文案調查所需資料之特性、蒐集方法、及分析方式，確認到底那一種方法之可行性最高，調查費用最低之後才能進行調查，故於廣告文案調查實施之前，應根據行銷研究之有關理論，針對調查主題評估資料特性、資料來源、蒐集方法、及分析方式，編製研究設計作為評估調查可行性與經濟性作為是否該進行調查之依據。

4.1 研究設計之意義

4.1.1 研究設計之定義

1. Gilbert A. 與 Churechill, Jr. 教授 ❶

「用來研判蒐集及分析資料之架構、或計畫謂之研究設計。」

2. Bemal S. Phillips 教授 ❷

「研究設計是由資料蒐集、分析、及評估等單元構成之藍圖 (Blue Print)。」

3. Donald S. Tull 與 Del I. Hawkins 教授 ❸

「以協助正確的反應問題、或機會，並藉由各種類型資料之精確度與投入成本之比較，期以達到資料價值極大化之資料蒐集與分析之程序說明書 (The Specification of Procedures)。」

根據 Donald S. Tull 與 Del I. Hawkins 教授之定義，研究設計強調之重點是：

⑴程序說明書：程序說明書之內容包括資料類型、蒐集方法、衡量方式、衡量客體、及分析方式等。

⑵蒐集之資料必有助於確認或反應問題與機會：蒐集之任何資料皆應與行銷決策有關，故資料蒐集方法必須符合行銷決策之要求。

⑶資料應用價值：不同的資料，其準確度也許不同，但皆能反應相同之問題。

⑷資料成本：除了資料準確性之外，資料蒐集還應考慮資料有關之成本。

總而言之，在行銷研究之作業流程中，研究設計是評估調查專案之可行性及經濟性的主要計畫 (Master Plan)，故理想的研究設計，基本上，必須具備下列

---

❶Gilbert A. and Churechill, Jr., *Marketing Research*: *Methodological Foundations*, 7th edition. The Dryden Press, 1995, p.144.

❷Bemal S. Phillips, *Social Research Strategy and Tactics*, 2nd edition. 1970, p.93.

❸Donald S. Tull and Del I. Hawkins, *Marketing Research*: *Measurement & Method*, 6th edition. Macillan, 1990, p.50.

圖 4-1　研究設計構成要素圖

兩大要件：

1.符合研究目的

研究設計必須針對解決企業面臨之行銷問題，詳細敘述有關資料來源、類別、蒐集方法、及分析方式。

2.合乎經濟原則

行銷研究的實施必須考慮預算與時間之約束，而調查方法及分析方式是左右行銷研究之預算與時間的兩大變數。針對相同的調查主題，雖然可運用各種不同的調查方法與分析方式來達到調查目的，但方法與方式之不同，調查結果的正確性、調查費用的多寡、及時間的長短也不一樣。如以「消費者偏好」調查為例，為瞭解消費者偏好所需之資料，可取自於間接資料或直接資料，若利用直接資料，其蒐集方式除了實驗法之外，也可運用勘察法。至於分析方式，也可以由最簡單的交叉分析法至最複雜的多變量分析法。調查方法與分析方式的不同，調查投入之費用與時間也不一樣。為求行銷研究達到經濟效果，研究設計須考慮正確性、經濟性、及時效性等三者間的平衡。

4.1.2　研究設計之目的

詮釋研究問題及控制變異是研究設計之兩大目的。前者是指以正確、客觀、及經濟的手段來獲取行銷問題之答案，而後者則指：

1.假設變數（自變數）對因變數的最大解釋能力

為解釋由行銷研究人員設定之假設變數的個數與個數間之相互關係的行銷問題，其相互間不論是各自獨立或互為依存，皆會影響到假設變數（自變數）對行銷問題（因變數）之解釋能力，為避免上述之情況發生，可藉由研究設計對各種設定假設變數慎加選擇。

2.控制變異

就行銷之特質而言，影響因變數的自變數可依企業本身對其控制之程度，區分為可控變數與不可控變數兩大類型。由於可控變數與不可控變數均會影響行銷成果，故研究設計須將可控變數加以控制，以免影響行銷研究的結果。至於不可控變數的控制方法則可採用：①消除不可控變數，②隨機化 (Randomize)，及③將

不可控變數納入於研究設計，並將其視為自變數等之三種方式。

3.降低誤差變異

　　誤差變異是由隨機變動所引起的測量變異。雖然隨機誤差會有正、負、高、低等之情況發生，但通常皆會趨於平衡狀態；即隨機誤差的平均值為零。由於誤差具有隨機特性，故誤差變異不可能加以預測。

　　調查對象中之個體的差異與測量誤差 (Errors of Measurement) 是產生誤差變異的兩大來源。為求達到減少誤差變異之目的，於研究設計之研擬過程中，應考慮以下之兩大原則：

　　(1)研究或測量條件與情境 (Condition and Situation) 的控制。

　　(2)增加測量的正確性。

4.1.3　研究設計之類型

　　依行銷研究目的之不同，研究設計可區分為下列三大類型[4]：

1.探測性研究 (Exploratory Research Design)

　　探討行銷問題的特質及擬定各種影響行銷問題點的假設因素，藉以設定調查主題為目的之調查稱為探測性研究。於行銷研究之過程中，探測性研究可視為行銷研究程序之第一步驟。當行銷研究人員對研究問題的特質若不十分瞭解、或行銷問題不十分明確，則應利用探測性研究來發掘行銷問題的癥結、界定問題的範圍、擬定影響問題的假設，以作為實施正式調查之基礎。由於探測性研究的實施毋須受到特別的限制，故其資料來源及蒐集方法，可由行銷研究人員依實際情況處理。一般而言，探測性研究的方法可歸納為下列三大類型：

　　(1)間接資料分析 (Literature Search)：為最經濟且最快速之一種發掘假設研究
　　　　主題之方法。分析範圍包括外界間接資料及企業內部間接資料的蒐集與分
　　　　析。

　　(2)實地調查 (Experience Search)：所謂實地調查是指針對假設之行銷問題，向

---

[4]Gilbert A. and Churechill, Jr., *Marketing Research*: *Methodological Foundations*, 7th edition. The Dryden Press, 1995, p.60.

具有解決能力之有關人員所實施之直接資料的蒐集與分析。通常以企業內部之高級主管、行銷經理、推銷員、批發商、零售商、消費者、或競爭者為對象。為避免調查結果產生偏誤，於實施調查之前，應特別注意調查對象之適當分配。

⑶個案研究法 (Analysis of Selected Cases)：以少數相似之有關案例，詳加分析與探討，冀以獲取影響行銷問題點之有關資料。上述之兩種方法相比較，個案研究法所獲取之資料較為深入，也較容易掌握潛在性問題癥結點。

2. 敘述性研究 (Descriptive Research Design)

為正式調查之一種。凡以①瞭解行銷現象 (Marketing Phenomena) 的特性及其發生之頻度，②尋求影響行銷問題之各種變數間的關聯，及③預估或預測行銷現象等為目的，以供行銷管理部門擬定改善措施之行銷研究稱為敘述性研究。如以「消費者調查」為例，若調查目的是要瞭解某一特定產品之消費者特性，如年齡、所得、職業、教育程度等消費者人文特性與特定產品消費之關聯性、或推估消費者人文特性與銷售量的變化等之調查，皆可視為敘述性研究。

相較於探測性研究，敘述性研究必須依據明確的研究主題，並循①確定調查主題，②擬定研究設計，③蒐集資料，④分析資料，及⑤提出報告等之步驟進行。至於敘述性研究的類型，計有下列兩種：

⑴個案法 (Case Method)：由若干具有相似特性之群體中，分別抽取少許樣本，分析與比較各組間的特性，以尋求行銷問題之特質的研究方法稱為個案法。如以食品店的行銷效率調查為例，可依經營效率為基礎，將食品店分為「經營效率高」、及「經營效率低」兩大類，並就其中抽取若干樣本加以分析兩者間之差異點，發掘行銷問題的特質。

⑵統計法 (Statistical Method)：利用大樣本進行推估行銷問題的特質之方法稱為統計法，實施之步驟是：①尋求行銷問題之資料來源，即調查母體的設定，②抽取樣本，③資料分析；即由樣本統計值判斷行銷問題之特質。

3. 因果性研究 (Causal Research Design)

以瞭解某特定因素與行銷問題間之相關性為目的之研究稱為因果性研究。例如假定廣告文案是影響銷售的主要因素，則就因果性之觀點而言，廣告文案稱為

自變數 (Independent Variable)，因為它會影響銷售收入，而銷售收入謂之因變數 (Dependent Variable)，因為它的變動受到廣告文案的影響。為求瞭解不同之廣告文案對銷售收入的影響程度，行銷研究人員可利用實驗法 (Experimental Design)，在條件相同之若干地區，利用不同之廣告文案實施廣告文案效果調查，藉由對銷售收入影響程度大小，選擇最適當的廣告文案作為改善銷售成果之工具。

　　測定自變數對因變數的影響程度或函數關係是因果性研究之主要目的，故對行銷而言，銷售額、市場占有率等皆為典型之因變數，至於影響銷售額、或市場占有率之變數則謂之自變數。基本上，自變數可依企業本身對其控制之程度，區分為可控變數與不可控變數兩大類型，如行銷組合 (Marketing Mix) 是屬前者，而外在環境變數，法令、經濟、科技、文化、競爭等則屬於後者。調查方法上，因果性研究皆以實驗法作為工具。

4.2　研究設計之流程及構成項目

　　行銷研究實施之細部計畫稱為研究設計。簡而言之，它是指行銷研究人員於調查實施前設計之供有關人員評估行銷研究之可行性、及經濟性之一種特定的「架構」、或「藍圖」。行銷研究人員、或其他之有關人員，除非對研究設計流程編列項目之意義能確實瞭解及研判，否則無法評估行銷研究專案之可行性與價值性，以下是研究設計之流程及其構成項目。

4.2.1　調查主題

　　調查主題是整個調查流程的核心，它是決定解決行銷問題所需之資料的依據。對行銷研究而言，調查主題的確定是調查流程的前置作業，錯誤的調查主題會影響資料類型、資料來源、蒐集方法、蒐集工具、分析方法等之後續作業，無法達到行銷研究之目的。至於確定調查主題有關之作業項目計有❺：①確認行銷問題，

---

❺Donald S. Tull and Del I. Hawkins, *Marketing Research*: *Measurement and Method*, 6ᵗʰ edition. Macmillan, 1990, p.51.

②實施探測研究，③確定調查主題。

4.2.2　調查架構

　　將達到調查目標過程中之有關作業及其流程之系統化謂之調查架構，它是供有關人員評估調查專案之依據。茲以某一飲料公司之「咖啡因飲料行銷規劃」行銷研究專案為例，將其調查架構列舉如圖4-2。

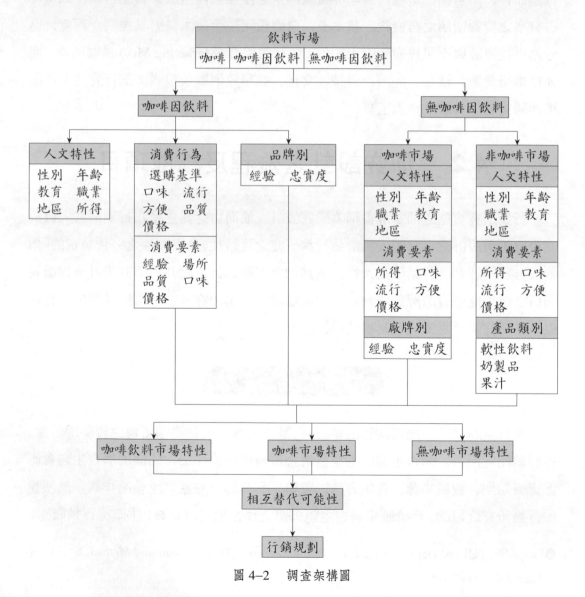

圖 4-2　調查架構圖

4.2.3　分析流程

於行銷研究費用之構成項目中，資料分析費用約占了一半，此外，分析方法之適當與否，也會直接影響到調查結果的可用性，故於研究架構內，應明確地描述分析方法及分析流程，以供有關人員評估。

4.2.4　調查計畫書

於正式實施調查之前，為求調查作業能循序漸進，達到預定之調查效果，則須借助調查計畫書，主要之構成項目如下：

1. 調查名稱

例如「觀光旅客消費及動向調查」。

2. 調查目的

構成調查計畫書的第二項目是調查目的之敘述。由於行銷研究作業之內容，即資料類別、蒐集方式、分析方法等等，皆以調查目的為依據，故調查目的之明確與否，會直接影響到整個調查作業之成敗。

調查目的之敘述應盡可能地利用簡潔具體的辭句表達。如以「觀光旅客消費及動向調查」為例，調查目的之敘述是：「瞭解來臺觀光旅客之類型、動機、消費型態及觀感，供有關機構規劃發展觀光事業與擬訂觀光政策之參考。」又以某食品公司對西點及餅乾之投資可行性研究為例，其調查目的之敘述方式是：「瞭解西點及餅乾商之經營方式及其市場交易，以供大規模生產方式的可行性參考。」

3. 調查項目

所謂調查項目是指將調查目的做更進一步地分項說明，以作為資料來源、問卷設計、及調查方法之參考。如以前述之觀光調查為例，根據調查目的，調查項目計有：

⑴旅客類型：國籍、性別、年齡、教育程度、職業。

⑵旅遊動機及方式：目的、影響因素、來臺灣次數、同行人數、停留日數。

　　⑶消費支出及項目：餐飲、住宿、交通、娛樂。

　　⑷旅遊設施之觀感：飯店、餐廳、交通、旅遊地區、旅行社、導遊。

4.調查對象

　　資料來源之主體稱為調查對象。在調查計畫書內，務必明確指明調查對象，以防止調查偏誤之產生。

5.調查地點

　　調查地點之敘述不可太過於籠統，應將須包括之範圍具體地列出。如以「大臺北區」作為調查地點為例，應列明「大臺北區」所涵蓋之地點，如「臺北市及其周圍城市，包括新店市、永和市、板橋市、新莊市、及三重市等」。

6.調查時間

　　應將調查所需之起訖時間列出，例如「自 2005 年 6 月 1 日至 6 月 14 日止」。倘若調查須分段實施，則應將各實施階段之時間分別列出，例如「本調查共分為三階段進行，第一階段自 2005 年 6 月 1 日至 6 月 14 日止、第二階段自 2005 年 7 月 1 日至 7 月 14 日止、第三階段自 2005 年 8 月 1 日至 8 月 14 日止」。

7.樣本數

　　除了須將預定之總樣本數及樣本結構明確地表示之外，還應列舉樣本數之計算公式及其設定條件，以作為判斷調查準確度之依據。如以假設之電漿電視機調查之樣本數的計算為例，其表示方式為「在 2005 年 6 月 1 日（特定時間），於臺灣區（特定地點），就年所得 50 至 60 萬之家庭（特定條件），抽取 150 戶」。

$$n = \frac{t^2[P_u(1.0 - P_u)]}{(P_x - P_u)^2} = 153$$

$P_u = 10.0\%$

$P_x - P_u = 0.05$

$t = 2.06$

n：樣本數

P_u：電漿電視機比率

$P_x - P_u$：可容忍誤差

t：信賴水準 96% 的值（信賴係數）

表 4-1　樣本結構表

地區別	北	中	南	合計
樣本數	70	51	32	153
百分比 (%)	45.7	33.3	20.9	100.0

8. 抽樣方法

原則上，應將採用之抽樣方法及步驟加以說明。例如：

(1)利用分層抽樣法，按月別分為十二個時間層，以前三年之觀光客月別人數資料，決定抽取樣本比例，求每月之樣本數。

(2)根據桃園國際機場班機起飛時間表，將每日的班機加以編號，並從中抽取六個班次，作為每日之調查對象。

(3)訪問員應於被抽取之班次飛機起飛前兩小時，到達該航空公司櫃臺劃位處，以亂數表抽取正在辦理手續之旅客作為訪問對象，若該旅客不符合資格，應依次順延。

9. 調查方式

應將採用之調查方式，如勘察法、郵寄法、或實驗法等詳加說明。

10. 訪問員

訪問員應具備之條件須詳加敘述。如「甄選英日文流利、態度認真、且修習過行銷學及社會學，並經過試訪考核及格之在校學生擔任之」。

11. 調查費用預算

為評估資料的價值，行銷研究的實施，必須將其投入之費用，及其費用項目一一詳細列出，以作為是否該實施調查之依據。有關調查費用預算之評估方式，可利用機率原理作為工具；即若不實施行銷研究，行銷活動的失敗率大於成功率，且其損失金額超出行銷研究之費用，則應實施行銷研究，反之，則可放棄。

12. 調查時程表

於瞬息萬變之環境中，市場現況的掌握有賴於行銷研究資料的適時提供。就作業之特質而言，行銷研究是屬於一種專案性作業，舉凡專案的處理，皆須將應辦理之作業項目依序排列，然後按部就班地實施，如此方能達到時效性與經濟性

之目的。

行銷研究之時效性與經濟性之控制須借助調查時程表，其編製可利用計畫評核術 (Program Evaluation and Review Technique)、或甘特圖作為工具。有關計畫評核術或甘特圖編製的方法是將行銷研究之所有項目，依先後順序，將調查作業項目繪製於作業網的網路上，分析及計算各項作業應投入之正常時間與允許的寬容時間，然後再於作業網網路上設定由作業起始至終了所須之最長時間的路徑，以求縮短整個作業時間，使行銷研究作業能盡快完成。茲說明如下：

行銷研究之有關作業項目計有：①問卷設計，②問卷測試，③問卷修改，④實地試訪，⑤最後修正，⑥抽樣，⑦訪問員甄選，⑧訪問員初步訓練，及⑨訪問員最後訓練等九大項目。經過分析後，將調查作業之先後及作業時數整理如表 4–2。

表 4–2　作業項目及時數表

代號	作業項目	天數	先行作業	後續作業	備註
A	問卷設計	1		B, I	
B	問卷測試	1	A	C, F	
C	問卷修改	1	B	D	
D	實地試訪	2	C	E	
E	最後修正	1	D		
F	訪問員甄選	1	B	G	
G	訪問員初步訓練	1	F	H	
H	訪問員最後訓練	1	G		
I	抽樣	1	A		
	總天數	6			

根據表 4–2 資料可利用「甘特圖」繪製行銷研究作業網，控制行銷研究作業之進行。

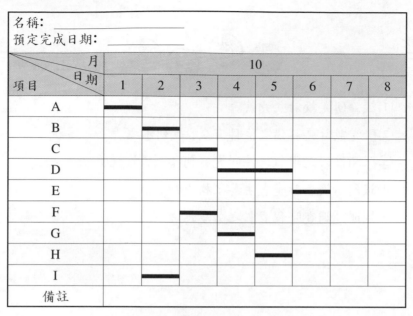

圖4-3 行銷研究作業「甘特圖」

　　研究設計是行銷研究專案執行的主要計畫,它是由行銷研究專案之各個有關之子計畫所構成。合乎要求之研究設計,必須具備(1)符合研究目的,及(2)符合經濟原則等兩大要件。研究設計之目的,則包括(1)使實驗變數之變異達到最大的可能,(2)控制影響假設變數之不可控變數的變異,及(3)使誤差變異為最小。有關研究設計之類型,依行銷研究目的之不同,區分為探測性研究、敘述性研究、及因果性研究等三大類。至於研究架構則指編製研究設計的計畫,它是由調查主題、調查架構、分析流程、及調查計畫書等四大項目構成。

課　後　評　量　*Review Exercises*

①試論研究設計之意義。

②研究設計應具備之條件有幾？試列舉之。

③探測性研究與敘述性研究有何不同？試說明之。

④試列舉調查計畫書主要之構成項目。

⑤試述「調查時程表」之必要性。

第三篇

資料蒐集

第5章
間接資料的蒐集

　　資料的蒐集應由間接資料的蒐集著手。為有效掌握間接資料的來源，除須將間接資料區分為企業內部與企業外部兩大類別之外，並應考慮間接資料的運用極限，如此才不致誤用間接資料，將行銷決策導入於錯誤的境界。至於為求確實系統化掌控及運用間接資料，則必須建立一套間接資料管理制度。此外，行銷問題之發掘必須借助有關之間接資料的交叉分析，為達到相互交叉分析之目的，間接資料之運用須遵守若干運用方面之原則。

　　針對上述之問題，本章分別以間接資料的意義、間接資料的管理、及間接資料之八大原則等三大單元，予以探討。

釋例　間接資料的有效運用

　　資料蒐集之第一步驟是看看是否有現有之資料可供調查之需要，假定沒有的話，才能進行直接資料的蒐集。間接資料之來源，除了由企業本身內部提供之外，絕大部分皆來自於外界之第三者，但由於外界第三者之資料是依其目的提供，故提供之資料，不論在時效上、或適用上，絕對無法完全滿足調查目的之需要，其運用有一定之極限。為了能配合行銷研究之要求，有效的運用間接資料，間接資料之運用必須建立一套間接資料管理制度，管理制度之構成單元包括間接資料來源之掌控與分類，間接資料之評估，間接資料之調整，及間接資料之選取等項目，此外，也須考慮到確保、索引、平衡、修正、交叉、一貫、熟記、及有效等原則。

5.1 間接資料的意義

5.1.1 何謂間接資料?

行銷研究主題確定之後,行銷研究人員必須進行資料蒐集,以應調查之需要,但為求資料能確實符合要求,於資料蒐集之前,應考慮下列之事項:

(1)根據調查目的,按費用、期限、或用途等為基準,將資料劃分為實態資料、觀察資料、實驗資料等之直接資料與間接資料。

(2)將上述之各類型資料,依調查目的擬定若干蒐集方案。

(3)就各資料蒐集方案所需之費用、時間、及可能獲得之效益,從中選取最佳資料。

由企業內部或外界之第三者,依其目的編纂之資料稱為間接資料 (Secondary Data)。由於間接資料具有迅速及價廉之特色,故資料的蒐集應先依調查目的,蒐集有關之間接資料,並將其加以檢討與評估,看看是否能符合調查目的之要求,冀以節省調查的時間與費用。對行銷研究人員而言,若能擁有蒐集、分析、及運用間接資料之能力,無形中就掌握了節省大量調查經費與時間之優勢。尤其是從事產業行銷 (Business to Business Marketing) 之企業,其行銷決策之有關資料,絕大多數皆來自於間接資料,故間接資料的有效運用,將會左右產業行銷的運用效率。

5.1.2 間接資料的類別

1.內部資料

企業內部行銷有關之各種記錄、數據、意見、及行銷財務等之資料皆屬之,它是以行銷資訊體系 (Marketing Information System) 作為蒐集及提供之工具。一般而言,內部資料雖然無法完全適用於行銷問題的解決,但若能加以系統化的分

類、整理、及進一步的分析，則有助於行銷問題的發掘與行銷效率之控制。至於內部資料之類別，主要的計有：①銷售資料，②市場資料，③推廣資料，④通路資料等，資料的蒐集，原則上，可由下列之檔案取得：

(1)銷售統計檔案：如期間別銷售資料、地區別銷售資料、客戶別銷售資料、產品別銷售資料、推銷員別銷售資料等等。

(2)行銷財務報表：如功能別行銷費用、對象別行銷費用、產品別行銷費用、地區別行銷費用、產品別行銷利潤、地區別行銷利潤、客戶別行銷利潤、推銷員別行銷利潤、期間別行銷利潤等等。

(3)推銷員報告：如推銷日報表、收款日報表、客戶訪問報告、客戶抱怨處理報告等等。

(4)客戶檔案：如客戶意見資料、客戶庫存資料、客戶銷售資料、客戶信用資料等等。

(5)其他：如競爭者之廣告資料、競爭者之促銷資料、競爭者之價格資料、競爭者之客戶資料等等。

2.外部資料

凡由外界之第三者發佈、或出版的各種有關之行銷資料均稱為外部資料，其數量雖然多得不可勝數，但就來源而言，則可歸納為①政府機構，②專業機構，③同業機構，及④其他機構，如研究機構、學術機構、報紙雜誌等四大類別。至於外部資料的取得，除了可利用傳統的方式外，也可透過既方便又快速的網路來取得。

5.1.3　間接資料的極限

為求有效的運用間接資料，於運用之前，行銷研究人員應對下列之極限 (Limit) 詳加探討：

1.間隔性的提供

絕大多數之間接資料的提供，均有一定的間隔期間，如一年一次、半年一次、或一個月一次等。對行銷研究人員而言，資料的間隔性會影響間接資料的時效性。

運用上，應考慮相同或相似資料的併用，同時還得掌握其他不同之資料來源。

2.限定對象提供

某些資料的提供，往往僅限於某些特定對象，如公會資料僅提供給公會會員、政府機構之某些資料只提供給立法委員等。這些機構依限定對象提供之間接資料，僅能代表該行業、或團體之特性，故若將其用來推論其他行業，則會導致錯誤的結果。

3.計算基準之不一致

相同之資料，可能因提供機構之特性的不同，資料之計算單位、或抽樣單位之設定依據也不盡相同。如以「臺灣地區營利事業統計資料之工廠數」為例，財政部統計處編輯之資料是根據稅捐機構的稽徵對象為單位，而經濟部出版之「行業別工廠名錄之廠家數」則以工廠校正調查資料為藍本，僅以「臺灣地區食品加工廠家數」一項，兩者間之廠家數相差達 2,600 家左右。為求確認資料適用性，於運用間接資料之前，應對資料提供者對資料之計算單位、或抽樣單位徹底瞭解。

4.生產量包含流通階段之庫存量

一般而言，由政府機構發佈之行業別生產量均包含流通階段之庫存量在內，如工業局發行之《臺灣工業生產統計月報》等，故產品之行銷通路階層的多寡，會影響生產量的正確性；即產品之行銷通路越短，資料之正確性越高。

5.資料含有偏誤 (Bias) 因素

偏誤是指樣本的統計值偏離母體之程度，兩者間偏離越遠，調查資料之正確度越低。對間接資料而言，偏誤是受到調查主題、抽樣方法、調查方法、問卷設計、調查技巧、及被調查者之合作程度等因素的影響，故在可能之情況下，於採用間接資料之前，應對該資料之研究設計 (Research Design) 慎加探討，如此方能有效的掌握資料之可用性與正確性。

5.2　間接資料的管理

完整及適時的提供資料給行銷管理人員採取有效之因應對策是間接資料管理之主要目的。基於「完整」與「適時」的原則，間接資料的管理須考慮分類、評

估、調整、及篩選等作業，茲分別探討如下。

5.2.1　間接資料的分類

將性質相同或相近的資料歸納為同一類別謂之分類。資料之有效分類，須考慮相斥與周延兩大原則。所謂相斥是指各類別必須相互排斥，凡能歸入於某一類別者，僅能將其歸入於該類，絕不能歸入於其他類。至於周延則指相同類別，必須全數舉盡，不能遺漏。資料之分類方法，一般而言，計有下列四種❶：

　(1)十進位分類法 (Dewey Decimal Classification Method) 或 DC 法。

　(2)日本十進位分類法 (Nippon Decimal Classification Method) 或 NDC 法。

　(3)國際十進位分類法 (Universal Decimal Classification Method) 或 UDC 法。

　(4) Colon 分類法 (Colon Classification Method) 或 CC 法。

　有關資料的分類，就行銷之觀點而言，可歸納為①行銷資料，②政府資料，③業界資料，及④其他資料等四大類型。

5.2.2　間接資料的評估

　為求提高間接資料的正確性及可靠性，於選取間接資料之前，應對下列事項，加以評估：

1.適用性

　適用性 (Relevance) 是指資料的時效、分類、與定義。過時資料的應用會影響行銷決策，使行銷決策陷入於錯誤的境界。《讀者文摘》曾刊載過一則笑話，其大意是說有兩位先生駕駛一架私人飛機，由甲地飛往乙地，但飛到了乙地的上空，卻找不到機場可供降落，急忙打開地圖一看，原來他們攜帶的是十年前的老地圖。由上述之笑話可知，面臨外在環境急速變化的今日，間接資料的運用應特別考慮時效性，否則將會遭受到無可彌補的損失。

　間接資料之分類及定義與提供資料機構的特性有密切關係，資料提供機構之

---

❶中平寬，《情報管理の實務》，日刊工業新聞社，昭和 42 年，第 39 頁。

不同，資料的分類與定義也不盡相同。如以國內有關機構對商品的分類為例，海關與經濟部就大不相同，在定義方面也如此，故於採用間接資料之前，應確實瞭解提供機構對間接資料分類與定義。

2.可靠性

可靠性(Credibility)是指間接資料的客觀程度。間接資料越客觀，可靠性也越高，故間接資料的評估應考慮資料發佈機構的特性及目的。以電視收視率調查資料為例，同一時段，相同節目，收視率往往會因調查機構之不同而異，如市場調查專業機構與廣告代理商。於此情況下，間接資料的利用者必須要瞭解調查機構發佈資料之目的何在？該資料與調查機構之業務有何關係？調查機構的屬性是什麼？等等項目，並詳加分析、檢討後，方得運用。

3.正確性

樣本數、抽樣方法、調查方式、或問卷設計等等之不妥，均會影響間接資料的正確性(Accuracy)，故於運用間接資料之前，應盡可能對調查有關之研究設計(Research Design)加以瞭解後，才能確保間接資料的正確性。

5.2.3　間接資料的調整

基於間接資料具有一定的使用極限(Limit)，故經過評估之間接資料，於運用之前還得加以適當的調整，有關之事項如下：

1.流通階段的庫存量調整

由於生產量之資料包括各種不同流通階段之庫存量，故由有關機構發佈之生產量，其數量往往會大於實際之生產量。生產量資料之運用，須事先加以調整，如此方能提高資料之正確性。有關流通階段之庫存量調整，目前國內尚無調整公式，但根據 Wolfe 教授的見解，庫存量的調整公式是：

$$庫存量調整量 = 生產量 \times 91\%$$

2.不同來源資料的銜接

絕大多數之情況下，間接資料是以間隔性的方式提供，此外，提供機構之不

同，資料提供之日期也不一樣。為求建立一套完整性、持續性的間接資料管理體系，對相同特性之間接資料，應同時尋求兩個或兩個以上的資料來源，並將其加以適當的銜接。如以電子廠商名冊之建立為例，可藉由表5–1之方式，將相似資料加以銜接。

表5–1　相似資料銜接表

資料來源	出版日期	內容
臺灣區電工器材同業公會	89/90 年	地址、負責人、員工人數、資本額、主要產品
資訊工業採購指南	2001 年	同上

3.理論觀點過濾間接資料的正確性

為求進一步地提高間接資料的正確性，行銷研究人員可根據理論，對間接資料作邏輯性的推論。推論結果若發覺現況與理論間之差距太大，則應對現有之間接資料作深入之探討。如以 GDP 為例，在理論之觀點上，可利用下列公式，將 GDP 的正確度予以邏輯性的推論：

$$GDP = 勞動人口 \times 勞動時間 \times 生產力$$

4.將計算單位換算為標準單位

資料提供單位之不同，所採用之計算單位也不同，但為了銜接、或比較各個不同來源之相似資料，必須將資料計算單位加以標準化。至於標準化的方式，則依企業本身之需求而異。

5.2.4　間接資料的篩選

資料分類之前，須求證所蒐集之間接資料的正確性，以便從中篩選正確之資料。但就實際之情況而言，世間上並無絕對正確的資料，正確與否，只不過是程度上之差別而已，而資料本身之質的差別，則是形成差別程度的主要因素。為了要掌握資料的質，資料來源的評估是確保資料品質之主要依據。至於資料篩選的原則，除了參照 5.2.2 列舉之項目外，還可利用下列之實驗心理學的原則，對資料

提供者予以評估：

(1)資料內容之前後矛盾。

(2)資料提供者對資料內容誇張程度。

(3)若資料提供者對資料內容不滿的意向，應注意對資料之扭曲程度。

5.3 間接資料運用之八大原則

間接資料的有效運用，須遵守下列之八大原則❷：

1.確保原則

為求迅速及確實的掌握間接資料，應將各個有關之間接資料彙編資料來源及類別一覽表，冀以達到上述之目的，如表 5–2。

表 5–2　資料來源及類別表

來源　名稱＼類別	市場	銷售	消費者	廣告

2.索引化原則

資料須經過歸類、編製索引、及建檔之後才能使資料管理效益達到極大化。有關索引之編製，除了可運用代號之外，也可利用十進位法。以下是國內某公司利用十進位法編製之有關人口資料的部分索引。

---

❷小鳩庸靖，《マーケティング情報驅使學》，ダイヤモンド社，昭和 61 年，第 214 頁。

表 5–3　人口資料索引表

基本分類		大分類		中分類		小分類	
編號	項目	編號	項目	編號	項目	編號	項目
1	人口						
		1	一般人口				
				1	世界人口		
						1	總人口
						2	出生率
						3	死亡率
						4	增加率
						5	人口密度
						9	其他
				2	臺灣人口		
						1	總人口
						2	出生率
						3	死亡率
						4	增加率
						5	人口密度
						6	戶口數
						9	其他

　　根據上面列舉之人口資料索引表，若要查閱臺灣之出生率資料，則僅調閱編號 1122 之檔案，即可查到所需之資料。

3.平衡性原則

　　資料的平衡性是指間接資料的蒐集期間與資料的類別應力求分散，不可太局限於特定之期間、或類型，以提高資料之運用效益。如以銷售資料之蒐集為例，基於平衡性原則，其有關資料的蒐集，宜按下列之類型，予以適當分配：

　　⑴營業報告：如銷售資料、客戶資料、推銷日報。

　　⑵業界資料：如競爭者銷售資料、產品資料、推廣資料。

　　⑶通路資料：經銷商類型、分配地區、規模、經銷產品。

　　⑷消費者資料：特性、行為、購買習慣。

4.修正性原則

任何資料皆具有基本特性。如以銷售資料為例，銷售金額本身係由①季節因素，②循環因素，③不正常因素，及④正常因素等四大因素構成，故若欲利用銷售金額作為預估銷售的資料，必須將上述之①，②，及③之因素一一刪除、修正之後，方能作為銷售預估之資料。

5.交叉性原則

對於某些單純現象的觀察，如購買率、購買場所等等，可利用單項資料作為分析的基礎，但若要進一步分析問題的癥結、或瞭解某些特定現象相互間之因果關係，則須利用兩種或兩種以上之有關資料，如廣告投入額與銷售額實施交叉分析。尤其是於消費者價值觀多元化、及購買行為複雜化的今日，產品的銷售均會受到各種不同因素的影響，且這些因素相互間又具有重疊的現象，為了要瞭解因素相互間之因果現象，交叉分析遂成為必要之工具，交叉分析有關之資料的體系化作業也日益重要。

6.一貫性原則

行銷本身具有動態的特性。為了要瞭解、或比較各項行銷活動或市場的變化，如市場占有率的變化、銷售成長率的變化，則須運用到時間數列資料，故對間接資料管理而言，依一定歸類基準，持續蒐集及整理間接資料是件必要之工作。

7.熟記性原則

行銷是一種「記憶及創造的遊戲」。為了要處於不敗之地位，行銷人員應不斷的運用資料來創造新的構想，故若能熟記接觸過的間接資料，必能有助於喚起回憶，對資料的運用當可收事半功倍之效。

8.有效性原則

任何資料皆有一定之使用期限，故運用資料來解釋某一特定現象之前，若不考慮當時之環境，則易導致錯誤之結果。如以時間數列資料為例，某一年度的銷售額可能因景氣的影響而特別高，此時若不將當時之景氣因素併入考慮，而僅以數據觀點加以解釋，則很可能會獲得與事實相反的結果。

Summary 摘要

　　在資料蒐集之過程中間接資料是最先蒐集之資料,它是由行銷研究單位以外之第三者,依其目的提供之資料,其來源包括企業內部與企業外部。任何間接資料皆有相當大之風險,故於運用間接資料之前,必須瞭解間接資料之極限。為提高間接資料的運用效率,須建立一套間接資料管理制度,其項目包括分類、評估、調整、與篩選。間接資料的運用要訣在於各種不同間接資料的相互交叉,為求提高相互交叉之效益,必須考慮到八大運用原則。

課後評量　*Review Exercises*

①試述間接資料之意義及特性。

②試論瞭解間接資料極限之必要性。

③間接資料評估之項目有幾種? 試列舉之。

④試論間接資料的調整與間接資料極限之關係。

⑤何謂平衡性原則? 試說明之。

第6章
抽樣調查

　　直接資料蒐集的方法計有普查與抽樣調查兩種。普查是指對調查對象的全面性調查，而抽樣調查則指由調查母體抽取樣本，再由樣本的統計量推估母體特性之直接資料蒐集的方法，對行銷研究而言，幾乎所有之直接資料皆利用抽樣調查作為資料蒐集的工具。由於抽樣調查是由調查母體抽取部分之構成單元（樣本）來推估母體特性，故抽樣調查具有相當大的風險，無法精確與正確的推估母體特性，而抽樣方法與樣本數則是影響正確與精確之兩大因素。

　　針對上述之各項，本章分別以直接資料的蒐集、調查母體與樣本、抽樣、及樣本數等四大單元予以探討。

釋例　抽樣調查為什麼會出錯？

　　抽樣調查雖然是直接資料蒐集不可缺之工具，但大部分的抽樣調查都會因抽樣誤差 (Sampling Error) 及涵蓋不全 (Under-coverage) 之問題而產生調查偏誤，無法精確與正確的推估母體參數，故抽樣調查須依一定之步驟進行。

　　抽樣調查第一步驟是定義目標母體（調查對象），定義目標母體之要件包含：①調查對象之構成單元：如個人、家庭、企業、或團體等，②配合調查目標之必要條件：如以個人為例，性別、年齡、或特定產品之擁有等，③空間與時間之條件：如臺北市區、如 2005 年 6 月 1 日 20 歲至 30 歲之男女等。

　　抽樣之前必須要有一個「名冊」，「名冊」上列出目標母體所有之成員，以供從中抽取樣本之用，此一「名冊」稱為抽樣架構。於抽樣之過程中，若目標母體當中有部分構成之母體單元未被納入、或根本未被納入，則會發生涵蓋不全之問題，產生調查偏誤。

　　抽樣之第二步驟是選擇抽樣方法，抽樣方法雖然有機率抽樣與非機率抽樣等

兩種，但為推估母體參數，應採用機率抽樣法。根據目標母體之構成成員之屬性的差異，機率抽樣法又可進一步地區分為簡單隨機抽樣法、分層隨機抽樣法及分群隨機抽樣法。當目標母體之構成成員之屬性同質性高之情況下，宜採用前者，反之，若差異性高，則應採用分層隨機抽樣法，如此不但能節省調查費用，同時還能提高調查之準確度。

抽樣之第三步驟是樣本數的計算。原則上，樣本數愈多，精確度愈高，相對地，投入之調查費用及時間也愈多，故於計算樣本數之前應考慮：①樣本統計值之精確度，②調查母體之大小，③調查母體構成成員之差異程度，④調查所需之費用，⑤調查投入之費用，及⑥回收率或拒訪率等。

6.1 直接資料的蒐集

6.1.1 普查與抽樣調查

直接資料蒐集的方式計有普查 (Census) 與抽樣調查 (Sampling Survey) 兩大類。前者是指針對所有之調查對象，採逐一調查的方式蒐集全部資料，以供分析及研究調查對象之資料蒐集方法。相對地，若為瞭解某一特定現象，如某一班級學生的零用金支出概況，而由該班全體的學生中，抽取部分學生作為樣本，並以樣本之調查資料作為研究全體學生零用金之支出概況，此種直接資料的蒐集方式稱為抽樣調查。

資料的完整性及不重複性是普查追求之主要目標，而時效的掌握是普查的必須條件。為求掌握時效於規定時間內完成調查，普查的實施必須投入龐大的人力、物力、與財力，故除了政府機構之人口普查、工商普查等之國家資源的調查之外，一般企業從事之行銷研究，皆以抽樣調查作為蒐集資料的工具。

抽樣調查是指由要研究的某一特定現象之全體中，抽取部分作為樣本，並將其作為研究全體現象之依據。由於樣本抽取之方式，與樣本數之多寡，會影響調查結果偏誤 (Bias) 與精確度 (Precision)，故抽樣調查的實施須考慮調查的特性與

條件，並配合抽樣理論，事先對抽樣方法與樣本數的計算詳加探討，以供為推論調查對象及檢定假設之理論依據。

6.1.2　普查之應用限度

就理論之觀點而言，任何現象之資料的蒐集，皆可利用普查作為工具，但事實上，下列之兩種現象的調查，無法利用普查來達成調查之目的：

1.破壞性實驗

以品質管理為例，破壞性實驗是用來推斷產品整體品質的測試手段，故若運用普查來蒐集品質資料，則須對全部的產品一一加以破壞，於此情況下，雖然可以獲得百分之百的正確度，但對品質管理而言，卻無任何管理上的意義。

2.實驗調查

特定現象的比較是實驗調查的特色。比較需要在相同條件下，將兩種特定現象相互比較之後，方能獲取所要之資料，故實驗調查的實施必須將調查對象劃分為兩組群體，而普查卻無法達到此一要求。

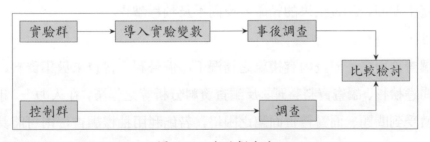

圖 6-1　實驗調查法

6.1.3　抽樣調查之特性

相較於普查，抽樣調查具有時效性、連貫性、精確性、及比較性之優點，故除非調查母體太小，不符抽樣理論的要求，否則直接資料蒐集，應以抽樣調查作為工具。以下是抽樣調查的主要特性❶：

1.時效性

抽樣調查是利用樣本的統計值來推論、或預測全體 (Population)，投入於調查的時間短，調查資料的時效性高，必要時更可以利用降低調查結果的精確度，來提高調查資料的時效性。如以「產品普及率」之調查為例，若為了要達到百分之百的精確度，普查雖是唯一最佳的資料蒐集工具，但普查須投入相當多的時間，時間因素會使資料失去時效性，於此情況下，即使資料再為精確，對行銷決策也無任何助益，反而以精確度低、時效性高的抽樣調查資料，更能符合行銷管理之要求。

2.連續性

於瞬息萬變的環境中，行銷研究人員可藉由連續性的市場資料來掌握市場動向，如特定期間之品牌別變化、或消費者偏好變化等。連續性資料必須具備時效性，普查則因受到時空的影響欠缺時效性，故須利用抽樣調查作為資料蒐集的工具。

3.精確性

就理論之觀點而言，普查的結果雖較之抽樣調查精確，但在實際的應用上，由於普查的規模大、範圍廣、及資料蒐集、整理及分析等之作業，往往會因人為因素而產生偏誤，調查結果的精確度反而不及抽樣調查。

4.簡速性

於調查項目多、調查內容複雜之情況下，倘若利用普查來蒐集資料，則將會使調查問卷檢核、調查資料整理、及調查資料分析等之作業，在人力上、時間上、設備上遭受到問題。面對普查面臨之困境，若能利用抽樣調查，則可將其問題一一克服，達到簡速之目的。

6.2 調查母體與樣本

調查母體 (Population) 是指調查對象之總集團，而樣本 (Sample) 則指由調查母體抽取出來之部分集團，它是被用來蒐集有關資訊，以為對調查母體作某些推論。如以甲公司對 A 地區經銷商的銷售利益率之調查為例，假定 A 地區有 50 家經

---

❶林知孝喜，《實例による市場凋調查の手引》，月刊工業新聞社，昭和 44 年，第 21 頁。

銷商，甲公司由 50 家經銷商中抽取 9 家，則這 9 家稱為樣本，而此 50 家經銷商謂之調查母體。由調查母體所抽取之部分集團的特性，即樣本特性，謂之統計量 (Statistic)，如樣本平均數 (Mean)、樣本中位數 (Median)、樣本眾數 (Mode)、及樣本標準差等。統計量是描述樣本的數值，一旦抽取了樣本，統計量的值就知道，但若換了不同之樣本，則統計量的值可能就會改變，它是用來推計未知的參數或母數。統計量的術語是用於樣本，至於表示調查母體之特性、或特徵之數值則稱為參數或母數 (Parameter)，如 50 家經銷商之平均銷售利益率是 30.5%。調查母體的母平均、母分散、或母標準差等皆稱為母數。於採用抽樣調查之情況下，母體是一個未知之數值，它必須利用樣本的統計量來推測。

　　表 6-1 是由 50 家經銷商中抽取 9 家之銷售利益率，被抽取之 9 家的銷售利益率的平均數為 29.9%，即所謂之統計量，而該 50 家經銷商的平均銷售利益率是 30.5%，則稱為參數或母數。除了普查之外，參數或母數皆為未知數，故抽樣調查必須藉由統計量來推測參數或母數。由於抽樣調查僅就調查母體中抽取部分樣本加以調查，故調查之樣本的統計量與參數或母數間必定會有某些程度上的差異。此種差異是因抽樣而產生，在統計學上稱為「抽樣誤差」(Sampling Error)，其類別有偏誤 (Bias)、及差異 (Variability) 兩種。

表 6-1　經銷商別表

樣本名稱	銷售利益率
1	34.3%
2	30.8%
3	33.7%
4	31.3%
5	27.4%
6	28.2%
7	26.9%
8	30.2%
9	26.7%
合計	269.5%
平均	29.9%

　　偏誤是指平均統計量對參數或母數偏離的程度。就抽樣調查而言，若抽樣方式不妥當，即抽樣缺乏「公平性」，則樣本之統計量必會產生偏誤。為了使抽樣符合「公平性」原則，抽樣調查必須採用機率抽樣法 (Probability Sampling Method)。除了抽樣因素之外，調查問卷、調查員等之因素也會引起偏誤的產生，此種偏誤稱為非抽樣偏誤。偏誤不會因調查樣本數的增加而降低。

　　至於差異 (Variability, Variation or Dispersion) 是指一群數值彼此間之相差、離差、或散佈之情況。測定差異之量數稱為差異量數 (Measures of Variation or Dispersion)，其類別可依計算方式之不同，分為下列三大類：

　　(1)以兩數之距離為計算依據：全距及四分位差。

　　(2)以離中差、或離差為計算依據：平均數及標準差。

　　(3)以互差離為計算依據：均互差。

　　雖然差異量數的算法各異，若算出的差異量數大，則表示各數值相互間甚為分散，散佈範圍廣。反之，若差異量數小，則表示各數值甚為集中，散佈範圍狹小。在抽樣調查之應用上，可利用增加樣本數的方式來降低統計量的差異數量。就統計推論的觀點，差異愈小，精確度愈高，偏誤愈低，正確度也愈高。避免偏誤、及減少差異是行銷研究追求之目標，故研究設計之編製，除了須配合調查目標之外，還得將避免偏誤及減少差異之目標一併加以考慮。

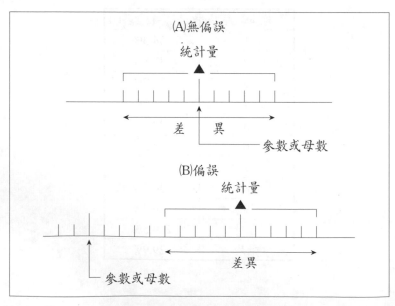

圖 6-2　偏誤及無偏誤比較圖

6.3　抽　樣

抽樣 (Sampling) 是指由調查母體中抽取若干個樣本，以作為推論調查母體之特性的程序，須循下列之步驟進行。

6.3.1　調查對象的設定

調查對象 (Target Population or Universe) 是指希望取得資訊的對象，它必須配合調查目的與產品特性，於調查實施之前，應先將調查對象明確化，冀以掌握調查對象之特性。以下是設定調查對象應分析之事項❷：

1. 構成要素 (Elements)

由構成調查對象的各個項目中，尋求適合調查目的之要素，以確定調查對象的範圍是分析構成要素之目的。對抽樣調查而言，樣本是用來推論調查對象的特性，如果要由樣本的統計量推論調查對象的特性，首先必須知道樣本代表之母體是什麼，故若無法明確界定調查對象之涵蓋範圍，則會因調查對象過於籠統而使調查結果產生錯誤。

調查對象之設定，必須考慮調查目的與人文特性之必要條件、及時間與地區之時空條件。如以觀光旅客之旅遊動向調查為例，樣本結果要求的結論是外籍旅客對臺灣觀光措施的評估，故設定調查對象應考慮之要件計有，①出境場所：桃園國際機場、高雄國際機場、基隆港、高雄港等，②來臺灣之目的：觀光、探親、商務、公務、文化交流，③居留時間：一個月、兩個月、三個月、六個月、或六個月以上，如此才能配合調查目的，界定調查對象的範圍。

2. 抽樣單元、或個體 (Sampling Unit or Unit)

抽樣單元是指調查對象中的一分子，若調查對象中的分子是人，則這些人稱為受訪者 (Subject)。就行銷研究而言，受訪者須依產品特性及調查目的來確定抽

---

❷Donald, Del and Hawkins, *Marketing Research: Measurement and Method*. Macmillan, 1993, p.156.

樣單元，抽樣單元包括個人、家庭、或企業團體。如以前述之觀光旅客之調查為例，其抽樣單元是個人，設定條件為：「桃園國際機場出境旅客，但不包括：①臺灣地區居民，②在臺灣居留 24 小時以內、及超過 60 天之外籍人士與華僑，③以公務為目的之個人」。

6.3.2　抽樣架構的建立

抽樣架構 (Sampling Frame) 又稱為抽樣底冊，它是指調查母體、或調查對象 (Target Population) 之構成單元、或個體的「名單」(List)；可能是刊載於電話簿上之人名、公司行號名稱、團體名冊、地圖等等，它是用來抽取樣本之用。理想的抽樣架構應包括能充分滿足調查目的所需之所有單元的名冊、或地圖，及其抽樣單元。如以小轎車的使用調查為例，其調查母體應包括所有之小轎車駕駛人，倘若僅以計程車司機名冊作為抽樣架構，則無法滿足調查目的，因為在這個抽樣架構中，並沒有包括自用小轎車的駕駛人、及公司行號的駕駛人名單在內。實際上，要取得理想的「抽樣架構」並不是一件容易的事。

就抽樣調查而言，抽樣架構是建立機率抽樣的必要條件。由於抽樣方法的選擇，往往受制於抽樣架構，故於實施調查之前，行銷研究人員應先考慮有無現有之抽樣架構可資利用，若無適當的抽樣架構，則應設法建立適合調查目的之代用抽樣架構。例如當無法取得受訪者的名冊作為調查某一特定地區之母體時，行銷研究人員也可在事先設定之條件下，利用地圖作為抽樣架構，藉以替代名冊。

構成抽樣架構的單元、或個體稱為抽樣單元 (Sampling Unit)。抽樣架構應與由理論所設定的調查母體一致，但事實上，兩者間抽樣架構所包含的個體卻仍有某些程度上的差別，為了要縮短兩者間的差別，在抽樣之前，應對抽樣單元加以明確的定義，期以達到行銷研究之目的。一般而言，抽樣單元計有個人、家庭、及法人等三種。

樣本的抽樣若以個人作為抽樣單元，則應配合調查目的將個人給予適當的定義，如年齡別、職業別、教育程度別等之人文特性。對調查而言，若抽樣單元的個人是居住於一定地區，則較容易掌握個人之人文特性，同時也較容易編製抽樣

架構。反之，若抽樣單元的個人是非定居於某一地區，如過路行人，則抽樣單元與設定之樣本特性間，將會產生相當大的差距。在抽樣之際，若能獲得個人名冊，應將名冊與調查母體間的關係加以檢討，並經過適當的過濾與取捨之後，如此方能將其作為抽樣架構。

家庭是指居住在一起，且共同生活的群體、或獨自生活的個人，而戶長則指家庭經濟之主要負責人、或家庭生活的主要指導者，故行銷研究所指之戶長與戶籍上之戶長並不一樣。至於家庭成員則指與戶長共同生活的人，對於長期在外居住者，如因求學、工作而在外居住的家庭成員，原則上，不能將其視為家庭成員。

法人機構是指營利機構、政府機構、及非營利機構，包括總公司、分公司等。至於法人機構的員工則指一般員工、臨時員工等。

6.3.3　抽樣方法

由調查對象抽選樣本的方法謂之抽樣方法，計有機率抽樣法 (Probability Sampling Method) 與非機率抽樣法 (Non-probability Sampling Method) 等兩大類，茲分別說明如下。

一、機率抽樣法

不依個人主觀的選擇或判斷，將調查對象中之每一個抽樣單元皆賦予相同之被抽取機會的抽取樣本方法；即不含任何主觀成見，按隨機的方法抽選樣本謂之機率抽樣法。

就抽樣理論而言，由於機率抽樣可利用機率理論計算各種不同樣本出現的機率，並以樣本統計量估計母數可信賴的程度，而非機率抽樣的樣本係憑主觀的判斷抽取，各個樣本出現的機率無從計算，沒有辦法借助統計理論，以樣本統計量估計母數可信賴的程度，僅能憑個人的主觀意識加以評估，故在抽樣的運用上，應盡可能地採用機率抽樣法。以下是機率抽樣法之類別。

㈠簡單隨機抽樣法 (Simple Random Sampling)

為最簡便的機率抽樣法。基本的構想是將構成調查對象中之每一個抽樣單元

使之具有相等之被抽出機會。運作上，簡單隨機抽樣法可區分為抽籤法及亂數表法等兩種。

1.抽籤法

所謂抽籤法是指事先將調查對象中之每一個抽樣單元，由 1 至 n 分別予以編號，然後再將號碼記入卡片，並放進箱內、或輸入 (Key) 電腦，最後按需要之樣本數，從箱內、或電腦隨機抽取相同數量的卡片作為調查樣本之簡單隨機抽樣法。

2.亂數表法

亂數表法是指利用亂數表 (Table of Random Number) 抽取所需之調查樣本的方法，抽樣之步驟如下：

⑴將調查對象中之每一個抽樣單元，分別加以編號。

⑵由亂數表中挑選抽樣起始點的行及列。

⑶由亂數表中挑選數字，若抽樣單元的編號與挑選的數字相同，則該抽樣單元即是調查樣本。

⑷若由亂數表中挑選出來的數字大於、或小於抽樣單元的編號，則該數應予以跳越。

⑸若由亂數表中挑選出來的數字發生重複現象，則該數字也應予以跳越。

茲將亂數表法之運用，以例說明如下：

假定由 9,000 名調查對象中，利用亂數表法抽取 500 名樣本，其抽取樣本之步驟是

· 將調查對象中之每一個抽樣單元，由 0001 至 9000，編列 9,000 個連續號碼。

· 由亂數表中利用抽籤方法，抽選抽樣號碼之起始點，例如第十行第六列。取樣所需之位數為四位數 (Four-dight)。

· 由設定之起始點選取號碼。號碼之選取是以調查對象之編號位數為原則，即 0049、0197、9713、7132、……。

· 若抽樣單元的編號與由亂數表中挑選的數字相同，則該抽樣單元即是調查樣本。若由亂數表中挑選出來的數字大於、或小於抽樣單元的編號，則該數應予以跳越，如 9713。

· 若遇到重號，亦應跳越該重複號碼。

· 有效號碼之樣本，即 9,000 號以下，但樣本數不得超過 500 名。

　　街頭調查與電話調查運用上，簡單隨機抽樣法可區分為：①時間簡單隨機抽樣法 (Time Random Sampling)，② Random Digit Dialing，及③ Plus 1 等三項❸。時間簡單隨機抽樣法是指於特定時間就特定場所，根據時間帶之不同，按抽出比率分別抽取調查樣本，適用於勘察法之街頭訪問、或會場訪問。由於時間簡單隨機抽樣法是按時間之不同於特定場所抽取樣本，故實施前應於預定實施調查之場所，按相同之調查期間，如欲於星期日實施調查，則應於前一星期日往預定之調查場所，觀察時間帶之人數，以供作為調查當天抽樣比率之依據。時間簡單隨機抽樣法之實施雖然毋需抽樣架構，但它卻有調查母體的數目不明確、及時間帶之不同，抽出率也不同之缺點。Random Digit Dialing 適用於電話調查，它是指利用亂數表法編製電話號碼，並以被編製之電話號碼作為調查對象，不必利用電話簿作為抽樣架構是其主要特色，但它卻具有調查母體的數目不明確之缺點。此外，Plus 1 也是電話調查之抽樣方法之一，它是利用電話簿將隨機抽出來之電話號碼之最後一碼，加或減 1～9 之任一碼作為調查對象，例如由電話簿抽出之電話是 2563–2445，於最後一碼 "5" 隨機加 "3"，則以 2563–2448 作為調查對象，若隨機加 "9"，則 2563–2454 成為調查對象。對某些並無將名字登載於電話簿之人士，可利用 Plus 1 達到抽出之目的。

　　簡單隨機抽樣法雖然簡單，但在應用面上卻有下列之限制：

⑴調查範圍：構成調查對象之抽樣單元數量若過於龐大、或太分散，則抽樣單元編號及調查實施等之作業須投入相當的時間與金錢。

⑵成本：就單位成本之觀點而言，由龐大之調查對象中隨機選取少數的樣本，在時間上及費用上均不符合經濟原則。

⑶抽樣架構：若欠缺完整、周詳、及最新的抽樣名單，則無法實施簡單隨機抽樣，而此種名單往往不容易取得。

由於簡單隨機抽樣法具有上述之缺點，故其運用須考慮下列之條件：

⑴調查對象較小，且知道抽樣單元的數量。

⑵完整且較新的調查對象名冊。

⑶單位訪問成本較為固定。

---

❸酒井隆，《アンケート調查と統計解析がわかる本》，JMAN，2003 年，第 84 頁。

㈡分層隨機抽樣法 (Stratified Random Sampling)

所謂分層隨機抽樣法是指預先將構成調查對象之抽樣單元依特定基準劃分為若干相互排斥的組 (Group)，然後再分別由各組中利用簡單隨機抽樣法抽選預定數目之樣本的抽樣方法。在抽樣作業中，由於分層隨機抽樣法是將調查對象中具有某些共同特性的抽樣單元歸入同一層，每一層的同質性較高，故誤差較低，所抽取之樣本統計量的精確度與準確度較之簡單隨機抽樣法高。

在一般情況下，由於構成調查對象之抽樣單元往往由許多不同性質的抽樣單元組成，故除非樣本的數目很大，否則這些性質不同，數目也不同的抽樣單元，會因抽樣單元之數目的多寡，使抽出來的樣本，在比例上造成偏高或偏低，影響調查的可靠性。在此情況下，假若利用分層隨機抽樣法根據調查對象特性予以分層，則可使抽出來的樣本數較接近抽樣單元在調查對象所占之比例，達到降低抽樣偏誤之目的。如以零售店之營業額調查為例，由於營業額的大小與零售店的規模呈反比，即營業額低的小型零售店所占之比率較之營業額高的大型零售店高，因此若利用簡單隨機抽樣法，則小型零售店被抽取之機會會高於大型零售店，調查結果必然會造成平均營業額偏低的現象。但若採用分層隨機抽樣法，則可按營業額的大小，將調查對象分割為若干層，然後再由各層中，分別獨立抽出樣本數，達到避免過度集中於小型零售店。

除了可達到降低抽樣偏誤之外，運用分層隨機抽樣法之另一目的是容易分別推估、或比較各層之特性。由於調查樣本是由各層中獨立抽出，故可依調查的需要，分別運用各層之資料。如以上述之零售店調查為例，調查者不僅可以求得整體零售店的平均銷售額，同時也可獲得各個不同層之零售店的平均銷售額。以下是分層隨機抽樣法應考慮之問題❹：

1.分層基礎

分層基礎的選擇應考慮影響特定現象之變數相互間之關聯性。如以食品店之銷售額調查為例，根據探測性調查結果，得知食品店的員工人數與銷售額有相當高的關聯性，則食品店銷售額調查之分層應以員工人數為基礎，至於食品店的規模、地點等之變數則可不必考慮。一般而言，理想的分層基礎，應使各層內的抽

---

❹H. W. Boyd, *Marketing Research*: *Text and Case*. Irwin, 1977, p.342.

樣單元之特性盡量接近，而層與層間之差異，應盡可能地擴大。

2.分層數

就理論而言，層劃分的愈多，調查結果愈正確。但事實上，由於受到調查費用的限制，層的數目往往無法分割的太多。至於分層的數應該要多少？根據 W. C. Cochran 教授所著之 *Sampling Technique* 一書所述，「如果母體不予再加細分，則以不超過六個為佳，但若須將母體再細分為若干『小母體』(Subgroup)，其層數可超過六個以上」❺。

3.樣本數分配

分層的數目一旦確定後，接下來的問題便是如何將樣本數分配到各個層，有關之分配方式如下：

(1)比率法：若各層所抽出之樣本數的計算是依據各層抽樣單元數占調查對象抽樣單元數之比率而定，則稱為比率法 (Proportioned Allocation)，計算公式如下：

$$\frac{N_1}{S_1} = \frac{N_2}{S_2} = \cdots = \frac{N_m}{S_m} = \frac{N}{S}$$

$$N_i = \frac{S_i}{S} \times N$$

S: 調查對象抽樣單元數

N: 樣本數

N_i: 每層欲抽出之樣本數

m: 層數

S_1、S_2、…、S_m: 各層之抽樣單元數

假設調查對象之抽樣單元數為 100,000、層數 (m) 為 10、A 層數 (S_1) 2,500、樣本數 (N) 為 5,000，運用公式求出分配於 A 層之樣本數為：

$$N_1 = \frac{S_1}{S} \times N$$

$$= \frac{2,500}{100,000} \times 5,000 = 125$$

---

❺Cothran, *Sampling Techniques*. John Wiley and Sons Inc., 1963, p.343.

　　經分層後獲得之調查結果，僅能代表各個層的特性，故若要推估母數的特性，則應以各層之樣本數占總樣本數的比率作為權數，進行母數的推估。推估的公式如下：

$$\overline{X}_{SR} = W_1X_1 + W_2X_2 + \cdots + W_KX_K$$

$\overline{X}_{SR}$：母數估計值

W_1：第一層占總樣本之數目

X_1：第一層之統計量

表 6–2　層次別統計量計算表

層別	樣本數	觀察值	統計量
1	2	10、30	20
2	4	50、100、150、200	125

　　根據表 6–2 的調查資料得知，層別的統計量各為 20、及 125。應用公式求得之調查對象的平均數為 90.41。

$$\overline{X}_{SR} = W_1X_1 + W_2X_2$$
$$= 0.33(20) + 0.67(125)$$
$$= 90.41$$

⑵非比率法：將每層的標準差作為計算各層之樣本分配數依據的方法稱為非比率法 (Disproportionate Allocation)、或最優配置法 (Optimal Allocation)。相較於比率法，非比率法雖然具有經濟性及精確性之優點，但本方法之運用必須於事先利用探測性調查、或現有之間接資料求得層別的標準差資料，否則將無法實施。至於有關樣本數之分配，則可利用下列之公式求得：

$$N_i = \frac{S_i\sigma_i}{\sum_{i=1}^{m} S_i\sigma_i} \times N$$

S_i：層次

σ_i：層的標準差

N: 樣本數

m: 層數

舉例如下：

假定 n: 500

S_1: 10,000

S_2: 90,000

σ_1: 50

σ_2: 10

則第一層應計之樣本數為：

$$N_a = [\frac{(10,000)(50)}{(10,000)(50) + (90,000)(10)}] \times 500$$

$$= 178$$

$$N_b = 500 - 178$$

$$= 322$$

㈢分群隨機抽樣法

前述之簡單隨機抽樣法、或分層隨機抽樣法都是利用隨機方式抽取母體中的抽樣單元，而分群隨機抽樣法 (Cluster Sampling) 則是以隨機方式抽取母體中的群體樣本，即先將母體區分為若干群體，然後以群為單位，用隨機方式由群體中抽取某一或某些群體作為調查樣本的抽樣方法。當抽樣單元之分配極為分散、或無法取得整個抽樣單元的名單，以致不能利用簡單隨機抽樣法、或分層隨機抽樣法，則可採用分群隨機抽樣法。

將母體劃分為若干等質群體 (Homogeneous Subgroup) 為分群隨機抽樣法的主要特性。換言之，分群隨機抽樣法是將不同特性的抽樣單元，均勻的分散於構成母體的每一個群體內，隨後再由所抽出之特定群體來推估母體特性之抽樣方法。例如臺北市家計調查的實施，可利用分群隨機抽樣法將臺北市劃分為若干區，每一區皆包括有高所得、中所得、及低所得，然後再由所劃分之區中，隨機抽取若干區，以推估臺北市的家庭平均所得。分群隨機抽樣法雖然具有抽樣單元較為集中、調查費用較為便宜之優點，但也有抽樣誤差大、分析方法複雜之缺點。行銷

研究之運用上，分群隨機抽樣法僅限於可將母體劃分為若干等質群體之情況下採用，否則應採用簡單隨機抽樣法、或分層隨機抽樣法。有關分群隨機抽樣法的類型，計有下列數種：

1.系統抽樣法

系統抽樣法 (Systematic Sampling) 是屬於分群隨機抽樣法的單一階段分群隨機抽樣法 (One-stage Cluster Sampling)，抽樣步驟如下：

⑴將母體劃分為若干同質的群。

⑵利用隨機抽樣法由母體中抽取一個、或數個群體。

⑶由抽出之群體中，依事先設定之固定間隔，抽取一定數量之樣本。

由於系統抽樣法受到固定間隔抽出樣本的限制，因此樣本抽出間隔之設定會直接影響調查的正確性。如以「每日平均航空旅客人數」之調查為例，假定調查日數為52天、間隔為7天，則抽出之日期會偏向於星期一、或星期二、……等等之特定日期。在此情況下，由於間隔期間選擇之不當，會嚴重影響調查結果的正確性。

2.地區抽樣法

最理想的調查方式是依事先持有的調查名冊進行抽樣調查，但事實上，欲獲得理想的調查名冊並不是一件容易的事，因此以地區替代調查名冊之抽樣調查乃被行銷研究人員廣泛地採用，此種抽樣方式稱為地區抽樣法 (Area Sampling Method)。行銷研究之運用上，地區抽樣法可區分為下列兩大類型：

⑴單一階段地區抽樣法：將調查地區劃分為若干小地區，再由這些地區中隨機抽取若干小地區抽樣單元，此種抽樣方法稱為單一階段地區抽樣法 (One-stage Area Sampling)。例如將臺北市劃分為十個地區，再由這十個地區中，隨機抽取甲、乙、丙等三個地區的樣本戶即是。

⑵兩階段地區抽樣法：所謂兩階段地區抽樣法 (Two-stage Area Sampling) 是指：①將調查地區劃分為若干小地區，②由構成調查地區的小地區中，隨機抽取若干小地區，③再由這些被抽取之小地區中，隨機抽取抽樣單位之抽樣方法。假定抽樣階段超過兩次以上，則稱為多階段地區抽樣法。有關兩階段地區抽樣法之運用，可由下列之例子予以說明。

假定將調查地區劃分為四十個小地區，每一地區有八位家庭主婦，並由這些地區之三百二十位家庭主婦中，隨機抽取二十位作為抽樣單元，即調查樣本，則其抽樣步驟為：

⑴總抽樣率之計算：以二十除三百二十，得知總抽樣率為十六分之一。

⑵地區抽樣率之計算：根據總抽樣率計算的地區抽樣率，其組合計有八分之一、四分之一、及二分之一等三組。

⑶地區抽樣單元數之抽取：利用機率抽樣法抽取預定調查地區數。抽出概況計有：若抽出率為八分之一，則由四十個小抽樣地區中，抽出五個小地區。若抽出率為四分之一，則由四十個小抽樣地區中，抽出十個小地區。若抽出率為二分之一，則由四十個小抽樣地區中，抽出二十個小地區。

⑷計算小調查地區之抽樣單元數：根據總抽樣率得知小調查地區的抽樣單元之抽樣方式有八分之一、四分之一、及二分之一等三種。由於是兩階段地區抽樣，因此在確定樣本數之前，應考慮調查地區之抽樣率；即地區抽樣率若是八分之一，則調查樣本之抽樣率應為二分之一，由五個小抽樣地區中，各抽出四位家庭主婦作為調查樣本。假定地區抽樣率為四分之一，則調查樣本之抽樣率也為四分之一，即抽出十個調查地區，再由各個調查地區中，分別抽出兩位家庭主婦為調查對象。為易於瞭解起見，茲將上述之三種不同組合之抽樣結果，整理如表6–3。

表6–3　兩階段地區抽樣法樣本數分配表

類型	第一階段（地區）			第二階段（家庭主婦）			合計
	母體數	抽樣率	樣本數(a)	母體數	抽樣率	樣本數(b)	(a)×(b)
A	40	12.5%	5	8	50.0%	4	20
B	40	25.5%	10	8	25.5%	2	20
C	40	50.0%	20	8	12.5%	1	20

二、非機率抽樣法

依調查者主觀判斷實施之抽樣稱為非機率抽樣法 (Non-probability Sampling

Method)，計有下列三大類型：

1.任意抽樣法

根據調查者本身之方便性，任意抽選調查樣本之抽樣方法謂之任意抽樣法 (Convenience Sampling Method)，它是一種不依據抽樣原則，完全沒有顧及到樣本代表性，而是由調查者以個人的判斷去進行抽樣的方法，例如在街頭或車站附近，向路過行人進行調查。此種方法雖然具有經濟性及方便性之優點，但調查結果容易產生偏誤，宛如瞎子摸象。

2.判斷抽樣法

行銷研究人員憑個人的經驗和專業知識，主觀地來抽選樣本的方法稱為判斷抽樣法 (Judgement Sampling Method)，主要之特性是依個人設定的抽樣原則隨機抽取調查樣本。例如欲調查全臺灣的大學生對行動電話的看法，若行銷研究人員認為年齡20歲、男性、住在臺北市的大學生能代表全臺灣的大學生，則以具有前述條件之大學生作為抽樣原則，進行調查。

假定判斷原則正確，則判斷抽樣法具有正確及經濟之優點。反之，一旦判斷原則有差錯，則會使調查結果產生嚴重的偏誤。

3.配額抽樣法

根據調查目的，由行銷研究人員認為較重要的控制變數，將調查對象的抽樣單元分類，然後於每一類別的抽樣單元，按事先設定之比率分別抽取樣本的方法稱為配額抽樣法 (Quota Sampling Method)，抽樣之基本步驟如下：

⑴配額基準的設定：依調查目的，由行銷研究人員選出認為較重要的控制變數作為配額基準。一般而言，最常被採用的配額基準計有：年齡、所得、職業、教育程度、都市型態、及地域等。

⑵樣本的分配：將總樣本數乘預定配額率得出預定配額的樣本數，並編製抽樣配額分配表。

⑶樣本的選取：根據預定配額率編製樣本別分配表，由行銷研究人員隨意、或依特定原則，選取適合條件的抽樣單元作為調查對象。

表 6–4 抽樣配額分配表

所得別 ＼ 年齡別	34 歲以下	34 歲以上	合計
$10,000 以下	21.0%	27.0%	48.0%
$10,000 以上	12.0%	40.0%	52.0%
合計	33.0%	67.0%	100.0%

表 6–5 樣本別分配表

所得別 ＼ 年齡別	34 歲以下	34 歲以上	合計
$10,000 以下	42 (21.0%)	54 (27.0%)	96 (48.0%)
$10,000 以上	24 (12.0%)	80 (40.0%)	104 (52.0%)
合計	66 (33.0%)	134 (67.0%)	200 (100.0%)

6.4 樣本數

6.4.1 樣本數的意義

由調查母體中抽取部分具有代表性的樣本，再根據樣本的統計量應用機率理論估計調查母體之母數是抽樣調查的主要特色，故有關樣本數的計算只適用於機率抽樣的範圍。

原則上，樣本數愈多，精確度 (Precision) 愈高，但相對地，投入的調查費用及時間也愈多。此外，樣本的構成若稍有不妥，則樣本數再多，也不會獲得理想的調查結果，故於決定計算樣本數之前，應就下列各項詳加探討：

(1)樣本統計量的精確度。

(2)調查母體的大小。

(3)調查項目的繁簡度及多寡。

(4)調查所需之時間。

(5)調查母體構成要素的差異程度。

(6)調查所需之費用。

(7)調查人員的數目。

(8)調查問卷的收回率、或被調查者的拒訪率。

(9)資料的分析方法。

　　上述之九大項目中，以樣本統計量的精確度最重要，故於樣本數設定之前，行銷研究人員必須預先設定要求之樣本統計量的精確度。在一般情況下，每一個行銷研究之專案中都會包括若干與行銷決策有關之調查項目，故樣本統計量的精確度之設定，應以解決主要行銷決策之有關調查項目之統計量的精確度作為行銷研究專案之精確度之標準，否則不易達到預定之調查目的。如以「汽車擁有者對汽車評價」之調查為例，假定調查的重點是 A 牌汽車，則樣本統計量之精確度的設定，應以擁有 A 牌汽車之所有者為標準，然後再逆算整個調查所需之樣本數，否則有關 A 牌汽車之所有者之樣本數可能會有表 6-6 所示之現象而影響調查的正確性。

表 6-6　A 牌汽車之所有者之樣本數

總樣本數	1,000 人
回答者（回收率 75.0%）	750 人（100.0%）
汽車擁有者 (40.0%)	300 人（40.0%）
A 牌汽車之擁有者 (3.3%)	25 人（3.3%）

6.4.2　常態分配

　　抽樣調查是指利用機率抽樣法，由調查母體中抽取部分抽樣單元作為樣本，並以樣本統計量來推測母體。在樣本的組合上，它是由 N 個抽樣單元構成之母體中，抽出 n 個抽樣單元作為樣本，其組合數雖有 C_n^N 個組，且不同的組合樣本統計量也不一樣，但 C_n^N 個組的樣本之平均數卻具有下列之特性[6]：

　　(1)調查母體若呈常態分配 (Normal Distribution)，在樣本數「相當多」的情況

---

[6]原田俊夫，《マーケティング》，前野書店，昭和 51 年，第 145 頁。

下，即構成調查母體的抽樣單元數超過三十個以上，則樣本平均數的次數
分配型態接近常態分配。

⑵在樣本數「相當多」的情況下，樣本平均數的平均值 (M_m) 接近於調查母體
的平均值 (M)。即：$M_m \rightarrow M$。

⑶在構成調查母體的抽樣單元數「相當多」的情況下，樣本平均數的標準差
(σ_m) 接近於以調查母體標準差 (σ_μ) 除樣本數 (N) 之平方根。即：$\sigma_m = \dfrac{\sigma_\mu}{\sqrt{N}}$。

⑷由呈常態分配之調查母體抽取大量樣本，則樣本標準差的分配，大致上也
會呈常態分配。

⑸由呈常態分配之調查母體中抽取大量樣本，樣本標準差的平均值 (M_σ) 大
致接近於調查母體之標準差 (σ_μ)。即：$M_\sigma \rightarrow \sigma_\mu$。

⑹由呈常態分配之調查母體中抽取大量樣本，樣本標準差的標準誤 (σ_σ) 接近
於調查母體標準差 (σ_μ)，除以樣本數 (N) 乘 2 倍之平方根。即：$\sigma_\sigma = \dfrac{\sigma_\mu}{\sqrt{2N}}$。

⑺在樣本數「相當多」的情況下，樣本百分比大致呈：

①常態分配。

②樣本百分率平均值 (M_p) 等於調查母體百分率 (P_μ)。

③樣本百分比的標準誤，$\sigma_p = \sqrt{\dfrac{P_\mu(1 - P_\mu)}{N}}$。

行銷研究是以抽取一組樣本的統計值作為估計調查母體之母數 (Parameter)
的基礎，由於它是將調查母體之母數視為真值，故樣本之統計量與母數間之差被
視為是因機率抽樣而產生之誤差，即抽樣誤差 (Sampling Error) 所致。假定調查母
體中含有 m 個抽樣單元，若由該調查母體中抽取 n 個抽樣單元為樣本，則可能之
樣本組合有 C_n^m 組。如果將各種可能之樣本組合的平均數一一算出，則這些樣本平
均數可構成一種次數分配，稱為平均數之抽樣分配，而各種可能樣本之標準差構
成的次數分配則稱為標準差的抽樣分配，至於所謂之抽樣分配是指由同一調查母
體中抽取出來之可能樣本統計量的次數分配。

根據抽樣理論，由於樣本的統計量，如樣本的算術平均數、中位數、標準差
等之次數分配，皆合乎或接近常態分配，故樣本數的計算可利用常態分配之特性，
以樣本的統計量為中心，確定一段範圍，使調查母體之母數包含於此範圍之可能
性極大化。質言之，以樣本的統計量為中心確定一段信賴區間 (Confidence Inter-

val)，來表示樣本的統計量與母數間可能相差之限度。若可能相差之限度愈小，則樣本的統計量之可靠性愈高，抽樣誤差愈小。至於信賴區間是指根據樣本的統計量加減若干倍差標準所定出來的區間。

在常態分配下，母數包含在此區間之機率視差標準的倍數而定，計算之公式如下：

$$M_m - K\sigma_m \leq M \leq M_m + K\sigma_m$$

M_m：樣本統計量的點估計值

M：母數

σ_m：樣本統計量抽樣分配的標準差

K：信賴係數 (Confidence Multiplier)

依常態分配之特性，在 Z 為 1 之情況下，所有之樣本組合數含有 68.27% 的樣本組合數在內，故 $M_m \pm 1$ 倍 σ_m 的範圍內，M 包括在此區間的機率為 68.27%。在 Z 為 1.96 之情況下，所有之樣本組合數中，含有 95.00% 的樣本組合數在內，故 $M_m \pm 1.96$ 倍 σ_m 的範圍內，M 包括在此區間的機率為 95.00%。在 Z 為 2.58 之情況下，所有之樣本組合數含有 99.00% 的樣本組合數在內，故 $M_m \pm 2.58$ 倍 σ_m 的範圍內，M 包括在此區間的機率為 99.00%。

標準常態曲線下之面積，須按由 Z 所豎立之縱線與最高縱線間包含之面積占全體面積的百分比計算。由於常態分配是對稱分配，故無論 Z 為正值或負值，只要絕對值相等；即圖 6–3 之 0P 的任何一點，其所包含之面積完全相等。根據「常態曲線下之面積及其縱座標表」，若預先知道 Z 值，則可查出其相對應之高度與面積，如 $Z = 1$，其常態曲線在最高縱線之高度 $\varphi(Z)$ 為 0.24197，曲線下由 0 至 Z 的面積是 0.3413。由於常態分配，故 $Z = 1$ 所包含之面積為 0.68268，即 68.27%。$Z = \dfrac{\bar{x} - \mu}{\sigma_{\bar{x}}}, \sigma_{\bar{x}} = \dfrac{\sigma_\mu}{\sqrt{N}}$，因此可將 Z 值的計算方式改成：

$$Z = \frac{\bar{x} - \mu}{\dfrac{\sigma_\mu}{\sqrt{N}}}$$

根據 Z 值的計算公式，假定 $\bar{x} = \mu$，則 $Z = 0$，其意義表示 $\bar{x}$ 之信賴度為 100%，完

全代表母數。假若 $\bar{x} - \mu$ 之值愈大，Z 的絕對值會隨之增大；即 $\bar{x}$ 的代表性愈小。於設定 $\bar{x}$ 與 μ 之差異的同時，也可事先設定 Z 值，以界定 $\bar{x}$ 與 μ 之間的誤差範圍，在此情況下，可將 Z 值之公式轉變為：

$$n = \frac{Z^2 \sigma_\mu^2}{(M - M_m)^2}$$

n: 樣本數

Z: 絕對值

σ_μ: 母體標準差

M: 母體平均值

M_m: 樣本平均值

依上述之公式，樣本數大小的決定，應先設定可容許誤差 $(M - M_m)$ 的大小、及參照母體標準差，並依調查預算決定 Z 值之後，再決定樣本數的大小。但由於母體標準差的數據往往不易獲得，故在行銷研究之運用上，可先利用間接資料、或探測性調查之方式取得母體標準差。

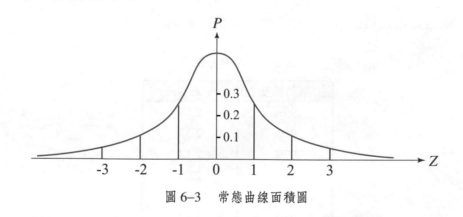

圖 6–3 常態曲線面積圖

6.4.3 樣本數的計算方法

樣本數的大小，除了受到調查預算的限制外，還得考慮精確度的要求，故在一定之精確度的要求下，樣本數的計算可依統計方法來決定，計算的方法如下：

1.估計平均數法

估計平均數法 (Specifications for Estimation Problem Involving Means) 的運用，須於事先設定：①可容忍誤差 ($M_x - M_\mu$)，②信賴限度 (Confidence Coefficient)，③母體標準差 (Standard Deviation) 等三大要件，計算公式為：

$$n = \frac{Z^2 \sigma_\mu^2}{(M_x - M_\mu)^2}$$

由上述之公式得知，估計平均數法之樣本大小的取決，受到下列之三要素的影響：

(1)母體標準差 σ_μ^2 的大小：與樣本數的大小成正比。在相同的信賴限度區間及相同的可容忍誤差範圍下，母體標準差愈大，即母體的特性愈不均質，所需之樣本數愈多，反之則愈少。

(2)可容忍誤差的大小：可容忍誤差愈小，所需之樣本數愈多，反之則愈少。

(3) Z 值的大小：Z 值是由信賴限度的大小而定。所謂信賴限度是表示 x (樣本平均) 之信賴度，以 99%、95%、90%、……等之方式表示。當信賴限度設定之後，可由常態分配表查得 Z 值。參照表 6–7。

表 6–7　常態分配表

信賴限度	Z 值
99%	2.58
98%	2.33
97%	2.17
96%	2.06
95%	1.96
94%	1.89
93%	1.81
92%	1.75
91%	1.70
90%	1.64

一般而言，由於母體標準差不易得知，故可利用以往之調查資料、或探測性

調查的方式計算，但也可以樣本平均數之標準差來推估母體標準差。即：

$$S_{\bar{x}} = \frac{\sigma}{\sqrt{n}}$$

n：探測性調查的樣本數

σ：母體標準差

$S_{\bar{x}}$：樣本平均數之標準差

　　根據上述之公式，由於 $S_{\bar{x}} = \dfrac{\sigma}{\sqrt{n}}$，故樣本數之計算可利用探測性調查得來之樣本標準差來推估母體標準差。如以零售店營業額之調查為例，經探測性調查結果，30 家零售店營業額之標準差是 28.90。在可容忍誤差為 5.00、信賴限度為 90% 之情況下，零售店營業額調查所需之樣本數應為：

$$n = \frac{Z^2 \sigma_\mu^2}{(M_x - M_\mu)^2}$$

$\sigma_\mu = 28.90$

$M_x - M_\mu = 5$

$Z = 1.64$【參見表 6–7】

$n = (1.64)^2 (28.90)^2 / (5)^2$

$\quad = 2.689 \times 835.21 / 25$

$\quad = 89.8$

樣本數應為 90 家。

2. 估計比例法

　　與估計平均數法相似，估計比例法 (Specifications for Estimation Problem Involving Proportions) 之運用，也須於事先設定下列三大要件：

⑴可容忍誤差 $(P_x - P_\mu)$。

⑵信賴限度的設定。

⑶母體標準誤的設定。

$$Z = \frac{(P_\mu - P_x)}{\sigma_x}$$

$$\sigma_p = \sqrt{\frac{P_\mu(1 - P_\mu)}{n}}$$

$$n = \frac{Z^2[P_\mu(1 - P_\mu)]}{(P_x - P_\mu)^2}$$

公式中之 P_μ 是代表母數的比率。事實上，母數的比率不易獲得，故可利用探測性調查、或現有之資料作為計算的依據。如以某一特定地區之 PC 廠牌別占有率的調查為例，根據已往之資料得知該地區之 PC 普及率是 20.0%，設定可容許誤差為 8.0%、信賴限度為 96.0%，則該地區之 PC 調查所須之樣本數為：

$$n = \frac{Z^2 P_\mu(1 - P_\mu)}{(P_x - P_\mu)^2}$$

$$P_x - P_\mu = 0.08$$

$$P_\mu = 20.0\%$$

$$Z = 2.06$$

$$n = \frac{(2.06)^2(0.2 \times 0.8)}{(0.08)^2}$$

$$= 106.09 \ （戶）$$

$$= 107 \ （戶）$$

當調查項目超過一個以上，則樣本數的計算可擇其中較為重要的項目，分別按要求之精確度 (Precision) 及信賴度 (Reliability) 計算需要之樣本數，以供決定所需之適當樣本數。

Summary 摘 要

直接資料的蒐集須以抽樣調查為工具，由於抽樣調查是抽取母體之部分單元的統計量來推測母體的特性，故樣本之抽取方法與樣本數之多寡會造成調查結果的偏誤與精確度。

抽樣是指由調查母體抽取若干個樣本作為推估調查母體特性之程序，其程序包括：調查對象之設定、抽樣架構之建立、及抽樣方法之確立等三大步驟，忽視其中之任一步驟，皆會造成調查結果的偏誤與精確度的降低。設定

調查對象分析之項目計有：構成要素、抽樣單元、範圍與時間，至於抽樣方法雖然包括機率抽樣法與非機率抽樣法兩大類，但由樣本統計量來推測母體須運用到的常態分配之理論，故抽樣方法須採取機率抽樣法。

　　雖然樣本數越多，調查結果之精確度也越高，但投入之成本也相對地提高，故樣本數之計算應考慮：樣本統計量的精確度、調查母體的大小、調查項目的繁簡度及多寡、調查所需之時間、調查母體構成要素的差異程度、調查投入之費用、調查人員的數目、調查問卷的收回率、被調查者的拒訪率、及資料的分析方法等問題。至於樣本數之計算則有估計平均數法與估計比例法兩種。

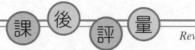

課　後　評　量　*Review Exercises*

①普查與抽樣調查有何不同？試說明之。

②試論抽樣調查之必要性。

③為何抽樣調查必須採用機率抽樣法？試說明之。

④何謂「抽樣架構」？其與抽樣有何關係？試說明之。

⑤於何種情況下須採用分層隨機抽樣法？試說明之。

⑥設定調查對象應考慮之要件有幾？試列舉之。

第7章
描述性資料的蒐集——勘察法與觀察法

　　直接資料的蒐集涉及到之作業計有蒐集方法、接觸方式、蒐集工具、抽樣與樣本、及調查實施，其中之前三項必須配合直接資料類型之特性，否則會造成調查偏誤，影響到資料之正確性。描述性資料是指事實、意見、意向、態度、動作等之資料，其蒐集方法、接觸方式、及蒐集工具不同於因果性資料與行為資料。

　　本章是以蒐集方法及接觸方式為議題，將描述性資料區分為意向與動作等兩大類，分別探討蒐集方法、接觸方式、與蒐集工具。

釋例　資訊科技時代之勘察法

　　由訪問者與受訪者相互溝通之方式進行資料蒐集是勘察法的主要特色，方式上計有人員實地訪問法、電話調查法、郵寄法等三種，其中可運用資訊科技作為資料蒐集之工具有電話調查法與郵寄法。

　　在郵寄法方面，最典型的是網路調查，即利用網路來替代郵寄法進行調查。網路調查最主要之優點是它可以在更為廣泛之範圍內，以最低之調查費用，對更多的人進行資料蒐集，即使是一般人也可以設計調查問題，透過免費的伺服器對成千上萬的人實施調查。但在另一方面，它也有抽樣架構不易取得、及抽樣誤差太大之重大缺點。

　　至於在電話調查法，計有全自動電話調查 (CATS) 及電腦輔助電話調查 (CATI) 等兩種資訊科技技術。所謂之全自動電話調查是指利用內置語音回答技術來取代傳統之人員對答，換言之，它是利用專業調查員之電腦語音來替代調查員逐字逐句的念出問題與答案，由受訪者將問題答案透過電話鍵輸入電腦、或逐一錄在卡帶上。於短期間內，以低廉的費用快速蒐集大量訊息是全自動電話調查之優點，適用於如客戶滿意度調查、產品測試、民意調查等之各種不同調查。電腦

輔助電話調查則指在進行電話調查時，每一位調查員都坐在終端機、或電腦前，當被調查者之電話被接通後，調查員就啟動機器開始進行調查，問題與答案立即顯示於電腦螢幕，此外，電腦還能幫助整理問卷，還可以隨時進行統計作業，可省略數據之編輯與輸入之作業。

釋例 觀察法:「商店顧客動線調查」

觀察法是於一定之期間，在特定之時間帶，指定之場所，利用記錄表格，針對特定現象記錄特定對象無法由本人表示出來之行動。對商店而言，客戶在店內之逗留時間愈長、擺設櫥窗之商品被看到之機會愈高，商品被賣出去之機會也愈大，而動線之長短則與櫥窗的擺設有密切關係;即相同面積之商店，櫥窗擺設之不同，店內動線的長短也會不一樣。商店顧客動線調查是由觀察員跟隨被調查者，利用觀察表（商店配置圖）將觀察對象在店內之行徑繪製於觀察表，以供作為擺設櫥窗及佈置之依據。觀察是由進入店內開始，至離開為止，利用隨機抽樣選取樣本。

7.1 直接資料的意義

7.1.1 何謂直接資料

依特定之目的，針對資料來源，由資料之需要者實地去蒐集的資料稱為直接資料 (Primary Data)。有關直接資料的調查作業，原田俊夫教授將其稱為市場調查 (Market Survey)、或狹義的行銷研究，由此可知行銷研究的範圍應包括間接資料與直接資料的蒐集。

直接資料的蒐集方式計有普查及抽樣調查等兩種;前者是指對調查對象的全體加以調查，而後者則指僅對調查對象的部分調查，並將此部分的調查結果作為研究全體調查對象之依據。在前述之兩種不同之調查方式中，直接資料的蒐集絕大多數皆採用抽樣調查，故市場調查的實施會受到下列兩大要素之限制❶。

一、統計要素

　　利用數據推論市場之特定現象是統計在行銷研究上之主要功能，但行銷面臨之問題除了涉及到量的要素外，還包括質的要素，故如何利用統計方法將質的問題，如喜好度、忠實度等，加以數據化仍然受到若干限制。以下是統計要素之限制項目：

1.僅能表示特定現象之共同特徵

　　利用統計雖然可以將母體具有之共同特徵以數據方式表示，但對於構成母體中之個體所具備的個別特性則不易表示。

2.調查偏誤

　　於調查實施之際，可能會因下列之狀況，使調查結果產生偏誤：

(1)抽樣架構：人口結構、職業結構、所得結構等之人文變數會受到時間因素的影響，故抽樣架構若忽略了時間要素，則會影響到母體的代表性。

(2)抽樣：抽樣方法使用之不當，如配額抽樣法、任意抽樣法等之採用，容易使調查員蓄意抽取有利於、或方便於個人的樣本，而產生調查偏誤。

(3)調查問卷：調查問卷的問題用辭、問題編排、或問題數目等之不妥，均會影響調查結果的正確性。有關調查問卷對調查結果的影響，將載明於第10章，本章不予討論。

(4)受訪者：諸如拒絕回答、回答不實、或記憶等之由受訪者引發出來的問題，均會造成調查偏誤。

(5)訪問員：訪問員的經驗、技巧、熟練度、調查目的之瞭解度等之因素，皆會影響調查結果的正確性。

二、非統計要素

　　非統計要素是指與統計無關，而是因調查作業之實際運作所遭受到之限制。這些限制的克服，除了須借助豐富之個人的經驗外，並無其他之對策。以下是非統計要素之限制項目：

---

❶出牛正芳，《市場調查の實際》，同文館，昭和43年，第36頁。

1.正確性

由於皆以人作為調查對象，故調查結果絕不會有絕對性的正確，在某些範圍內會有誤差產生。對調查資料之運用，切莫存有百分之百的信賴心態。

2.時效性

直接資料之蒐集往往會因調查進度控制之不妥，而影響到報告的時效性，尤其是調查報告之過度延誤，會使調查的結果成為明日黃花，降低資料的運用價值。

3.經濟性

雖然調查費用都有一定的支出限度，但若對其過度限制，則會使左右調查結果之樣本數、探測性研究、資料蒐集方法、或訪問員訓練等之調查作業受到影響。

7.1.2　直接資料的類別

依調查之需求，直接資料可區分為下列七大類別 ❷：

1.人文資料

凡年齡、教育、職業、性別、所得、或社會地位等之資料皆屬之。在行銷研究的應用上，人文資料 (Demographic/Socioeconomic Characteristics) 往往是被用來配合其他之調查變數供作為交叉分析之用。如以機車之調查為例，利用年齡別與機車持有率兩變數編製之交叉分析表，可以描繪出各種不同年齡特性之機車市場，以供區隔機車市場之用。

2.瞭解資料

瞭解資料 (Awareness/Knowledge) 是指對某一特定事物之接觸、或使用之經驗。在行銷研究之應用上，瞭解資料大多是指對產品品牌、產品特性、銷售場所、價格、使用方法、使用場合等瞭解之有關資料。

3.態度與意見資料

態度與意見皆同屬於社會心理的問題，兩者間不但無法給予嚴密的區分，甚至還有某些程度上的重疊。態度 (Attitude) 是指個人對某一特定現象之喜好 (Inclination)、或感受 (Feeling)。以言辭表明態度謂之意見 (Opinion)。態度可分為正面

---

❷Gilbert and Churchill, *Basic Marketing Research*. The Dryden Press, 1988, p.184.

與負面，不同之態度對特定產品、或服務的購買具有關鍵性的影響，即正面代表好感、傾向購買，而負面則表示討厭、排斥購買。由於態度與意見皆屬於心理方面的資料，須運用態度量表 (Scales) 作為蒐集之工具。

4. 意向資料

意向是指「已計畫的行為」(Planned Future Behavior)，其與耐久性、或高價位產品的購買行為具有密切關係。質言之，當產品的購買若須考慮到成本及時間兩大因素，則可應用意向資料來判斷市場潛在性，至於一般性消費品的購買，則因消費者不易明確的表示意向，故很少利用意向資料。有關意向資料的類別，計有①確定購買資料，②可能確定購買資料，③尚未確定購買資料，及④確定不購買資料等四種。

5. 動機資料

動機 (Motivation) 是指為消除某一特定的緊張狀況，而由個人內心所引發出來的驅使力、或衝動力，故沒有動機就不會產生購買行為。在行銷的運用上，動機資料是用以解釋「為什麼」(Why?) 的問題。由於動機較之行為穩定，故動機資料可用於作為預測未來行為的基礎、及解釋行為的因素。資料特性上，它涉及到個人的心理層面，故動機資料的蒐集須採用間接探測法。

6. 行為資料

購買決策過程及實際購買之有關行動 (Physical Activity) 謂之行為 (Behavior)，在行銷之觀點上，它包含購買行為及使用行為等兩種不同的涵義。基於行為是個人、或群體於特定時間，在特定環境下，經由知覺 (Perception) 而發生，故行為調查大多利用投影法 (Projective Techniques)。

表7-1　行為資料核對表

項目 ＼ 類別	購買行為	使用行為
何物？ (What?)		
多少？ (How much?)		
如何？ (How?)		
何處？ (Where?)		
何時？ (When?)		
何種情況下？ (In what situation?)		
何人？ (Who?)		

7.個性與生活型態資料

個性 (Personality) 是指異於他人之特質或特性，如內向、外向、積極、消極、保守、開放等等。產品、商店、或廣告媒體等之選擇，往往會受到個性的影響。

對個人有關之生活方式 (How people live)、個人興趣 (What interest them)、及個人對環境的關心 (What they like)，即所謂之 AIO (Activity, Interest, and Opinion) 之調查資料稱為生活型態資料。生活型態關係到個人對時間及金錢的支配方式，會影響購買產品及接受廣告媒體的習性。AIO 的調查須以 AIO 量表作為工具，以下是 AIO 量表構成之主要項目❸。

表7-2　生活型態層次表 (Life Style Dimension)

活動 (Activities)	興趣 (Interest)	意見 (Opinion)
工作 (Work)	家庭	自身
趣味 (Hobbies)	家事	社會問題
社會工作	工作	政治
休閒	社交	事業
娛樂	娛樂	經濟
社團	流行	教育
交際	食品	產品
購物	媒體	將來
運動	成就	文化

---

❸Plummer, "The Concept and Application of Life Style Segmentation," *Journal of Marketing*, Vol. 38, Jan 1974, p.34.

7.1.3　描述性資料

　　直接資料的類型可依調查之目的，區分為描述性資料、因果性資料、及行為資料等三大類型。有關直接資料的蒐集作業，雖然包括有：①資料的蒐集方法，②調查對象的接觸方式，③資料的蒐集工具，④抽樣設計等，但直接資料之類型的不同，蒐集作業之有關內容，也不盡相同。對行銷研究人員而言，若忽略了資料類型與資料蒐集作業之配合，則會造成調查偏誤 (Bias)，故於進行直接資料蒐集之前，應確實掌握調查資料的類型，以便選擇適當的蒐集工具。

表 7-3　資料型態與蒐集作業表

資料類型	蒐集工具		
	蒐集方法	接觸方式	蒐集工具
描述性資料（事實、意見、意向、態度、知識動作）	勘察法 觀察法	人員實地訪問法 電話調查法 郵寄法 網路調查法 留置法 儀器	調查問卷 觀察表
因果性資料（變數間之相互或相斥關係）	實驗法	固定樣本法 (Panel Design) 網路調查法	記錄表
行為資料（動機、態度）	面談法 投影法 溝通法 觀察法	人員 儀器	記錄表

7.2　勘察法

　　有關事實、意見、意向、態度、知識等之型態的資料稱為描述性資料，描述性資料之蒐集宜利用勘察法 (Survey Method)，茲就其有關事項，探討如下。

7.2.1　勘察法與調查問卷

根據調查問卷 (Questionnaire) 於調查員與被調查者雙方接觸之情況下，由調查員向被調查者蒐集、或由被調查者本身敘述調查所需之資料的蒐集方法稱為勘察法。由於調查問卷是被勘察法用來蒐集描述性資料蒐集之工具，故調查問卷設計之適當與否，是左右勘察法成敗的關鍵因素。至於調查問卷的設計，將留待於第 10 章討論。

7.2.2　描述性資料蒐集之接觸方式

有關描述性資料蒐集之接觸方式，可依對調查問卷控制為基準，將其劃分為「受訪者控制式」(Interviewer-administered) 與「受訪者自我控制式」兩大類型。前者包括：①人員實地訪問法，②電話調查法等兩種，至於後者則有：①郵寄法，②留置法，③固定樣本法，④網路調查 (Internet Research) 法等四種，茲分別概述如下。

一、人員實地訪問法

由調查員依據調查問卷，以一對一方式 (One-by-one)，面對被調查者蒐集有關之資料，並當場將其記載於調查問卷之描述性資料之蒐集工具稱為人員實地訪問法 (Personal Interviewing or Face-to-face Interviewing)，進行方式包括家庭與街頭 (Mall Intercept) 等兩種。一般而言，人員實地訪問法應依調查問卷列舉之問題，循序漸進地發問，但由於調查人員給人留下之初步印象關係到調查的成敗，故也可先利用自由交談方式，取得調查對象的共識，然後再開始進行問卷調查，此種調查方式稱為 "Semi-questionnaire Method"。以下是人員實地訪問法的優點與缺點：

1.優　點

　(1)可降低拒絕回答：利用人員實地訪問法可以藉由被調查者表達自己意見的機會達到個人情緒上的滿足，或經由對問題的相互討論獲得認知上的共識，

引起接受調查的興趣，降低調查的抗拒性。

⑵可獲得較為真實的資料：由於調查時間較長，故可進行較為深入的訪問，尤其是對某些須借助調查員的解釋方能瞭解的問題，利用人員實地訪問法可以降低不完整、或缺陷答案的出現。

⑶可確認被調查者的特性：對行銷研究而言，被調查者的人文特性資料的分析是必要的，但被調查者卻往往會隱瞞某些較為敏感的人文資料，如年齡、所得、教育程度等，而人員實地訪問法則可藉由調查員對被調查者的觀察、或以核對其他資料的方式，正確的判斷被調查者的人文特性。

⑷可依被調查者的反應機動調整調查技巧：相較於其他之調查方法，彈性 (Flexbility) 是人員實地訪問法之主要特色，即人員實地訪問法除了可控制問題的發問順序及調查時間外，還可以配合被調查者的現場反應，適當的調整調查技巧。

2.缺　點

⑴須投入較多的費用與時間：一天 24 小時內，真正適合調查的時間大概不會超過 5 小時。在短短的 5 小時內，調查員須依規定方式去尋找樣本，倘若遭遇到拒絕調查，得須重新尋求其他之替代樣本，耗費的金錢與時間也相對的偏高。

⑵容易產生調查偏誤：於調查進行之際，往往會因調查員本身的能力、或經驗上的差異，而影響到被調查者，產生調查偏誤。

⑶不易控制調查現況：倘若調查地區過於分散，則督導員對調查員的督導，如是否按規定方式進行調查、或有無欺騙不實之行為等之調查現況的督導工作無法落實。

在訪問技巧上 (Interviewing Techniques)，人員實地訪問法計有直接訪問 (Direct Interviewing)、深度訪談 (Depth Interviewing)、及投影法 (Projective Interviewing) 等，後兩者適用於行為調查。

二、電話調查法

利用調查問卷由調查員以電話向被調查者蒐集資料之方法稱為電話調查法

(Telephone Questionnaire Method)。以低廉的費用，於短暫的時間内，迅速蒐集所需之資料是電話調查法的主要特色。在行銷研究的運用上，通常是被用以作為電視節目之收視率、或電臺節目之收聽率調查之用。

　　電話調查法須利用電話簿作為抽樣之依據，抽樣方法計有 Random Digit Dialing 及 Pluse 1 等兩種，至於調查方式則有立即調查法與日後調查法兩種。前者是指被調查者於接到電話之當時，立即回答調查員提出之問題，雖然它是目前最通用之一種調查的方法，但因要求被調查者立即回答問題，故容易獲得較為不明確的答案。相較於立即調查法，日後調查法是指以電話預先向被調查者約定調查日期，並說明調查内容，然後於約定時間，再由調查員前往調查。就資料之正確性，日後調查法的採用，可獲得較為正確的資料。有關電話調查法之調查問卷的設計，應特別注意調查問題的數目不宜過多、及問題的内容須要簡明，以下是電話調查法之優劣點：

1.優　點

　　⑴經濟：不必支付調查員及督導員的車旅費、膳食費、雜費等，及被調查者之禮品費，僅付電話費即可，故與其他之調查方式相比較，電話調查法的調查費用最低廉。

　　⑵迅速：利用電話作為調查工具，藉由電腦自動撥號系統，可以在極短的時間内，立即獲得調查資料。對於某些具有時效性之資料的蒐集，電話調查法是一種最有效的資料蒐集工具。

　　⑶方便：不必前往資料蒐集現場，僅於特定場所利用電話就可獲得所需之調查資料，且又以電話簿作為抽樣架構，容易取得調查樣本。此外，對於某些不易接觸到之調查對象，電話調查法的運用，有助於降低拒絕回答。

　　⑷範圍：於電話普及幾乎接近百分之百的情況下，電話調查的範圍可及全臺灣各地。

2.缺　點

　　⑴調查母體：由於電話調查法是以電話簿作為調查母體，故在調查母體的結構上，沒有電話的家庭、或行動電話之持有者，就無法構成調查母體之一部分。此外，根據電話簿之資料，也無法分辨出個人或公司，會影響到調查

母體之完整性。

⑵調查對象之人文特性：利用電話調查僅能藉由聲音及回答內容來推斷被調查者的特性，無法確實瞭解年齡、所得、職業等之正確資料。

⑶方式：除了利用語言之外，並無其他之可資應用於驗證資料正確性之方法，會降低某些須經由交叉核對之資料的正確性。

三、郵寄法

利用郵寄方式將調查問卷寄給被調查者，並由被調查者把填好之調查問卷，以郵寄方式再寄回給調查員之資料蒐集方法稱為郵寄法 (Mail Questionnaire Method)。若人文特性、或被調查者之身分確認等之要件並非十分重要，則郵寄法是一種既經濟又有效之調查方法。在資料之蒐集上，計有：①直接將調查問卷郵寄給調查對象調查有關事項，②隨函附上產品，調查對產品使用後之有關事項，③以廣告、或懸賞方式調查被調查者對產品使用後之感受等三種。接觸方式，除了利用郵寄之外，也可採用網路 (Internet) 作為工具。

不論採取何種調查的方式，郵寄名冊的完整性是左右郵寄法成敗的主要關鍵。一般而言，郵寄名冊可經由①公會或業界名冊，②社團名冊，③電話簿，④學校畢業名冊，⑤客戶名冊，⑥報章雜誌訂戶名冊，⑦會員名冊等之途徑獲得。至於郵寄法之優劣點，一般而言，計有下列數項：

1.優　點

⑴調查地區廣：凡是郵政服務所及地區之居民、或法人皆可作為調查對象，故調查地區可擴展到任何角落、甚至全球各地。

⑵可避免因調查員而產生之偏誤：由於不須由調查員直接接觸被調查者，故可避免因面對面調查造成之調查偏誤。

⑶調查費用低廉：除了問卷印刷費用及來回郵資之外，幾乎不須支付任何費用，故其費用比人員實地訪問法低。

⑷回答時間充裕：對被調查者而言，由於郵寄法的作答較不會受到時間上的限制，被調查者毋須當場立即回答，故不會感受到時間上的壓力，可撥出較多的時間來蒐集、整理、及回答調查問卷之有關問題，適用於工業品 (Business Product) 的調查。

2.缺　點

(1)容易產生替代回答：由於時間因素或其他因素，被調查者往往會要求第三者代為回答、或指定他認為適當的人員代答，會影響到樣本的代表性，導致調查偏誤的產生。

(2)無法控制問卷的回收時間：不要求當場回答、又加上人類天生具有之惰性，除非經過事先催促，否則調查問卷往往無法按時寄回，影響調查的時效性。

(3)無法確認被調查者之人文特性：沒有於調查現場與被調查者直接接觸，且被調查者又往往會指定他人代為回答之情況下，郵寄法很難有效的掌握被調查者之人文特性。

(4)容易產生不完整性回答：對於較為複雜的調查問題，往往會出現片斷性答案（不完整答案），除此之外，問卷問題編排之不妥，也會使被調查者因前項問題的作答，而影響到後面問題的答案，產生由調查問卷造成之調查偏誤。

(5)回收率低：回收率偏低是郵寄法最大的缺點。被調查者對調查的接受程度、關心度、及調查問題的回答能力等之因素，皆會影響到調查問卷的回收率。

在上述之各項缺失中，回收率偏低是郵寄法面臨之最大問題。針對回收率偏低的改善，行銷研究人員可採取下列之因應對策：

(1)強調調查機構之威信 (Prestige)。

(2)嚴格遵守秘密。

(3)嚴謹選擇調查對象。

(4)隨調查問卷附上面函，詳細說明調查目的與用途，期以引起接受調查之興趣。

(5)以彩色印刷、或於調查問卷內繪製圖案之方式使被調查者放鬆心情，樂意回答調查問題。

(6)提供禮品作為寄回問題之報酬。

(7)利用回郵信封。

(8)每隔一段期間寄出督促之信件，提醒被調查者按時寄回調查問卷。

至於影響調查問卷回收之理由，總括起來，不外乎是：

⑴根本沒有回答之意願。

⑵遺失調查問卷、或忘記回答。

⑶忘記將調查問卷寄回。

四、留置法 (Drop-off Questionnaire)

利用調查員、或以郵寄方式將調查問卷送達被調查者的手中，經由對調查目的及調查問題詳細的說明之後，要求被調查者於某一特定期間內回答調查問題，並於調查日期截止日，再由調查員向被調查者收回調查問卷之調查方法稱為留置法 (Drop-off Questionnaire)。在資料的蒐集上，留置法可應用於零售店庫存調查、家計調查、及電視收視率調查等，其優劣點如下：

1.優 點

⑴不受調查員之調查技術之熟練度的影響。

⑵充裕的回答時間。

⑶回收率高。

⑷容易控制調查問卷的回收時間。

⑸可降低「無回答」及「漏答」之答案。

2.缺 點

⑴無法彌補答案之不完整性。

⑵無法適用於較具深度之調查問題。

⑶不易核對回答者之身分。

⑷容易由第三者代為回答。

五、固定樣本法

固定樣本法 (Panel Technique or Panel Design) 是指為瞭解某一特定現象、或事實的變化，於一定期間內，利用相同的調查項目，針對同一調查對象所實施之資料蒐集的方法。在行銷研究的運用上，可利用固定樣本法來蒐集消費者的消費習性、消費傾向、或因果關係等之資料，以為掌握產品動向之參考。

固定樣本法的實施，在樣本數的選擇上，實際樣本的數目應大於預計樣本的

數目；通常是以超出預計樣本數的 20% 為原則，其理由是隨著調查次數的增加，回答的次數也會隨著減少。根據統計，每次減少的次數約占前次回收數的 12% 至 15%。以下是固定樣本法之主要方式：

(1)被調查者之日記簿式記錄。

(2)被調查者之定期郵寄式記錄。

(3)電視收視、或電臺收聽之儀器的裝置調查。

(4)店面銷售、或庫存資料的定期盤點。

上述之各種不同的方式中，以利用日記簿式記錄方式、或定期郵寄式記錄方式之消費者固定樣本調查 (Consumer Panel Technique) 最為普遍。所謂消費者固定樣本調查是指為蒐集消費者之購買方式、購買態度、或購買習性，如購買的品牌、數量、時間、場所等之資料的調查。調查方式是先利用隨機抽樣選取某些消費者作為調查對象，並將這些調查對象組成固定樣本，然後再對每一位調查對象給予一本「購買日記簿」(Purchase Diary)，要求將有關的購買活動，按「購買日記簿」列舉項目，依次逐筆記入「購買日記簿」，迨一定的時間，由調查公司派員收回、或由被調查者寄回。對企業而言，採用固定樣本的消費者固定樣本調查，有助於達到下列之調查目的：

1.瞭解市場變化

利用消費者固定樣本調查之資料，可以使企業瞭解某特定期間內消費者購買行為淨變動 (Net Change) 過程，以供作為行銷決策之依據。

假定僅利用兩個獨立樣本於 1 月及 6 月兩個月，分別調查消費者對 A 品牌的使用率，則所獲得的結論是 A 品牌的使用率增加了 10%。但若利用消費者固定樣本調查法分析 1 至 6 月之使用率的變化，其結論如表 7–4。

(1)總變動率是 70%。理由是：由使用轉變為不使用之變動率為 30%，而由未使用轉變為使用之變動率是 40%，故這半年來，改變消費態度之消費者占了 70%，而非 10%。

(2)這半年來，一直都未改變消費態度之消費者占了 30%，其中一直使用 A 品牌者占 20%，根本不使用 A 品牌者占 10%

表 7–4　A 品牌使用率淨變動表

1月＼6月	使用	未使用	合計
使用	20%	30%	50%
未使用	40%	10%	50%
合計	60%	40%	100%

2.估計新產品的市場占有率

由固定樣本之消費者固定樣本調查資料，可求得被調查者對特定產品的重複購買次數與金額，這些資料可供廠商作為估計新產品、或產品的市場占有率之用。如某一新產品之市場滲透率 (Market Penetration) 估計為 25%、重複購買率是 10%，則該新產品之估計市場占有率為 2.5%，即 25% × 10%。

3.品牌轉換 (Brand Switch) 資料

由於消費者固定樣本調查是採用「購買日記簿」，依購買時序將購買之有關資料記入，故能使廠商按時獲得品牌轉變之資料，並可將這些資料利用「馬可夫分析」(Markov Analysis) 來推估市場占有率的變化傾向。

表 7–5　飲料「購買日記簿」

A	B	C	D				E	F	G	H		
購買日期	品牌名稱	製造廠商	容器				容量	購買數量	價格	購買場所		
			瓶裝	罐裝	塑膠	其他				超市	平價	雜貨店

六、網路調查法

針對特定對象利用網路作為蒐集直接資料之工具，其方式有網頁 (Web)、電子信箱 (E-mail)、「移動式」電子信箱（手機上網）等三大類型四大項目，適用於描述性資料、及因果性資料之蒐集。茲分別說明如下：

1.網頁或網站調查法

(1)開放式網頁調查法 (Web Research)：計有兩種方式。①利用入口網站，如 Yahoo、PC home 等刊登廣告，公開募集調查對象實施調查，回答者僅限於對調查有興趣者，並無特定限定調查對象資格，②事先設定被調查者條件，如年齡、性別、教育程度、職業、所得、興趣等，利用入口網站公開募集符合條件之調查對象實施調查，此種調查方式又稱為開放式兼封閉式網頁調查法。

(2)封閉式或會員式網頁調查法 (Monitor Web Research)：區分為：①調查對象局限於登錄會員、或客戶，利用會員專屬網頁實施調查，被調查者須用密碼開啟信箱方能回答，但沒有回答之義務，②與調查對象預先訂定調查契約，利用專屬網頁實施調查，被調查者負回答之義務。

2.電子信箱調查法 (E-mail Research)

將調查問卷利用附加檔 (File) 傳輸到被調查者之電子信箱，請對方回答之調查方法。

3.「移動式」電子信箱調查法 (Mobility E-mail Research)

以能與網路連線之行動電話持有者為對象，將調查問題傳送到對方之信箱，請被調查者回答之調查方法。僅能適用於簡單之調查，但卻具有隨即調查之優點。

不論任何類型之網路調查，網路調查最大之爭議是缺乏代表性，即母體不夠明確，難以精確隨機抽樣、調查問卷填寫、及調查對象確認之問題。由於調查單位無法完全確定網路調查母體（全體網路使用者）到底是那些，故無法進行精確的隨機抽樣。至於調查問卷填寫之問題，一般而言，會主動上網填寫問卷的人，通常是屬於熟悉網路操作技巧、網路使用時數較久、以及個性較為積極之網友，故回答者之人文特性，很可能偏向於某一特定對象，而不能代表整體使用者之狀況，僅能定義為「於特定時空下，某部分網友之輪廓，而非臺灣全體網友之一般狀況」。在調查對象確認問題方面，由於一個人在網路虛擬世界的身分並不像真實世界身分般固定，一個人在網路的身分並不一定能真正代表這個人，如多人共用一個帳號、一個人擁有多個帳號、男性冒充女性、國小畢業冒充大學畢業等，造成了基本資料之不確實、及重複回答之問題。

　　雖然勘察法可利用六種不同的接觸方式來蒐集資料，但由於各個接觸方式具備之長處與短處不盡相同，為了取長補短，使資料蒐集效果達到事半功倍，行銷研究人員可根據接觸方式的特性，選擇不同的接觸方式加以組合，較典型的組合如下❹：

　(1)電話調查法（以電話要求被調查者接受調查）→郵寄法（郵寄調查問卷）→電話調查法（電話追蹤寄回調查問卷）。

　(2)電話調查法（電話預先通知調查對象）→人員實地訪問法（說明調查有關事項並將調查問卷交給被調查者）→留置法（於一定期間內，請被調查者填妥調查問卷，並由調查員、或由被調查者利用郵寄寄回調查問卷）。

　(3)人員實地訪問法（面對被調查者說明調查有關事項）→留置法（留置調查問卷）→電話調查法（電話追蹤寄回調查問卷）。

　(4)郵寄法（將調查問卷寄給被調查者）→電話調查法（電話追蹤寄回調查問卷）。

7.2.3　接觸方式之評估

　　基本上，勘察法是利用人員實地訪問法、電話調查法、郵寄法、及網路調查法等四種接觸方式來蒐集直接資料。有關接觸方式的選擇，必須配合調查目標，故應對下列之七大評估項目❺，慎加探討，方能選出正確及可行之接觸方式：

1.融通性

　　融通性 (Versatility) 是指接觸方式對調查目的需求之滿足程度。在四種不同之接觸方式中，以人員實地訪問法的融通性最高、網路調查法次之、電話調查法第三，郵寄法最低。

　　人員實地訪問法是藉由調查者與被調查者間之面對面的溝通方式進行調查，故對於較為複雜之調查問題、或必須於調查當時解釋之調查問題，可運用人員實

---

❹Aaker and Day, *Marketing Reserch*, 3ʳᵈ edition. John Wiley and Sons Inc., 1987, p.162.

❺Kinnear and Taylor, *Marketing Research: An Applied Approach*, 3ʳᵈ edition. McGraw-Hill, 1987, p.390.

地訪問法達到預定之調查目的。至於電話調查法則因不具有面對面的人際關係存在，故在融通性上，較不適宜作為比較複雜、或深度較深的資料之蒐集，但對於容易回答、且問題簡單之問題的調查，郵寄法是一種既經濟又有效之接觸方式，它是屬於融通性最小的接觸方式。網路調查法由於具有電話調查法與郵寄法兩者之優點，適用於深度較深、或較複雜之問題的調查。

總而言之，接觸方式的選擇必須考慮調查目的對融通性的要求，在上述之三種不同之接觸方式中，以人員實地訪問法的融通性最大。

2.成　本

成本 (Cost) 是指蒐集直接資料有關之費用，由於人員實地訪問法須支付之調查員及督導員之薪津、車旅費、膳食費、及被調查者之禮品費等等，相較於電話調查法、郵寄法及網路調查法，其調查成本最高，電話調查法次之，郵寄法第三，但網路調查法可以於一定時間內同時實施調查，且不必實施調查之有關費用，故其成本最低。

3.時間 (Time)

勘察法所採用之接觸方式中,以網路調查法所須耗費之資料蒐集之時間最短，它可以於同一時間內完成所有之調查。電話調查法次之，通常它可以於 1 小時內，一部電話可完成 10 次以上之調查。人員實地訪問法第三，正常之情況下，1 小時可訪問到二至三位調查對象。至於郵寄法，則因無法控制問卷的回收時間，為提升調查問卷回收率，往往須採用追蹤郵寄 (Follow-up Mailing) 的方式來改善問卷的回收率，其一來一往也須耗用相當多的時間，尤其是大量樣本的調查，更無法有效的控制調查的時間。

4.樣本控制

樣本控制 (Sample Control) 是指依抽樣計畫，有效地抽取設計樣本 (Designed Unite)。在前述之三種接觸方式中，以人員實地訪問法對樣本控制之能力最強，即使在沒有完整的抽樣名冊下,也可以利用調查人員選取適合抽樣條件之調查對象。至於電話調查法則須依賴完整之抽樣名冊，而這些抽樣名冊幾乎來自於電話簿，但電話簿卻會受到：①電話之普及率，②電話簿的更新，③部分之人士並沒有將電話號碼刊載於電話簿等之因素下，電話簿也不是一種理想的抽樣名冊，尤其是

對居住遷移頻繁之都市地區、或行動電話普及率超過 100% 之情況下，電話簿之利用會造成嚴重的抽樣偏誤，在樣本控制上，僅能限於控制某一特定範圍。郵寄法對抽樣名冊的要求比電話調查法嚴格，它除了需要被調查者的名單之外，還要求正確的地址，但事實上，這類的名單並不易獲得，故對樣本控制而言，郵寄法的控制能力雖然最低，但對某些特定群體的調查，如扶輪社、青商會、同學會、或公會等等，它卻具有相當大的樣本控制能力。至於網路調查法除了封閉式或會員式網頁調查法之外，由於採取開發式蒐集，樣本控制能力最低。

5. 資料的量

　　所謂資料的量 (Quantity of Data) 是指調查問卷的回收數量。就回收數量的觀點上，以人員實地訪問法最高，郵寄法次之，電話調查法第三，網路調查法最低。

　　由於人員實地訪問法是利用面對面的方式進行，並於當場提示贈品，引發接受調查之興趣，故可降低被調查者之拒答率。至於郵寄法、電話調查法及網路調查法是藉由人以外之媒介物作為調查者與被調查者間之溝通橋樑，人際關係較為薄弱，容易產生拒絕回答，尤其是郵寄法與網路調查法，因要求被調查者自動地回答問題，故會降低接受調查之興趣，影響到調查問卷的回收數量。

6. 資料的質

　　資料的質 (Quality of Data) 是指調查方法對調查偏誤 (Bias) 影響的程度。造成調查偏誤的因素，除了抽樣方法、問題設計、及實地調查等之調查作業外，調查方法也是左右調查偏誤的主要因素之一。

　　依調查目的之要求，往往會有若干敏感性、或困窘性的調查問題，針對這些問題的調查，假定採用人員實地訪問、或電話調查法，調查結果必然產生偏誤。對於需要詳細說明的問題、或須經過充分思考之後方能回答之問題，人員實地訪問法、郵寄法及網路調查法造成的調查偏誤會低於電話調查法。如果調查資料是屬於立即反應之行為資料，如電視收視概況，則利用電話調查法及網路調查法蒐集之資料的質，勢必優於人員實地訪問與郵寄法。

7. 回收率

　　實際且有效的回收樣本數對預計樣本數占之百分比稱為回收率 (Response Rate)，假定預計樣本數為 100，實際且有效的回收樣本數為 70，則其回收率是 70%。

絕大多數的直接資料的蒐集皆以抽樣調查替代普查，故樣本的抽取必須具有代表性，如此樣本才能真正代表母體。低回收率會影響樣本的代表性，使抽樣調查的結果無法代表母體，產生非反應偏差 (Non-response Error)。非反應偏差是屬於一種非抽樣偏誤的來源，這種偏差是指有效樣本與無效樣本之間，在特徵上可能會有的差異，故若能將這些無效、或拒絕回答之樣本排除於調查樣本之外，則樣本的統計量可能會產生偏誤，但若無特徵上的差異，則除了調查結果的精確度會受到影響外，並不會產生調查偏誤。

「不在家」、「拒絕」、或「不能回答」是影響回收率的主要因素，這些因素的克服須借助接觸方式的適當選擇。就克服「不在家」之因素而言，郵寄法雖然優於電話調查法與人員實地訪問法，但它卻具有不能克服「拒絕」、與「不能回答」之缺點。假定調查對象對陌生人的訪問具有抗拒的心態，則電話調查法的實施，其回收率必定高於人員實地訪問法。對於須要面對面的說明方能被接受之調查，則宜採用人員實地訪問法。

總而言之，上述之各種不同之接觸方式的選擇，行銷研究人員必須對調查對象、欲蒐集之資料、及接觸方式之特性等加以充分瞭解，並對前述之評估項目逐一探討後，方能選擇最適當的接觸方式。

7.3 觀察法

7.3.1 觀察法之意義及適用範圍

利用事先設計之調查表格，由調查人員直接觀察被調查者當時的行動、反應、狀況 (Situation) 等之現象，並將這些資料加以蒐集之直接資料的蒐集方法稱為觀察法 (Observational Method)，適用於某些不願意回答 (Unwilling)、或無法回答 (Unable) 之動作的調查。由於觀察法是在被調查者於不知不覺之情況下，由調查員以觀察方式來蒐集被調查者的行動、反應、狀況等之有關資料，故於調查實施之前應對觀察事項、觀察方法、測定基準、及記錄方法等均須加以明確設定，否

則將會因調查員個人之能力、經驗的差異而產生主觀上的偏見，造成調查結果的偏誤。在行銷的應用上，觀察法之主要用途如下：

1. 櫥窗佈置調查

觀察櫥窗佈置與擺設位置對產品的購買動作、或店內動線的影響程度，以作為櫥窗佈置之依據的調查稱為櫥窗佈置調查，為零售機構必要之調查之一。

2. 交通流量調查

所謂交通流量調查 (Traffic Studies) 是指於一定時間內，在特定場所觀察車輛、或行人之流動次數及方向之有關流量方面之資料蒐集，其資料除了可供作為選擇廣告招牌設置地點之依據外，也可以作為櫥窗佈置、擺設、店內動線設計、或店鋪位置選擇之用。

3. 店面商品陳列調查

店面商品的擺設位置與顧客在店內的滯留時間及瀏覽動線具有密切關係。滯留時間愈久，店內瀏覽動線也愈長，商品被購買之機會也愈高。茲為參考起見，謹將日本之「現場行銷研究所」之調查資料，列舉如下[6]：

表 7-6　滯留時間、動線長度及購買數量相關表

時間	滯留時間 (X)	動線長度 (Y)	購買數量 (Z)	相關係數		
				XY	XZ	YZ
合計	17.7 分	212 m	9.0 個	0.62	0.56	0.44
平時	17.4 分	218 m	8.6 個	0.64	0.57	0.45
假日	18.2 分	201 m	9.7 個	0.62	0.54	0.43

4. 顧客購買動作調查

觀察顧客在店內選購商品的順序，根據觀察之有關資料，供零售店安排最佳的商品擺設，如陳列高度不得低於 60 英吋、高於 120 英吋，或陳列之商品數量應限制於四個等等，以方便顧客的購買、及增大零售店之坪數經營效率。

5. 商店位置調查

本質上，商店位置調查 (Store Location Decision) 是屬於商圈調查之一種，但

---

[6] フィールド・マーケティング研究社,《フィールド・マーケティング戰略》,フィールド・マーケティング研究社，昭和 59 年，第 51 頁。

利用觀察獲得之交通流量資料、或購買動作資料也可以作為選擇商店位置之依據。如以百貨公司之商圈調查為例，利用百貨公司的停車場的車輛牌照資料，可分析車主之居住地區，研判百貨公司之商圈特性。

6.賣場巡迴調查

面臨於成熟市場的環境中，廠商必須隨時掌握商品銷售現場之狀況，方能維持一定的銷售量，故如何將情報予以店頭化，遂成為成熟市場之一大主要的行銷課題。店頭資料著重於現況資料，如商品回轉率、促銷效果、POP 佈置資料、競爭者之新產品資料等。針對上述之資料，觀察法是一種經濟、有效的店頭資料的蒐集工具。

總而言之，凡無法藉由語言的溝通才能獲取之行銷資料，如表情、動作、現象等等，觀察法是一種最有效的資料蒐集工具。

7.3.2　觀察法之類型

基本上，觀察法可區分為下列五種不同之類型[7]：

1.自然觀察法與改裝觀察法

在沒有經過刻意改裝的環境下，觀察被調查者的行動，並將觀察之資料加以蒐集之觀察方法稱為自然觀察法 (Natural Observation)，如於店面觀察顧客的購買行動。反之，若將觀察場所配合調查目的加上人為的改裝，並在經過改裝的環境下，藉由觀察來蒐集被調查者之行動資料則謂之改裝觀察法 (Contrived Observation)，例如在經過特殊裝潢的商店內觀察顧客的購買行動。在調查的運用上，雖然後者的調查成本高於前者，但卻較能正確地反映出真正的行為式樣。

2.正面觀察法與暗中觀察法

在被調查者知道之情況下所實施之觀察謂之正面觀察法 (Disguised Observation)，反之則稱為暗中觀察法 (Undisguised Observation)。雙面鏡 (Two-way Mirror)、針孔式照相機 (Hidden Cameras)、或偽裝現場人員等皆為暗中觀察法所採用之資料蒐集工具。行銷研究之運用上，倘若被調查者發覺被人觀察而會影響到行為式

---

[7] Gilbert and Churchill, *Basic Marketing Research*. The Dryden Press, 1988, p.398.

樣 (Behavior Patterns)，則宜採用暗中觀察法。

3.結構式觀察法與非結構式觀察法

觀察之資料特性可以很明確地設定、且也能將這些資料利用事先設計之資料蒐集表格 (Check List) 蒐集之觀察法稱為結構式觀察法 (Structured Observation)，例如交通流量調查、銷售現場的購買動作調查等等。結構式觀察法的實施須於事先明確設定觀察的對象及觀察的現象、動作、或行為，適用於結論性調查 (Conclusive Research Studies)。至於非結構式觀察法 (Unstructured Observation) 則指在調查問題尚未十分明確，觀察方式及資料蒐集仍然具有相當彈性之情況下採用之資料蒐集方法，例如為了要瞭解銷售量的降低是否受到店面陳列的影響，而由調查員觀察購買者在商店之購買行動。在行銷研究的運用上，非結構式觀察法往往被作為探測性調查 (Exploratory Research) 之工具。

4.直接觀察法與間接觀察法

於特定現象、或行動發生之際，利用觀察方式蒐集有關現象、或行動之資料的蒐集方法謂之直接觀察法 (Direct Observation)。至於以觀察目前之現象、或行動作為推測過去之現象或行動的方法則稱為間接觀察法 (Indirect Observation)，例如觀察丟棄於某一特定場所之飲料空罐的數量，作為推估此一特定場所的飲料消費量。間接觀察法的成敗與調查員的能力具有密切關係，此外，直接觀察法與間接觀察法也是一種很容易因調查員而產生調查偏誤之一種調查方法。

5.人為觀察法與儀器觀察法

利用受過訓練的調查人員針對被調查者，以觀察方式蒐集特定現象、或行動之資料的方法稱為人為觀察法 (Human Observation)。反之，若以器材替代個人作為觀察之工具則謂之儀器觀察法 (Mechanical Observation)，以下是儀器觀察法採用之觀察器材及用途：

(1)動作拍照機 (The Motion Picture Camera)：它是被用來拍攝購買者在超級市場、百貨公司、或大賣場等之大規模零售機構的購買舉動。根據所拍攝之影片，可供零售機構改善店內之有效動線、商品陳列、及櫥窗佈置之用。

(2)收視、或收聽記錄器 (The Audimeter)：由 A. C. Nielsen 調查公司開發出來，專門用於記錄電臺節目、或電視節目之收聽、收視等資料的記錄儀器。對

廣告主、或廣告商而言，電臺、或電視的收聽率、或收視率資料，可供作為選擇適當廣告節目、或改善廣告效果之用。

⑶精神電流測定器：此種裝置是利用皮膚汗腺現象 (Sweat-gland Phenomena) 的變化，來測定被調查者對某一特定刺激所產生之感情上的反應。在行銷之應用上，精神電流測定器 (Psycho Galvano Meter) 可以用來作為品牌名稱、廣告文案、及廣告物等效果測定之用。

⑷眼球動向測定器：拍攝由眼球產生之反射光線，以瞭解眼睛之動向、及其專注於某一特定點的時間之有關測定眼睛動向資料的器材謂之眼球動向測定器 (Eye Camera)。利用眼球動向測定器記錄之眼睛動向資料，可供作為廣告設計、包裝設計等之用。

⑸Internet "cookies"：瀏覽網頁時，可將瀏覽登錄於電腦之個人用電腦硬體稱為 "cookies"。透過 "cookies" 之運作可以瞭解瀏覽網站之人數、瀏覽時間，及次數，以供評估網頁之廣告效率。

7.3.3　觀察表

為防止調查人員之主觀因素的發生、及提高觀察結果的正確性，觀察法的實施也如同勘察法，需要一份資料蒐集的表格，由調查人員根據觀察表列舉項目進行觀察。在資料蒐集之運用上，觀察表 (Observational Form) 適用於結構式觀察法，倘若觀察方式採用非結構式觀察法，則可以不必運用觀察表，僅由調查人員以筆記、或儀器自行記錄觀察結果即可，但調查人員的訓練及觀察技巧將左右觀察資料的正確性。至於觀察表之設計，除了須應用調查問卷設計之一般原則外，還得注意下列之事項：

⑴要觀察什麼？

⑵如果觀察的現象具有反覆、或再出現之特性，是否能將這些重複發生的現象，事先加以預測？

⑶觀察資料的獲取方式？

⑷需要觀察什麼樣的資料？

(5)如何量化?

(6)等級 (Rating) 劃分的方法?

(7)觀察資料對調查目的之貢獻度?

(8)調查對象的觀察方式?（如觀察表格、錄音、錄影等等）

(9)觀察結果的分類方法?

(10)觀察員的作業方式?（如單獨觀察、共同觀察、偽裝觀察、公開觀察等等）

(11)在一定的條件下，重複觀察的可能性?

(12)影響觀察現場的因素?

(13)影響觀察對象的因素?

(14)影響記錄觀察現象之因素?

茲為參考起見，以店面陳列之調查為例，將觀察表的格式列舉如下。

表 7-7　店面陳列觀察表

編號: _____

只要你看到年滿 18 歲以上之顧客停留在陳列架上，請立刻按下計時表 (Stop Watch)，並記錄下列項目。

(1)性別: □男　　□女

(2)年齡: □18～30　　□31～50　　□50 以上

(3)隨同該顧客來之其他人。【若無，請轉記問題(4)】
　　□隨同之成年人數 _____ 人
　　□隨同之小孩人數 _____ 人

(4)顧客有無摸觸擺設於陳列架上之產品?
　　□有　□沒有

(5)其他隨同該顧客來之成年人有沒有摸觸擺設於陳列架上之產品?
　　□有　□沒有

(6)顧客或隨同該顧客來之成年人有沒有由陳列架上取出產品?
　　□有　□沒有
　→取出的數量是: _____ 個

當顧客離開陳列區域，立刻停止計時器，並記錄停留於陳列區域的時間: _____ 分 _____ 秒

換用新的觀察表，並再觀察下一位進入陳列區域之顧客及同伴。

7.3.4　觀察法實施之要件及優劣點

明確的設定觀察對象，及盡可能地降低觀察員的主觀是左右觀察法成敗之兩

大變數。為求觀察結果的正確性，觀察法的實施，應注意下列之事項：

(1)事先確認觀察之事物、對象、及場所。

(2)選擇觀察之類型及記錄方式。

　①觀察資料記錄的時間。

　②觀察須利用之設備、或工具。

　③觀察之目的。

(3)確定觀察項目。

(4)觀察人員訓練。

此外，觀察法的應用，也須針對其具備之優劣點，分別加以比較後，方能有效地達到調查之目的。

1.優　點

(1)可以精確的蒐集直接動作之資料。

(2)能依照調查要求之條件、或情況蒐集。

(3)可蒐集現場、或當時發生之資料。

(4)被調查者、或調查者不必擁有溝通之能力。

2.缺　點

(1)對於某些非經常發生之現象，須耗費相當的觀察時間與費用。

(2)被調查者若知道自己被觀察，則往往會有不正常的行為出現。

(3)對調查員而言，長時間的觀察容易產生疲勞，會影響正確現象的識別能力、或疏忽、漏記應觀察之事項。

(4)無法觀察個人之隱密行為。

(5)僅能觀察最後產生之結果，至於影響結果之因素則無法瞭解。

Summary 摘　要

　　描述性資料可區分為事實、意見、意向與動作等兩大類型，類型之不同，蒐集方法、接觸方式、及蒐集工具也不一樣。就事實、意見與意向類型之描述性資料而言，其蒐集方法稱勘察法。所謂勘察法根據調查問卷(Questionnaire) 於調查員與被調查者雙方接觸之情況下，由調查員向被調查者蒐集、或由被調查者本身敘述調查所需之資料的蒐集方法，其接觸方式，可依對調查問卷控制為基準，劃分為「受訪者控制式」與「受訪者自我控制式」兩大類型。前者包括：①人員實地訪問法，②電話調查法等兩種，至於後者則有：①郵寄法，②留置法，③固定樣本法，④網路調查法等四種。由於勘察法之接觸方式各有利弊，故應運用組合方式，將若干不同之接觸方式予以組合，提高接觸效率。

　　動作資料之接觸方式調查稱為觀察法，它是利用事先設計之調查表格，由調查人員直接觀察被調查者當時的行動、反應、狀況等之現象，並將這些資料加以蒐集之直接資料的蒐集方法，適用於櫥窗佈置調查、交通流量調查、店面商品陳列調查、顧客購買動作調查、商店位置調查、及賣場巡迴調查，接觸方式計有：自然觀察法與改裝觀察法、正面觀察法與暗中觀察法、結構式觀察法與非結構式觀察法、直接觀察法與間接觀察法、及人為觀察法與儀器觀察法等五種不同之類型。觀察法須利用觀察表作為蒐集工具。觀察表適用於結構式觀察法，倘若觀察方式採用非結構式觀察法，則可以不必運用觀察表，僅由調查人員以筆記、或儀器自行記錄觀察結果即可。

課　後　評　量　　*Review Exercises*

①勘察法與觀察法有何不同？試說明之。

②勘察法之接觸方式有幾？試列舉之。

③試論勘察法組合之必要性。

④試列舉觀察法之主要用途。

⑤何謂結構式觀察法？試說明之。

⑥何謂網路調查？其類型有幾？試說明之。

第8章
因果性資料的蒐集——實驗法

因果性資料是指兩種、或兩種以上之現象間的因果關係之資料，資料的蒐集須以實驗法作為工具。相同條件下之比較是實驗法的特性，質言之，實驗法是在相同條件下，將調查對象分為兩個群體，即實驗群與控制群，實驗群改變現況（導入實驗變數）、控制群保持現況，評估現況的改變對現況的影響之調查，資料蒐集方法採固定樣本調查法。

針對實驗法之特性及其調查方式，本章分別以實驗法的意義、實驗法的類型與運用、及實驗環境等三大單元，分別探討。

釋例 產品上市之行銷策略之有關實驗調查

假定洗衣粉之銷售量受到價格與廣告之因素的影響，到底那些因素與洗衣粉之銷售量有關，則須應用實驗法作為評估因素組合之工具。由於上述之實驗變數共有兩項，每項各有兩種水準（高與低），故實驗變數之組合共有四組 (2×2)。實驗方式是於洗衣粉尚未正式上市之前，選擇 5 家條件相同之商店，將其區分為控制店與實驗店，其中之一家為控制店，不導入實驗變數，至於其餘之四家則為實驗店，分別導入四組實驗變數。經過一段時間之後，假定廣告多、價格低之實驗店的銷售量超過控制店與其他三家實驗店之銷售量，則洗衣粉之上市應採取廣告多及價格低之行銷策略。

8.1 實驗法的意義

以瞭解、或證明某種現象與特定要因間之相互或相斥關係，即因果關係 (Cause and Effect Relationship) 為目的之調查稱為實驗法 (Experimental Design)。

如以調查廣告量對銷售量的影響為例,銷售量稱為現象,即因變數、或他變數 (Dependent Variable)。廣告量謂之特定要因,即自變數 (Independent Variable)。在其他因素不變之情況下,因變數的變動可視為完全受到自變數的影響,市場實驗也因而達到正確的結果,但事實上,任何行銷活動均面臨許多無法控制的外在因素,如法律、政治、競爭、科技、消費行為等等,而這些無法控制之外在因素會左右市場實驗之正確性。

本質上,實驗法是利用抽樣調查作為資料蒐集的工具,資料是來自於實驗樣本,故為了要確認實驗結果的可靠性,調查資料須經過統計檢定,檢定方式是採用變異數分析為工具 (ANOVA),測定因變數與自變數之各個變異間是否具有顯著性差異存在,亦即所謂之 F 分配表 (F-Distribution Table) 之變異數 (Variance) 檢定。以下是實驗法實施之步驟:

1.選取調查對象

根據相同之條件,將調查對象劃分為實驗群 (Experimental Group) 與控制群 (Control Group),這些群可能是商店、消費者、或銷售地區。實驗群反應的變動,如商店銷售量的變化、消費者態度的改變等稱為實驗的因變數。

2.導入實驗變數

實驗變數 (Experimental Variable) 又稱為實驗處理 (Experimental Treatment),它是指實驗者能控制之自變數,如廣告、贈品、POP 等。將實驗變數導入實驗變數是實施實驗法之第二步驟。

3.設定實驗期限

實驗期限的設定通常是以商品的消費周期為基準,例如醬油的消費周期大約是一個月,並於實驗期限內蒐集有關資料。

4.比　較

於一定時間將實驗群的實驗結果,即因變數值,如商店銷售量的變化、消費者態度的改變等,與控制群的相對值,如商店銷售量的變化、消費者態度的改變等加以比較,以推論特定現象與特定要因間之相互、或相斥關係。

8.2　實驗法的類型與運用

基本上，實驗法可區分為非正式實驗設計與正式實驗設計兩大類，茲分別概述如下。

8.2.1　非正式實驗設計

在行銷研究之應用上，非正式實驗設計是屬於探測性研究之一種。由於它不易比較，甚至不能控制外部的影響因素，故無法精確的推論因果關係，僅能作為探索問題、或建立假設之用。以下是非正式實驗設計之類型：

1. 有控制組的「事後」實驗設計 (After-only with Control Group Design)

事先並不預測現象，僅導入實驗變數，隨後再測定實驗變數的效果是本調查方法之主要特性，實驗步驟如表 8–1。

表 8–1　實驗步驟表

步驟	實驗群	控制群
「事先」測定	不測定	不測定
實驗變數	導入	不導入
「事後」測定	測定 (X_1)	測定 (X_2)
效率	$H = X_1 + X_2$	

本方法適用於新產品推廣變數的調查，例如某一食品公司為瞭解樣品對新產品銷售的影響，選出 2,000 戶的家庭作為實驗調查的對象，其中之 1,000 戶為實驗組，即贈送免費樣品，另外之 1,000 戶為控制組，即不贈送免費樣品，但皆對這 2,000 戶的家庭給予折價券，並要求到指定商店購買該項新產品。經實驗調查結果，若實驗組家庭使用了 500 張折價券，而控制組家庭僅使用了 300 張折價券，則免費樣品的實驗效果是 $X_1 - X_2 = 500 - 300 = 200$。市場實驗的結論為：免費樣本可以增加消費者對新產品的購買。

2. 有控制組的「事先事後」實驗設計

事先測定實驗組與控制組的現象，隨後將實驗變數導入實驗組，最後再測定實驗變數效果之實驗設計稱為有控制組的「事先事後」實驗設計 ("Before-after" with Control Design)。就實驗組而言，現象的變動是受到實驗變數及外來變數的影響，至於控制組之現象，則僅受到外來因素的影響，而前述兩組現象之變動量即為實驗變數的效果。茲以飲料之「購買時點 (Point of Purchase) 廣告」效率之測定為例，將有控制組的「事先事後」實驗設計之實施步驟列表如下：

表 8–2　POP 效果測定表

步驟	項目	實驗組	控制組
「事先」測定	銷售量	456 個	420 個
實驗變數	POP	導入	不導入
「事後」測定	銷售量	489 個	440 個
效果測定	增加率	6.7%	4.6%
效果		6.7% − 4.6% = 2.1%	

根據實驗結果得知，實驗變數的效率為 2.1%，故可推斷 POP 對店鋪銷售具有正面效果。

3.「事先事後」實驗設計 ("Before-after" without Control Design)

屬於最簡單的非正式實驗設計之一種，實驗方式是僅設定控制組，並於實驗變數導入於實驗組之前，預先測定現象，迨實驗變數導入之後，再對實驗組測定現象，以作為對實驗變數的效果推斷，實驗步驟如下表。

表 8–3　「事先事後」實驗設計步驟表

步驟	實驗群
「事先」測定	不導入
實驗變數	導入
「事後」測定	測定 (X_2)
效率	$H = X_2 - X_1$

在應用上，「事先事後」實驗設計可作為價格、或品牌測定之用。茲以價格測定為例，將實驗步驟列表如下：

表 8-4 價格測定步驟表

步驟	項目	實驗群（甲超級市場）					
		飲料 A	飲料 B	飲料 C	飲料 D	飲料 E	飲料 F
「事先」測定	銷售構成比	25%	30%	10%	5%	15%	15%
實驗變數	飲料 A、B 調整價格	$18	$18	$16	$17	$17	$17
「事後」測定	銷售構成比	20%	23%	12%	7%	20%	18%
效率	銷售構成比的變化	−5%	−7%	+2%	+2%	+5%	+3%

　　根據實驗結果，飲料 A 及飲料 B 之價格的提高，會使該兩品牌在甲超級市場的占有率下降，但其他四種品牌的占有率則有增加之現象，故可推斷價格會左右飲料在超級市場的銷售量。

4. 「固定樣本」實驗設計

　　於一定期間內，對同一個實驗群，分別導入各種不同的實驗變數，並以經過「固定樣本」測定過程的實驗結果，作為推斷最具效益之實驗變數的實驗設計稱為「固定樣本」實驗設計 (Panel Design)。一般而言，「固定樣本」實驗設計可運用於：①廣告效果測定，②櫥窗佈置效果測定，③包裝效果測定，④訂價測定等，其測定步驟如下。

表 8-5 「反覆」實驗設計步驟表

步驟	項目	實驗群	效率
第一次測定	銷售量	X_1	X_1
第一次實驗變數	A	導入	
第二次測定	銷售量	X_2	$E_1 = (X_2 - X_1)$
第二次實驗變數	B	導入	
第三次測定	銷售量	X_3	$E_2 = (X_3 - E_1)$
第三次實驗變數	C	導入	
第四次測定	銷售量	X_4	$E_3 = (X_4 - E_2 - E_1)$

8.2.2 正式實驗設計

　　以隨機方式 (Random Assignment) 作為實驗設計之基礎是正式實驗設計的主

要特色，而「配合方式」(Matching) 是正式實驗設計的基礎，它是指於事先對實驗群與控制群設定相似的條件，如商店的商圈、商店的坪數等等，然後再根據因變數的變動來反映出實驗變數，即自變數的效果。至於隨機方式是指在實驗處理的過程中，完全採用隨機抽樣作為基礎。有關之實驗間之處理，即控制群與實驗群、或各個實驗變數相互間等，究竟是否有差異性的存在，則須運用變異量分析方法來檢定實驗結果，故利用隨機方式實施實驗設計之際，不但應於事先假設各個實驗單位在接受實驗處理之前，其相互之間並無差異存在，還得假設外在因素對接受實驗之前，其相互之間也無差異存在，此外還得假設外在因素對各個實驗單位的影響程度也相同，並根據機率原理檢定各實驗處理的實驗結果。有關正式實驗設計的類型計有❶：

一、完全隨機設計

所謂完全隨機設計 (Completely Randomized Design) 是指利用隨機抽樣隨機抽取具有相同條件、或相同特性之兩個或兩個以上的單元作為調查對象，並將其劃分為控制群與實驗群，於假設外來因素對控制群與實驗群的影響程度皆相同之情況下，將實驗變數導入於實驗群之正式實驗設計，至於各個實驗變數間究竟有無差異，則須利用變異數分析來檢定實驗結果。茲以包裝調查為例，將完全隨機設計之步驟，說明如下：

(1)設定調查對象之條件。

(2)將調查對象劃分為控制群與實驗群，並利用隨機抽樣隨機抽取具有相同條件、或相同特性之控制對象與實驗對象。

(3)設定實驗期間。

(4)將實驗變數導入實驗對象。

(5)蒐集並彙總銷售資料。

(6)變異數分析。

❶Kress, *Marketing Research*. Reston Publishing Company Inc.,1979, p.146.

表8-6　銷售資料統計表

步驟	項目	實驗群					控制群				
		商店1	商店2	商店3	商店4	商店5	商店1	商店2	商店3	商店4	商店5
事先測定	銷售量	不測定	不測定	不測定	不測定	不測定	不測定	不測定	不測定	不測定	不測定
實驗變數	包裝	導入	導入	導入	導入	導入	導入	導入	導入	導入	導入
事後測定	銷售量	53	54	47	49	57	50	46	45	51	48

表8-7　資料彙總表

實驗群		控制群		合計
商店別	銷售量	商店別	銷售量	
1	53	6	50	103
2	54	7	46	100
3	47	8	45	92
4	49	9	51	100
5	57	10	48	105
合計	260	合計	240	500

單因子變異數分析簡捷公式：

(1)總平均數： $C = \dfrac{(\sum\sum X_{ij})^2}{r \times c} = \dfrac{X^2}{r \times c}$

(2)總平方和： $SST = \sum_i \sum_j X_{ij}^2 - C$

(3)測定平方和： $SSTR = \dfrac{1}{r} \sum_j X_j^2 - C$

(4)誤差平方和： $SSE = SST - SSTR$

根據上述之簡捷公式，單因子變異數分析如下：

(1) $C = \dfrac{(500)^2}{10}$

$\quad = 25,000$

(2) $SST = (53)^2 + (54)^2 + (47)^2 + (49)^2 + (57)^2 + (50)^2 + (46)^2 + (45)^2 + (51)^2$
$\qquad\qquad + (48)^2 - 25,000$

$\qquad = 25,130 - 25,000$

$$= 130$$

⑶ $SSTR = \dfrac{1}{5}(260^2 + 240^2) - 25{,}000$

$$= 25{,}040 - 25{,}000$$

$$= 40$$

⑷ $SSE = 130 - 40$

$$= 90$$

表 8–8　變異數分析表

變異來源	變異數	自由度	平均變異數	F 值
SSTR	40	4	10	1.8
SSE	90	5	18	
SST	130	9		

⑸ $F = \dfrac{\text{SSE}}{\text{SSTR}}$

$$= \dfrac{18}{10}$$

$$= 1.8$$

⑹判定：查 F 分配表得知，當 $\alpha = 0.05$，自由度為 4 及 5，得 $F^* = 5.2$，由於 $F < F^*$，即在百分之五的顯著水準下，組間變異沒有顯著差異，放棄假設，即：包裝之不同，不會影響商品的銷售量。

二、隨機分區設計

不僅要瞭解各個變數的效率，同時還要探尋某一特定區的影響程度為目的之正式實驗設計，稱為隨機分區設計 (Randomized Block Design)。如以前述之包裝調查為例，其調查結果雖然能得知包裝與銷售量之關係，但卻無法瞭解不同類型的商店，究竟對包裝具有何種程度的影響，為了瞭解此一問題，則須利用隨機分區設計作為調查工具。

誠如完全隨機設計，隨機分區設計也須於事先將各實驗彼此間之差別加以控制，即將特性與規模相同之實驗單位歸納於相同的區，並將每一區的實驗視為一

次實驗，故若有三個區，則重複實驗次數應為三。茲以包裝調查為例，將其實驗過程概述如下：

1.隨機抽選實驗對象

於特定地區依經營特性及規模，將零售店區分為超級市場、大賣場、及超商等三大類型。利用隨機抽樣法對每一種不同類型之零售店，分別抽取三家作為實驗對象。

2.導入實驗變數

將 A、B、C、D 等四種不同的包裝，陳列於上述之不同類型之零售店銷售。

3.設定實驗期間

實驗期間為四個星期。

4.蒐集並彙集銷售資料

表 8–9　銷售量統計表

單位：個

實驗變數＼實驗群	包裝A	包裝B	包裝C	包裝D
超級市場	118	118	119	121
大賣場	112	116	110	110
超商	121	116	119	120

5.變異數分析

表 8–10　變異數分析工作底稿

包裝別＼零售店別	包裝A	包裝B	包裝C	包裝D	合計
超級市場	118	118	119	121	476
大賣場	112	116	110	110	448
超商	121	116	119	120	476
合計	$X_1 = 351$	$X_2 = 350$	$X_3 = 348$	$X_4 = 351$	$\sum X = 1,400$
平均	$\overline{X}_1 = 117$	$\overline{X}_2 = 116.7$	$\overline{X}_3 = 116$	$\overline{X}_4 = 117$	

依雙因子變數分析公式：

(1)總平均數：

$$C = \frac{(\sum_i \sum_j X_{ij})^2}{r \times c} = \frac{(\sum X)^2}{r \times c}$$

(2)總平方和：

$$SST = \sum_i \sum_j X_{ij}^2 - C$$

(3)處理平方和：

$$SSTR = \frac{1}{r} \sum_j X_{ij}^2 - C$$

(4)組平方和：

$$SSB = \frac{1}{c} \sum_i X_i^2 - C$$

(5)誤差平方和：

$$SSE = SST - SSTR - SSB$$

依上述之公式，變異數分析如下：

$(1)\ C = \dfrac{(1,400)^2}{12} = 163,333$

$(2)\ SST = (118^2 + 118^2 + 119^2 + \cdots + 119^2 + 120^2) - 163,333$
$\qquad = 175$

$(3)\ SSTR = \dfrac{(476^2 + 448^2 + 476^2)}{4} - 163,333$
$\qquad = 131$

$(4)\ SSB = \dfrac{(351^2 + 350^2 + 348^2 + 351^2)}{3} - 163,333 = 2.33$

$(5)\ SSE = 175 - 131 - 2.33 = 41.67$

表 8–11　變異數分析表

變異來源	變異數	自由度	平均變異	F 值
SSTR	131	3	43.67	6.28
SSB	2.33	2	1.16	0.17
SSE	41.67	6	6.95	
SST	175	11		

(6)判定：查 F 分配表得知：①當 $\alpha = 0.05$，自由度為 3 及 6，得 F_r 值為 4.7，②當 $\alpha = 0.05$，自由度為 2 及 6，得 F_c 值為 5.1。由於① $F(6.28) > F_r(4.7)$，即在百分之五的顯著水準下，組間變異無顯著性，換言之，不同的零售店會影響銷售，② $F(0.17) < F_c(5.1)$，即在百分之五的顯著水準下，列間變異無顯著性，換言之，不同的包裝不會影響銷售。

(7)結論：消費者對四種不同之包裝，不會產生反應。

三、拉丁方格設計

拉丁方格設計 (Latin Squares Design) 是以消除 (Isolate) 兩種外來因素對實驗結果影響為目的而實施之一種實驗設計，由於它具有消除影響兩種變異來源之能力，故可以降低實驗誤差，提高實驗的準確度。如以銷售方式之效率測試為例，假定效率測試是在不同地區及不同零售機構實施，除了銷售方式之外，不同地區及不同類型之零售機構，對於顧客之購買反應或許也會不同，為了使銷售方式的實驗結果能更加準確，銷售方式的實驗設計應設法消除由銷售地區的差別及零售機構類型之不同而產生的影響，在此情況下，則須採用拉丁方格設計。

實驗變數、行的數、及列的數等三者之數目必須相等是拉丁方格設計之必要條件。假定有三種實驗變數需要測試，則拉丁方格設計的實驗處理，只能有三個行、及三個列，且其行與列的數目均須相等，使之構成方格。如將 90 家零售店依大、中、小之規模置於列，則每一個不同規模之零售店各應為 30 家，然後以地區作為行，依地區特性劃分為三種不同特性的地區，最後再根據商店規模，於每一個地區各分配 10 家不同規模的零售店，形成以 10 家為單位之方格，並將實驗變數導入於每一方格中，見表 8–12、表 8–13。由於各實驗變數僅能於每行或每列出

現一次，故形成行列相等之方格。

表 8–12　方格區分表

商店規模別地區別	大	中	小	合計
甲	10	10	10	30
乙	10	10	10	30
丙	10	10	10	30
合計	30	30	30	90

表 8–13　實驗變數導入表

實驗對象地區別	商店別	實驗變數	實驗效率
甲	大	X_1	E_1
甲	中	X_2	E_2
甲	小	X_3	E_3
乙	大	X_2	E_4
乙	中	X_3	E_5
乙	小	X_1	E_6
丙	大	X_3	E_7
丙	中	X_1	E_8
丙	小	X_2	E_9

　　茲以產品訂價之實驗設計為例，將拉丁方格設計之實驗步驟說明如下：

1.決定實驗變數及設定實驗變數號碼

　　⑴價格 A。

　　⑵價格 B。

　　⑶價格 C。

2.設定列之屬性，並進行隨機抽樣

　　以零售機構作為拉丁方格設計的列，依經營特性將其劃分為：①超級市場，②平價商店，③折扣商店等三種類型。利用隨機抽樣法隨機抽取三種不同類型之零售機構各三家，並將其區分為三列。

3.設定行之屬性，並進行隨機抽樣

　　設定行的實驗期間，利用隨機抽樣法，抽選預先設定之三種不同時間之實驗期間：實驗期間1、實驗期間2、及實驗期間3。

4.隨機導入實驗變數

⑴設定實驗變數號碼；即 "1" 為價格A，"2" 為價格B，"3" 為價格C。

⑵隨機抽樣第一行之各格的實驗變數，例如：

期間	超級市場	平價商店	折扣商店
1	價格B	價格A	價格C

⑶隨機抽樣第二行之各格的實驗變數：由於第一行之第一個實驗變數是價格，故第二行欲抽取之實驗變數僅限於價格A及價格C。在此情況下，第二行之實驗變數的抽取應由價格A與價格C之兩個變數中抽取一個。假定價格是C，則第二次之抽取結果如下：

表8-14　第二次抽取結果表

期間	超級市場	平價商店	折扣商店
1	價格B	價格A	價格C
2	價格C		

⑷將價格A及價格C等之實驗變數自動導入於第二行之其他空格：因為拉丁方格設計之基本原則是各行列之實驗變數僅能出現一次，故當拉丁方格設計價格C經抽樣選定之後，價格A及B可自動導入於第二行之其他空格。

表8-15

期間	超級市場	平價商店	折扣商店
1	價格B	價格A	價格C
2	價格C	價格B	價格A

⑸將實驗變數導入於第三行：根據拉丁方格設計之基本原則，第三行之實驗變數的導入，可不必經過隨機抽樣的程序，就可以將實驗變數導入。

表 8–16

商店類型 期間	超級市場	平價商店	折扣商店
1	價格 B	價格 A	價格 C
2	價格 C	價格 B	價格 A
3	價格 A	價格 C	價格 B

5.蒐集並彙總銷售資料

表 8–17　銷售統計表

單位：個

商店類型 期間	超級市場	平價商店	折扣商店	合計	平均
1	72 (B)	46 (A)	140 (C)	$X_1 = 258$	$\overline{X}_1 = 86$
2	104 (C)	54 (B)	124 (A)	$X_2 = 282$	$\overline{X}_2 = 94$
3	64 (A)	80 (C)	54 (B)	$X_3 = 198$	$\overline{X}_3 = 66$
合計	$X_1 = 240$	$X_2 = 180$	$X_3 = 318$	$\sum X = 738$	
平均	$\overline{X}_1 = 80$	$\overline{X}_2 = 60$	$\overline{X}_3 = 106$		$\mu = 86$

各實驗效率之總計：$\sum A = 234$、$\sum B = 180$、$\sum C = 324$

各實驗效率之平均：$\overline{A} = 78$、$\overline{B} = 60$、$\overline{C} = 108$

6.變異數分析

根據拉丁方格設計之變異數分析公式：

(1)總平均數修正項目：

$$C = \frac{y^2}{t^2}$$

(2)總平方和：

$$SST = \sum_i \sum_j X_{ijk}^2 - C$$

(3)處理平方和：

$$SSTR = \frac{1}{t} \sum_k X_k^2 - C$$

(4)行平方和：

$$SSC = \frac{1}{t} \sum_j X_j^2 - C$$

(5)列平方和：

$$SSR = \frac{1}{t} \sum_i X_i^2 - C$$

(6)誤差平方和：

$$SSE = SST - SSTR - SSC - SSR$$

依上述之公式，變異數分析如下：

(1) $C = \frac{(738)^2}{9} = 60{,}516$

(2) $SST = (72^2 + 104^2 + 64^2 + \cdots + 124^2 + 54^2) - 60{,}516$

$\qquad = 8{,}904$

(3) $SSTR = \frac{1}{3}(234^2 + 180^2 + 324^2) - 60{,}516$

$\qquad = 3{,}528$

(4) $SSC = \frac{1}{3}(240^2 + 180^2 + 318^2) - 60{,}516$

$\qquad = 3{,}192$

(5) $SSR = \frac{1}{3}(258^2 + 282^2 + 198^2) - 60{,}516$

$\qquad = 1{,}248$

(6) $SSE = 8{,}904 - 3{,}528 - 3{,}192 - 1{,}248$

$\qquad = 936$

表 8–18　變異數分析表

變異來源	變異數	自由度	平均變異數	F 值
$SSTR$	3,528	2	1,764	3.77
SSR	1,248	2	624	1.33
SSC	3,192	2	1,596	3.41
SSE	936	2	468	
SST	8,904	8		

7.判　定

查 F 分配表得知：

⑴ $\alpha = 0.05$、自由度為 2 及 2，得知 $F_{tr} = 19.0$，$F_{tr}(19.0) > F(3.77)$，即在百分之五的顯著水準下，實驗變數之間，無顯著性。不同的價格，對銷售不會產生影響。

⑵當 $\alpha = 0.05$、自由度為 2 及 2，$F_{tr} = 19.0$，$F_{tr}(19.0) > F(1.33)$，即在百分之五的顯著水準下，銷售期間之間，無顯著性差異，即銷售期對銷售不會產生影響。

⑶當 $\alpha = 0.05$、自由度為 2 及 2，$F_c = 19.0$，$F_c(19.0) > F(3.41)$，即在百分之五的顯著水準下，商店類型間並無顯著性差異，即商店類型對銷售不會產生影響。

四、複因子設計

以測驗兩種、或兩種以上之自變數在各種不同層面 (Various Levels) 之反應為目的之實驗設計稱為複因子設計 (Factorial Design)。如以碳酸飲料之味道測試為例，假定調查目的是要瞭解各種不同甜度與各種不同碳酸氣強度對味道之影響，則甜度與碳酸氣強度稱為自變數，而不同之甜度，即很甜、普通、不甜，及各種不同碳酸氣強度稱之層面。故若以兩個自變數配合五種不同層面之實驗設計，其複因子設計則須設計為 5^2 複因子配置設計。

表 8-19　5^2 複因子設計

碳酸氣強度 ＼ 甜度	1	2	3	4	5
A					
B					
C					
D					
E					

　　實驗設計若涉及到兩個以上的自變數，且每一種自變數又包含了多種不同的層面，則變數與層面間會形成若干不同的組合，如表 8-19。在市場實驗中，被調查者對市場實驗的反應，除了會受到實驗變數的影響外，還受到實驗變數與層面間之因素的左右，故兩種實驗變數的實驗設計，除須分析實驗變數的效果之外，即所謂之「主要效果」(Main Effect)，還得考慮實驗變數與層面之間的「交互作用」(Interaction)，以判斷實驗結果所受到之相互影響是否有意義，故凡採用兩種、或兩種以上之實驗變數於各種不同層面實施之市場實驗，應採用複因子設計。茲以價格與包裝顏色對銷售影響之實驗設計為例，將複因子設計之實施程序，概述如下：

1.隨機抽選實驗對象

　　於特定地區，在不考慮零售店之型態下，隨機抽選 5 家零售店作為實驗對象。

2.導入實驗變數

　　以價格及包裝作為實驗變數，並將前述之實驗變數各別區分為兩種不同之層次，即價格分為 \$5 及 \$6、包裝分為黃色與綠色，使之成為四種不同之組合，並將這四組不同組合之實驗變數，分別導入於各個實驗對象。

3.設定實驗期間

　　實驗期間為一個月。

4.蒐集並彙總銷售資料

　　於實驗期滿後，針對 5 家實驗對象之零售店：甲、乙、丙、丁、戊，分別蒐集實驗商品之銷售資料，並將其彙集於表 8-20、及表 8-21。

表 8–20

價格＼包裝	黃色(Y)	綠色(G)
$5	G ($5Y)	Y ($5G)
$6	G ($6Y)	Y ($6G)

表 8–21　銷售統計表

零售店別＼實驗變數別	黃色		綠色		合計
	$5	$6	$5	$6	
甲	42	38	36	24	140
乙	46	42	32	20	140
丙	44	40	46	18	148
丁	42	38	42	26	148
戊	36	42	34	32	144
合計	$X_1 = 210$	$X_2 = 200$	$X_3 = 190$	$X_4 = 120$	$\sum X = 720$
平均	$\overline{X}_1 = 42$	$\overline{X}_2 = 40$	$\overline{X}_3 = 38$	$\overline{X}_4 = 24$	$\overline{X} = 36$

5.變異數分析

根據複因子設計之變異數分析公式：

⑴修正項目：

$$C = \frac{X^2}{r \times c \times n}$$

⑵總平方和：

$$SST = \sum_i \sum_j X_{ij}^2 - C$$

⑶變數平方和：

$$SSTR = \frac{1}{n} \sum_j X_j^2 - C$$

⑷誤差平方和：

$$SSE = SST - SSTR$$

(5)變數 A（價格）平方和：

$$SSA = \frac{1}{c \times n}\sum X_i^2 - C$$

(6)變數 B（包裝）平方和：

$$SSB = \frac{1}{r \times n}\sum X_j^2 - C$$

(7)變數 A 與變數 B 之交叉作用平方和：

$$SSAB = SSTR - SSA - SSB$$

依上述之公式，變異數分析如下：

(1) $C = \frac{(720)^2}{2 \times 2 \times 5} = 25,920$

(2) $SST = (42^2 + 38^2 + 36^2 + \cdots + 34^2 + 32^2) - 25,920 = 1,328$

(3) $SSTR = \frac{(210^2 + 200^2 + 190^2 + 120^2)}{5} - 25,920 = 1,000$

(4) $SSE = 1,328 - 1,000 = 328$

(5) $SSA = \frac{1}{2 \times 5}[(210 + 190)^2 + (200 + 120)^2] - 25,920 = 320$

(6) $SSB = \frac{1}{2 \times 5}[(210 + 200)^2 + (190 + 120)^2] - 25,920 = 500$

(7) $SSAB = 1,000 - 320 - 500 = 180$

表 8-22　變異數分析表

變異來源	平方和	自由度	平均變異數	F 值
SSA	320	1	320	15.61
SSB	500	1	500	24.4
SSAB	180	1	180	8.8
SSE	328	16	20.5	
SST	1,328	19		

(8)判定：查 F 分配表得知：當 $\alpha = 0.01$，自由度為 1 及 16，得知 $F_e = 8.53$，即

包裝顏色、價格、及顏色與價格的組合等，在 F 檢定下，均具有統計意義。質言之，不同包裝顏色、不同的價格、及不同之顏色與價格之組合，均會影響銷售。

8.3 實驗環境

就實驗設計而言，實驗結果產生之誤差，除了受到自變數的左右之外，實驗環境 (Experimental Environment) 也是一種很重要的影響因素，尤其是以人作為對象的實驗設計，實驗環境更是左右實驗結果成敗的關鍵。為求降低及控制實驗誤差，於實施實驗設計之前，應對實驗環境慎加探討。以下是實驗環境的兩大類型。

1.室內實驗

室內實驗 (Laboratory Experiments) 又稱為實驗室實驗，以人為方式 (Artificiality) 設計實驗環境是其主要特色。室內實驗是以「隔離」(Isolate) 作為手段，將被調查者與其面臨的實際狀況 (Physical Situation) 予以隔離，利用人為特殊化、可操縱化、及可控制化的實驗環境，技巧的控制自變數，達到降低實驗誤差之目的。如以相似之實驗主題的重複實驗為例，若利用「隔離」作為手段來實施室內實驗，則調查者可藉由相似的實驗程序，產生相似的實驗結果。在行銷研究之運用上，室內實驗可用於新產品研究、包裝設計、廣告主題、及文案設計等之探測性研究之用。

室內實驗是將當時的實驗環境及實驗結果之適用環境預先加以設定，但事實上，由於預先設定的實驗環境與適用環境，往往會與當時的實際狀況有所出入，故實驗結果之預測有效性 (Predictive Validity) 也就無法達到調查者的要求。如以廣告效果的調查為例，調查者所關心的並不是於室內實驗中被調查者對廣告的反應資料，而是要瞭解廣告對象於接觸到廣告之當時，環境對廣告產生的反應，如正好有人來訪問、外界干擾、或競爭者出現等等。換言之，市場面臨之環境因素會抵消室內實驗設定之變數產生的實驗效果，尤其是在相同時間內具有「重複能力」(Replicability) 度愈高之室內實驗，其預測有效性之受限程度也愈大。雖然室內實驗具有上述之缺點，但它也擁有：①省時、迅速，②作業標準化，③容易控

制，及④費用低廉等之優點。

2. 室外實驗

所謂室外實驗 (Field Experiments) 是指在「非人為」、或「真實」(Nature) 之環境下，即以盡量不影響環境為原則，由實驗者將實驗變數配合外在環境從事之實驗設計。相較於室內實驗，具有高度之真實性是室外實驗的主要特色。

雖然室外實驗著重於實驗變數對環境的配合，但事實上，兩者往往會因不易配合而影響到實驗的結果。在實驗設計中所指的實驗環境是指外在變數，如實驗場所、實驗當時之天氣狀況、廣告媒體類別等等。如以零售店作為實驗場所為例，零售店的銷售策略、零售店的商圈特性、或零售店的合作態度等等皆稱為外在變數。假定要從事以訂價為目的之實驗設計，若零售店的訂價策略無法配合、或零售店主不合作，則會因自變數無法配合外在變數而影響到實驗的結果。

在行銷研究的運用上，室外實驗可作為新產品上市前之市場接受度之測定工具。在各種不同之測定方法中，試銷 (Test Marketing) 是一種最具代表性之室外實驗。所謂試銷是指在新產品尚未正式導入於市場之前，為瞭解消費者對新產品的接受程度、及測試所訂定之新產品行銷方案的可行性，於是事先選定之特定地區，將新產品及其有關之行銷方案試行推展，冀以發覺新產品的缺點、預估潛在市場的需求與規模、及評估行銷策略而實施之行銷研究。就實驗環境之觀點，試銷之市場可區分為 "The Sell-in Test Market"、及 "The Controlled Distribution Scnner Market" 等兩種。前者是指具有與目標市場特性相似之市場，後者則指經事先將目前市場特性加以設定後之特定市場，而室外實驗則以前者為對象。

Summary 摘　要

以瞭解或證明因果關係為目的之調查稱為實驗法，相同條件下之比較是其主要特性，實施步驟是①選擇調查對象，②導入實驗變數，③設定實驗期間，④比較。由於實驗法須利用抽樣調查作為資料蒐集的工具，故須經過統計推論之過程加以檢定，檢定方式採用變異數分析。

　　實驗法計有非正式實驗設計與正式實驗設計兩種，在行銷研究之運用上，非正式實驗設計屬於探測性研究之一種，僅能作為探索問題、或建立假設之用。以隨機方式作為實驗設計之基礎是正式實驗設計的主要特色。正式實驗設計之類型共有①完全隨機設計，②隨機分區設計，③拉丁方格設計，及④複因子設計等。

　　對實驗設計而言，實驗環境是產生實驗誤差結果之主要因素，實驗環境設計有室內實驗與室外實驗兩大類型。人為方式設計實驗環境是室內實驗之主要特性，至於室外實驗是在「非人為」之環境下，以不影響環境為原則，由實驗者將實驗變數配合外在環境從事之實驗設計。

課　後　評　量　　*Review Exercises*

①何謂因果性資料？試舉例說明之。

②試述實驗法之步驟。

③「固定樣本」設計 (Panel Design) 之意義及用途。

④何謂正式實驗設計？其與非正式實驗設計有何不同？試說明之。

⑤實驗環境設計之類型有幾？試列舉之。

第9章

行為資料的蒐集——動機調查與態度衡量

　　購買行為 (Buying Behavior) 是指由對產品、或服務之需求的產生至購買決定之一連串過程的有關行動 (Act)，經由這一連串的過程 (Process)，可以使消費者、或購買者決定購買與否，而產生購買行為的動因就是動機。影響購買動機之理由絕大部分是屬於一種隱藏性理由，故動機調查須採用間接調查方式進行。至於態度則指個人對特定事物、或現象的看法或感受，就動機之觀點而言，態度是代表動機的激發已進入完全的準備狀態，明確的表示購買與否。由於態度是對特定事物、或現象正負兩面之反應，故態度調查須利用順位尺度來衡量。

　　針對上述兩大議題單元，本章以動機調查及態度衡量兩大單元，分別予以探討。

釋例 集體面談法：報紙讀者閱讀動機調查

　　行銷研究可區分為定量性調查與定質性調查兩大類型。相較於定量性調查，定質性調查是指利用少數樣本針對特定調查對象，以詳細聽取調查對象之心聲之方式，瞭解個人意識與動機，透過實際情況之瞭解，將其加以分類為目的之調查，用於假設設定、相關性、因果性等之定質性的解說或驗證、構想或觀念之開發、或問卷問題之設計、答案歸類等之用，在行銷研究之運用上，屬於探測調查之一種。

　　如以報紙讀者閱讀動機調查為例，為什麼 A 報紙之讀者不選 B、C 報紙，而選 A 報紙。針對此一問題，可利用集體面談法瞭解閱讀者之選擇動機，如記事公正、字型較大、編排方式容易閱讀等之商品特性要因，價格或贈品等之促銷要素等等之理由，然後再根據這些理由設定選擇報紙之假設，作為設定調查主題之依據。

9.1 動機調查

9.1.1 動機調查之意義

面臨於市場導向的時代，企業經營應以滿足消費者的需求為前提，故如何去瞭解消費者需求、及其對產品或服務的態度，關係到企業經營的成敗。

購買行為 (Buying Behavior) 是指由對產品、或服務之需求的產生至購買決定之一連串過程的有關行動 (Act)，經由這一連串的過程 (Process)，可以使消費者、或購買者決定是否應該 (Whether)、於何種時機 (When)、在何種場所 (Where)、以什麼方式 (How)、向那一位銷售者 (From Whom)、購買那一種 (What) 特定品牌的產品、或服務。有關以研究消費者的購買決策過程之調查稱為購買行為調查，若是以研究消費者購買某一特定產品、或品牌之理由 (Why) 為目的之調查則謂之動機調查 (Motivation Research)。

動機是指為消除某種特定之緊張狀態而由個人內心所引發出來的驅使力 (Drive)、或衝動力 (Urge)。在心理學的觀點上，緊張狀態指的是需求 (Need)，為了消除緊張狀態而支付出之精力 (Incentive) 稱為驅使力、或衝動力，而引導精力支付的方向謂之誘因，故動機是由需求、驅使力、及誘因等三大要素所形成。對消費者而言，影響購買動機的理由絕大部分是屬於一種隱藏性理由 (Subconscious Reason)，即缺乏自覺 (Lack of Awareness)、或無法對第三者坦白之理由。如以 PC 的購買理由為例，消費者對 PC 的購買可能是用於文書處理、資料蒐集、或鄰居認同等等之理由，而這些理由卻往往隱藏於消費者的心理深層，左右對產品的購買，故企業若無法瞭解影響購買動機的隱藏性理由，僅依表面化的理由來作行銷決策之依據，則會將行銷活動導入於錯誤之境界。

所謂動機調查 (Motivation Research) 是指為瞭解消費者為什麼 (Why) 要購買、或拒絕購買某一特定產品、或品牌之隱藏性理由為目的之調查。根據 Henry H. 教授之解釋 ❶，「動機調查雖然是以調查購買理由 (Why) 為目的，但為了與一般的

直接調查有所區別，必須以調查方式之觀點作為定義的基礎」。質言之，動機調查是利用間接調查方式來瞭解購買理由的工具，故若採用直接調查，其目的雖然也是要瞭解購買理由，但此種直接式的調查方式並不視為動機調查。如以香煙之動機調查為例，倘若僅調查吸煙者之年齡別、性別、職業別等之資料，分析吸煙者之人文特性、購買特性、吸煙理由等，來瞭解「為什麼」(Why) 要吸煙，則依 Henry 教授之看法，不能將其視為動機調查，因為直接調查僅能瞭解某一特定集團對某一特定現象所持有之實態，而無法理解個人內心對此特定現象之想法。

　　人類是一種非常不坦白，且無法充分瞭解自己所作所為之動物。每一個人的心中，往往隱藏著某些無法對第三者坦白之心態存在；即所謂之非理性行為及非認可行為。此外，每一個人對自己的行為還缺乏自覺性；即不十分清楚自己的動機，而這些隱藏於心理深處之非理性行為、非認可行為、及缺乏自覺 (Lack of Awareness) 等之隱藏性意識卻深深的左右一個人的購買行為。如以飼養寵物為例，表面上，飼養者的說法可能是「喜歡小動物」、或「對動物有愛心」等等，但事實上，飼養的真正動機往往是基於滿足支配慾、或控制慾。針對上述之潛在性意識，若採用直接調查，則根本無法得知真正的購買動機。

　　相較於直接調查法，動機調查法是採用間接調查的方式，運用臨床心理學 (Clinical Psychology) 作為研究及分析的基礎，以個人作為研究個案的對象，利用面談法、或投影法等之工具，來瞭解「為何」(Why) 要購買特定產品、或品牌之心理方面之問題。質言之，動機調查是以個人為中心，採取少量的樣本從事之調查，目的是在瞭解介於刺激與反應間之各種心理變數 (Intervening Variables) 對動機的影響，利用「追求」(Probe) 技術，一層層地解開深藏於消費者心底深處的問題，故在調查的特性上，動機調查是屬於一種「質」的調查 (Quality Research)。雖然動機調查是採少量樣本，但對行銷研究而言，並不可因少量樣本而否定調查的適用性，而是應更進一步地利用動機調查的結果，實施大量的樣本調查，期能更正確、更完整的掌握消費者的購買動機，擬定符合消費者需求之行銷策略。在行銷研究之過程中，動機調查是屬於正式調查實施前之探測性調查，利用動機調

---

❶Hennery, "Its Practice and Uses for Advertising, Marketing and Other Business Purposes," *Motivation Research*, 1958.

查資料作為全面性調查之依據。

9.1.2　動機調查的方法

　　瞭解某種隱藏性的購買心理是動機調查的主要目的，調查之有關理論涵蓋臨床心理學、社會學、精神病理學、及行銷學等之領域，主要方法如下。

一、深度面談法

　　以一對一的面對面方式下，由受過心理學專業訓練之調查員，向被調查者探尋隱藏性意識、或動機之有關資料的蒐集方法稱為深度面談法 (Depth Interview)，成敗之關鍵繫於調查員的素質、年齡與性別。所謂素質是指調查員的專業知識，除了需具有心理分析之經驗外，還得對市場及產品有所瞭解。至於年齡，為求降低被調查者的抗拒性，調查者的年齡應大於被調查者。在性別方面，女性的調查對象應選用女性調查員，但男性的調查對象，則可以不必太顧慮調查員的性別。

　　深度面談法的時間，通常以 1 小時 30 分至 2 小時為單位。調查應循序漸進的進行。在被調查者與調查者相互交談下，適時的提出適當的問題，並在被調查者回答問題之際，詳細觀察被調查者的態度變化與反應，發掘被調查者的動機。面談的問題應由個人日常生活之有關問題開始，以便縮短雙方間之距離，緩和被調查者的心情。在一連串的回答問題之過程中，調查員還得考慮如何發覺各個答案間之矛盾，來挖掘問題的根源。此外，在面談進行之過程中，還得注意避免面談內容偏離調查主題，故深度面談法的實施應事先編製「面談手冊」作為引導蒐集資料之依據。

（例）面談手冊

---

(1)產品的用途。
(2)是否僅限於同一用途。
(3)相同產品，不同之用途，最初是因何種用途而購買。
(4)特別偏好某一特定品牌之理由。
(5)若為特定目的而購買，則該產品是否能滿足所要求之特定目的。
(6)雖然沒有使用過該項產品，但若曾聽說過該項產品的品牌，則對該品牌的看法。
(7)提示各種有關之品牌，並請被調查者發表意見。

在行銷研究之應用上，深度面談法是屬於探測性調查的工具之一，其類型如下❷：

1.深度問卷調查法 (Depth Questionnaire)

與一般性向測驗相似，將調查問題編排於調查問卷，並由調查員根據問題的順序對被調查者發問。調查問卷是由解釋原因之問題構成，而非一般之自由回答問題。容易產生調查偏誤 (Bias) 是其主要之缺點，尤其是問題的範圍、問題的用辭、及問題的順序等均是產生偏誤之主要來源。

2.結構式深度面談法 (Structured Depth Interview)

將調查項目依順序編列於面談手冊，根據主要問題 (Leading Question) 的順序及內容，由調查員向被調查者發問，必要時可根據被調查者的矛盾處，由調查員依自己的看法，進一步地探求問題的核心。本調查方法須由具有相當經驗及理論基礎之調查人員執行，調查員個人之偏見會使調查結果產生偏誤。調查是以個案 (Case) 方式進行，著重於個案分析。調查結果不易量化是本調查方法之主要困難點。

3.非結構式深度面談法 (Unstructured Depth Interview)

由調查者根據調查項目，依理論架構設計若干面談主題，針對面談主題與被調查者進行討論。尊重被調查者自由發言、或感情上的充分表達是本調查法之主要特色。在動機調查的應用上，本調查方法可供作為探索深藏於心底的意向、或動機。調查方式採少量樣本，以個案方式進行。主持面談之調查人員須具備臨床心理及社會心理方面之專業知識。調查人員的學理基礎之不同，對同樣的調查往往會出現不同之調查結果。

二、集體面談法

以 6 至 8 人、或 10 人組成之群體為對象，於一定的場所，在特定之調查主題下，由群體的成員針對調查主題自由發表意見，並由調查員於意見發表之過程中，蒐集有關動機方面資料的調查方法謂之集體面談法 (Group Interview)。由於集體

---

❷吉田正昭、村田昭治、井關利明等，《消費者行動の調查技法》，丸善書店，1966 年，第 58 頁。

面談法是藉由特定群體之集體思考 (Group Thinking) 的效果，使之對某一特定現象的看法產生之連鎖性反應，有助於擴大個人之思考範圍，故較之深度面談法能獲更多、更廣泛之有關行銷方面的資料。

基於個人之年齡、性別、職業、或生活環境之不同，特定對象對產品之知識、瞭解程度也不一樣，故調查群體之同質化程度，會影響集體面談法的調查成果。為了使調查群體之特性趨於同質化，以便從事各個群體間之比較，調查對象之選取應考慮到人文特性的一致性，即年齡、職業、性別、教育程度等均須相似。除了調查對象之因素外，調查員的經驗與素質也會關係到調查的成敗。原則上，一位理想的調查人員應具有創造面談氣氛與主持面談之能力，及瞭解心理與社會現象之基本知識。在面談之進行過程中，調查人員應特別注意群體中之意見領導者的出現，以防止左右其他被調查者的意見。此外，對於較為沉默、或不太願意表達意見之被調查者，調查人員也須採取引導、或激發之手段，使之表達意見，如此才能提高面談資料之正確性。面談開始之際，為求緩和群體成員間的隔閡與瞭解個人之背景，應由自我介紹開始進行。以下是集體面談法實施之步驟：

(1)確認面談問題。

(2)蒐集面談問題之有關資料。

(3)設定影響問題之假設因素。

(4)選擇適當的調查對象，以求證設定之假設因素。

(5)實施面談並記錄面談資料。

(6)分析面談資料，以求證設定之假設。

(7)編製調查報告。

(8)如有必要，根據面談結果擬定全面性之調查計畫。

三、投影法

每一個人對自己之所作所為皆因受到缺乏自覺、非理性行為 (Irrationality)、非認可行為 (Inadmissibility)、及自慚感 (Self-incrimination) 等之心理因素的影響，往往無法對第三者表達產生行為之真正動機、或不願直接吐露真正動機、或因禮貌 (Politeness) 上的關係而不願回答「批評性」的問題，在此情況下，唯有採取投

影法 (Projective Technique)，方能探測出被調查者的真正動機。投影法是利用影射作用 (Projection Mechanism) 來探測心性 (Personality) 深層的臨床心理學法。對臨床心理學應用於行銷學之投影法言，它是循：①對被調查者提示能夠解釋，但意義曖昧之各種不同的刺激字眼 (Stimulus Word)，②由被調查者依自己的想像來解釋刺激字眼，及③根據被調查者對刺激字眼的解釋來診斷被調查者的心性等之步驟進行。質言之，投影法是以利用第三者的身分來影射自己的方式，使被調查者在不知不覺之間，表達自己對某一特定現象之真正想法、或心態的調查。以下是投影法的主要類型：

1.語句聯想法

　　由被調查者閱讀、或傾聽某一特定之字眼、或辭句，然後請他立即寫出、或回答所能聯想到的任何事項，藉以探測被調查者之隱藏性意識的調查稱為語句聯想法 (Word Association Test)。在立即反應下可使調查者獲知與「刺激字眼」相對應的聯想。例如由調查員說出「香皂」之字眼，若被調查者立即聯想到「洗澡」、「美化肌膚」、或「泡沫」等，由此則可推斷香皂關聯之功能。

　　語句聯想法的實施，調查人員必須特別注意被調查者聯想出來之第一個答案及其聯想速度。聯想速度以不超過三秒為原則 ❸，如此方能確定被調查者對刺激字眼心理反應的強弱程度。在行銷研究之應用上，語句聯想法可作為品牌印象調查、產品命名調查、及廣告文案調查之用。此外，語句聯想法又可區分為自由聯想法 (Free Association)、限制聯想法 (Controled Association)、及引導聯想法 (Guided Association) 等三種。凡不對聯想範圍給予任何限制之方法稱為自由聯想法，例如「當您聽到『太平洋』這三個字時，您立刻會想到什麼?」。限制聯想法是指對聯想結果加以若干範圍的限制，例如「當您聽到『太平洋』這三個字時，您立刻會想到什麼品牌的化妝品?」。有關前述之刺激字眼，已明確的將被調查者之答案限制於「品牌」的範圍。至於引導聯想法則指由調查員提出一張與調查主題有關之刺激字眼的調查問卷，然後再請被調查者根據調查問卷刺激字眼，逐一選出某些刺激字眼來形容特定之問題。如以汽車品牌的態度調查為例，在調查問題上編列：堅固、美觀、安全、舒適、省油、高級、輕快、現代、俗氣、及豪華等之字眼，

---

❸出牛正芳，《市場調查の實務要領》，同文館，昭和 43 年，第 87 頁。

然後由被調查者在各刺激字眼中，選擇適當的字眼來形容汽車品牌的特色。

語句聯想法之刺激字眼的數目應介於十至五十個之間。至於刺激字眼所產生之聯想類別，則可劃分為①心情聯想，如漂亮—骯髒、好—壞等之屬於主觀性聯想，②動作聯想，即習慣性之動作，如鉛筆—書寫，③同存聯想，如鋼筆—墨水，④因果聯想，如打架—受傷，⑤要素聯想，如自動鉛筆—筆芯，⑥同類聯想，如日光燈—檯燈，⑦對立聯想，如戰爭—和平，⑧場合聯想，如晨跑—國父紀念館，⑨間接聯想，如手錶—遲到，及⑩無意義聯想，如茶杯—鞋子。

2.文章完成法

文章完成法 (Sentence Completion Technique) 簡稱 SCT 法，調查方式是由調查者列舉若干不完整的詞句，請被調查者依自己的意見、或想法，將不完整的部分加以補充完成。特質上，文章完成法是利用不完整的刺激字眼，藉由被調查者對其之反應來瞭解被調查者的潛在心態，使調查者獲得被調查者對某一特定現象之感受 (Feeling)、看法、或態度之深藏於心底之資料。

由於文章完成法是要求被調查者將一句不完整的文章加以完成，故不完整的文章決不可有任何誘導性、或暗示性的因素存在。在調查的方法上，文章的類型計有：①「以自己為中心」，如「我認為國際牌電視機是：＿＿＿」，②「以他人為中心」，如「大多數的人皆認為國際牌電視機是：＿＿＿」，及③「預先設計項目，然後由被調查者依自己的興趣選擇項目回答」，如「自由時報的廣告是：a.『很漂亮的＿＿＿』、b.『很醒目的＿＿＿』、c.『很具體的＿＿＿』、d.『很誘人的＿＿＿』」等三種。調查問題的數目，以 20 題為原則。資料之分析與解釋須借助專業知識，若僅依表面上的回答辭句，則無法瞭解被調查者的真正心態。例如「擁有一部汽車是：很好的事」、「擁有一部汽車是：必需的」。此兩種不同之答案，「很好的事」是表示汽車並不是必需品、而「必需的」則意味汽車是必需品，此兩種不同之心態，在行銷之應用上，具有截然不同的意義。以下是文章完成法之調查例子。

（例1）文章完成調查表

請根據您的想法，將下列辭句之不完整部分加以補充完全。

(1)您的車子是＿＿＿＿＿＿。
(2)多數的新車是＿＿＿＿＿＿。
(3)當我要高速駕車之際，我會＿＿＿＿＿＿。
(4)最適合於汽車的顏色是＿＿＿＿＿＿。
(5)我寧願要＿＿＿＿＿＿，而不要汽車。
(6)我要把我的汽車命名為＿＿＿＿＿＿，其理由是＿＿＿＿＿＿。
(7)我願意買＿＿＿＿＿＿，而不買汽車。
(8)當我駕駛的是一部自動排檔的汽車時，我會＿＿＿＿＿＿。

（例2）文章完成調查表

請根據您的想法，將下列辭句之不完整部分加以補充完全。

(1)當我年老時，我希望＿＿＿＿＿＿。
(2)我回到家之後＿＿＿＿＿＿。
(3)家庭主婦的工作是＿＿＿＿＿＿。
(4)不會起泡沫的肥皂是＿＿＿＿＿＿。
(5)我不會使用固定品牌的肥皂是因為＿＿＿＿＿＿。
(6)使用硬水會使肥皂＿＿＿＿＿＿。
(7)皮膚乾裂的人是＿＿＿＿＿＿。
(8)我對新上市的肥皂會＿＿＿＿＿＿。
(9)我對包裝出色的肥皂會＿＿＿＿＿＿。
(10)當我要洗滌餐具時＿＿＿＿＿＿。

相較與其他之動機調查法，文章完成法的運用，須注意下列之項目：

(1)刺激字眼愈短，回答範圍愈廣，反應也愈多樣化。例如「我的母親是＿＿＿＿」之答案，一定較之「到了百貨公司，我的母親是＿＿＿＿」廣泛，故在文章完成法中刺激字眼不可太短。

(2)對被調查者而言，採用第三人稱比第一人稱更能突破個人的防衛心態，故在運用上，應考慮第一人稱與第二人稱之混合併用。

(3)可以將調查結果予以計量化。

(4)廠商名稱、或品牌出現的次數不可太多。

(5)避免出現誘導性刺激字眼。

(6)盡量避免採用否定語句、或肯定語句。

3.卡通法

由調查者對被調查者提示卡通、或圖片，並請被調查者依自己對卡通、或圖

片的理解來虛構故事，再根據被調查者對卡通、或圖片所虛構的故事，分析對某一特定事項的關心程度之態度探測法稱為卡通法(Cartoon Test)。

卡通法的設計須考慮對立原則，即在調查問卷上所出現之卡通、或圖片上之人物，必須有一位是屬於對某一特定事物具有欲求不滿心態之人物，針對欲求不滿之人物，再繪畫出另外的對立人物；即對某一特定事項具有滿意之心態者，然後以站在欲求不滿者之立場，請被調查者根據卡通、或圖片陳述「虛構故事」(Speech Balloon)。例如在圖片上畫了一位站在電視機前面的小男孩、及一位坐在電視機前專心看報紙的父親，在圖片上附有小孩子對其父親提出之問題：「爸爸，電視節目非常好看，您也一起來觀賞吧!」，請被調查者以父親之立場，根據卡通之圖片想像當時的環境，以「虛構故事」方式，回答小孩子所提出之問題。

與語句聯想法及文章完成法相比較，在動機調查的應用上，卡通法具有如下之優點：

(1)提高被調查者接受調查之興趣。

(2)比較容易回答。

(3)無法以辭句表示之現象，藉由卡通、或圖片可容易表達。

(4)借助第三者的回答，可以使被調查者提高坦白的程度。

9.1.3　動機調查的問題點

對行為調查而言，前述之各種動機調查的方法，雖然較之其他調查方式有效，但仍然有下列之問題：

1.費用昂貴

如以樣本數作為計算單位，動機調查的費用約要高出一般調查的 20 倍。由於動機調查重質不重量，故若要刻意壓低調查費用，反而會影響到調查的品質。

2.調查作業上的困難

動機調查的作業中，最困難的莫過於調查對象的選擇，因為動機調查須於特定的場所實施，為求遷就調查場所，往往因場所借用時間無法配合調查對象之問題，增高選取樣本之困難度。

3.統計處理上的困難

動機調查是以個案，且採用少量樣本的方式進行，故調查結果僅能以質的觀點來解釋。在統計檢定上，雖然並無假設檢定之意義存在，不過它是一種有效之設定假設問題的調查方法。

4.容易產生偏誤

調查結果的解釋完成仰賴調查人員、或分析者本身之理論架構。由於個人之理論背景之不同，動機調查的結果也因而會受到影響，甚至產生偏誤。

5.專業化的調查人員及分析人員

動機調查資料的分析皆由被調查者回答之表面化、片段化的資料加以整合、分析與解釋，故不論在資料的蒐集、整理及解釋等之階段，調查人員、或分析人員皆須運用專業知識才能勝任，事實上，此一類的專家往往不易求得。

9.2 態度衡量

9.2.1 態度之意義

態度 (Attitude) 是指個人對某一事物、或現象的看法或感受。就動機的觀點而言，態度是代表動機的激發已進入於完成的準備狀況，故在購買行為的產生過程中，態度的產生即表示購買者已經開始對某一特定之產品、或服務形成了具體的行為趨向。

態度是由認知要素 (The Cognitive or Knowledge Component)、感情要素 (The Affective or Liking Component)、及行動要素 (The Action or Intention Component) 等三大要件構成。在認知要素中包括有：①瞭解 (Awareness) 特定現象的存在，②對特定現象的特性或屬性 (Attribute) 的信任 (Belief)，及③各個特性或屬性之重要度的判斷等之項目。感情要素是指經過認知要素之過程後，對特定現象所產生之喜好或討厭的心理反應。當產生之多種不同的喜好反應方案須要由個人加以選擇時，則會出現所謂之偏好心態 (Preference)，根據偏好程度之不同，依序選擇各種

不同的特定對象。至於行動要素則指個人對某一特定對象欲採取的行動意向。在受到時間因素、經濟因素、及個人因素的影響下，會對某一特定現象出現各種不同強度的行動意向，並依不同的強度形成購買意圖的先後順序。

對產品的購買而言，消費者對某一特定產品品質優良與否之價值判斷、喜好與否之個人自身的感受、及購買意圖之有無等構成了消費者對產品的購買態度。在構成購買態度的三大要素間，彼此皆具有相互平衡的關係存在，即當消費者瞭解產品，並對其產生了信心之後，方能有喜好與否之心態出現，而這種喜好的心態，會產生正面態度 (Positive Attitude)，促成消費者去接觸並購買該項產品，故當消費者對某一特定產品持有正面態度，則會引起對該項產品的購買興趣，消費結果倘若能滿足他的需求，則會強化對該項產品的正面態度，反之，若無法滿足需求，則會產生負面態度，終止繼續消費該項產品。

在行銷研究的應用上，行銷人員可以根據態度要素構成的相互關係，推測可能會產生的購買行為、或藉由消費者對各項態度要素的評估資料，作為擬定或改善行銷策略之依據。

9.2.2　衡量尺度 (*Measurement Scale*)

行銷研究資料是指對行銷對象的群體，於特定時間與空間內，依群體內之個體的特性，即定量性 (Quantitative)、或定質性 (Qualitative)，利用點計方式 (Count)、或度量方式 (Measure) 所獲得之資料。如以商店調查為例，群體是指要調查的所有商店，包括數目、類別，而這些構成商店之不同類別的各家商店稱為個體 (Unit)，調查資料來自於個體。當調查是以瞭解商店類別、員工性別、或商品類別為目的，則這些資料屬於定性資料，通常是利用點計方式求得。若調查之目的是要瞭解銷售量、商店別銷售排行榜、或顧客對商店服務之滿意度，則這些資料可歸屬於定量性，須利用度量方式求得。

數量化 (Quantification) 是指將特定對象 (Objects) 的屬性，即定量性、或定質性，以數值來表示之計量作業。方法並不能隨著個人主觀意識隨意處理，它必須依特定對象之屬性，配合特定的衡量工具 (Instrument) 方能達到數量化之目的，而

這些衡量工具稱為尺度 (Scale)。當要將某一特定對象數量化之前，必須先對衡量對象加以定義，並確定其特性後，方能選擇適當的衡量工具。行銷研究所運用之衡量尺度計有：①類別尺度 (Nominal Scale)，②順位尺度 (Ordinal Scale)，③等距尺度 (Interval Scale)，及④等比尺度 (Ratio Scale) 等四種，茲分別概述如下：

1.類別尺度

又稱為名義尺度，它是利用數字來辨認特定現象的屬性，質言之，凡是將調查對象之屬性，以數字方式予以分類稱為類別尺度，基本上，它是將特定事物、或現象之屬性分類之過程。所謂之屬性是指調查對象之定質性 (Qualitative)，如男性與女性、超級市場與大賣場、或紅色、白色與黃色等等。類別尺度的變數僅能表示屬性間之不同，而不能說明各個屬性間之差異的大小。例如依被調查者的性別將其分為男性與女性、或對產品的偏好度區分為喜歡與不喜歡等兩種類型，並以 0 與 1、或 A 與 B 等之數字、或文字代表不同類型之特性，如 0 代表男性、1 代表女性，A 代表狗、B 代表貓、C 代表鳥。由於類別尺度所表示之數字、或文字僅供作為分類之用，質言之，這些數字或文字僅代表特定現象或事物的屬性分類之名義 (Label)，其真正之目的在於屬性之分類，故如果將這些數字作加減乘除等之算術運算，在調查上並無具有任何特別之意義。

類別尺度之屬性的歸類應採取相斥原則，即各類別必須互相排斥，凡能歸入於某類別者，僅能歸入於該類，絕不可再將其歸入於他類。性別、地區、年齡、職業、使用狀況、或接觸狀況等皆為類別尺度經常使用之分類基準。在應用上，由於屬性的類別，如男性與女性，往往以數字表示，例如 0 代表男性、1 代表女性，故類別尺度決不可以數字之大小來表示重要的程度，如 1 大於 0，故 1 比 0 重要，即女性比男性重要，僅能表示 0 為男性、1 為女性。類別尺度之平均量度值 (Scale Value) 不能用算術平均數或中位數，而應以眾數 (Mode) 表示。至於統計檢定方法，須應用卡方檢定法、或二項分配檢定法 (Binomial Test)。

在行銷研究之應用上，類別尺度不能作為衡量態度之用，僅能用來辨認某一特定現象、或事物的類型。如以表 9–1 所示之餐廳選擇理由與性別之調查資料為例，根據表 9–1 之資料，僅能說明男性是以地點要素作為選擇餐廳的主要理由，而女性則以口味之要素為選擇依據，至於地點是否比口味重要，則無從比較。

表 9–1　餐廳選擇理由與性別表

主要理由 ＼ 性別	男	女	合計
地點	55 人	15 人	70 人
口味	5 人	25 人	30 人
合計	60 人	40 人	100 人

2.順位尺度

　　表示各類別之間的順序關係的量表稱為順位尺度。例如將餐廳客人分為男性與女性，針對不同之性別，並根據不同之餐廳的偏好程度，以最喜歡至最不喜歡的順序，依次排列，分別給分，例如最喜歡為 5 分、最不喜歡為 1 分，使之形成順位尺度化。順位尺度的數字僅能代表各個特定事物間之高低順序，並不能表示不同順序、或等距間之差距程度，故在態度調查之運用上，它只能衡量認知程度、喜好程度、或意向程度之等級或順序，而不能確定不同等級或順序的差距。如以表 9–2 之資料為例，經 500 位被調查者對某一產品品質的評估結果，僅能表示該項產品被評估的等級是 2，至於 1 與 2、2 與 3、3 與 4、或 4 與 5 等之間的評估差距到底是多少，則無法得知。

表 9–2　品質評估表

評估等級	人數	百分比
1	100	20.0%
2	200	40.0%
3	100	20.0%
4	50	10.0%
5	50	10.0%
合計	500	100.0%

　　順位尺度化資料的分析，不能利用加減乘除來運算。量度的集中值以中位數表示，如表 9–2 之中位數為 200。在統計檢定方面，採用非母數統計檢定之「馬恩－惠特尼」(Mann-Whitney U Test)，或 Friedman's two-way ANOVA 等作為檢定工具。

3.等距尺度

以相同的衡量單位來測量特定價值 (Specific Value) 之各個順位間的距離之量表稱為等距尺度。由等距尺度所測量出來的變數，不但可算出差別之大小量，同時還可以辨認特定現象之屬性及大小順序。基本特性上，由於等距量表的零點 (Zero Point) 與測量單位 (Unit of Measurement) 是任意選定，故在等距量表上的第 n 個點與 $n+1$ 個點間之距離，相等於第 $n-1$ 個點與第 n 個點間的距離。例如 4 分與 3 分之差距等於 3 分與 2 分之差距；即兩組的差距皆為 1，而不能以第一組的差距是 1.3 倍、第二組的差距為 1.5 倍的倍數方式表示。例如 A、B、C、D 等四種不同的商品，假定其價格分別為 1,000 元、2,000 元、8,000 元、及 9,000 元等四種，若利用等距量表測量此四種產品的價值判斷，則因 A 與 B、C 與 D 間之差距皆為 1,000 元，故在價值判斷上，A 與 B 的價值差距應相等於 C 與 D 的價值差距，雖然 B 的價格是 A 的兩倍，而 D 的價格是 C 的 1.125 倍。

在應用方面，等距尺度化除了可作為計算行銷指數之外，其最大之用途在於供測量消費者態度與個性之用。例如利用「賴克梯量表」(Likert Scales) 測量消費者態度，將答案分為非常同意、同意、未定、不同意、及根本不同意等五等級，等級之間皆有不同強度之點數，由被調查者從中選取其一，再根據答案強度之不同判斷態度傾向。

等距尺度化資料的分析，可應用加減來運算。量度的平均值應利用算術平均數、標準差、全距 (Range)、眾數 (Mode)、或中位數 (Median) 等。統計檢定方法是採用 t 檢定法、或 F 檢定法 (t Test or F Test)。

4. 等比尺度

以測定某特定現象之順序間距離的尺度謂之等比尺度。本質上，它除了擁有類別、順位、及等距等量表之特性外，還具有絕對零點存在，即所謂之真零 (Meaningful Zero)，故等比尺度測定之距離，皆由一個絕對零點 (Absolute Zero) 算起。例如 10 磅裝的即溶咖啡是 5 磅裝的 2 倍、15 磅裝的是 5 磅裝的 3 倍，但在態度測量上，假定被調查者對 A 牌即溶咖啡的評分是 100 分、B 牌是 50 分，則此調查結果並不能代表被調查者對前者的喜歡程度是後者的 2 倍，故等比尺度大多應用於銷售額、成本、市場占有率、及客戶數等之測定，可應用加減乘除來運算。等比尺度之量度的平均值可採用算術平均數、幾何平均數、調和平均數，其檢定工具

與等距尺度相同。

表 9–3　尺度的類別與用途

類別	基本特性	主要用途	代表值	統計方法
類別尺度	測定特定現象之屬性	分類 (Classification) 男性與女性、使用者與非使用者、有與沒有	百分比 眾數	卡方檢定 二項分配檢定 Mc Nemar 檢定
順位尺度	測定特定現象之順序	排列或順序 (Ranking) 品牌偏好、市場地位 態度測定、意見測定	中位數	Mann-Whiteney Test Kruskal-Wallis Test
等距尺度	測定特定價值之順位	態度測定、品牌認知度	算術平均數 眾數 全距	t 檢定 F 檢定
等比尺度	測定各順位間之絕對	銷售量、生產量、成本 客戶數、年齡	幾何平均數 算術平均數 調和平均數	t 檢定 F 檢定

9.2.3　態度衡量的方法

態度資料是屬於行為資料之一種，資料的特性上，它是一種非計量性資料 (Nonmetric Data)，即定質性資料，故必須以點計方式作為資料蒐集的手段。

態度衡量 (Attitude Measurement) 方法，可依對被調查者的接觸狀況，分為直接溝通法 (Communication Techniques) 與觀察法 (Observation Techniques) 兩種[4]。

1.直接溝通法

直接溝通法又稱為問卷法 (Questionnaire Method)，它是利用預先設計之調查問卷，由調查員直接對被調查者蒐集有關態度資料的方法，主要之類型計有：

(1)自我報告法 (Self-report Technique)：利用順位尺度 (Ordinal Scale)、或等距尺度 (Interval Scales) 設計調查問卷，由被調查者直接回答對某一特定事物的感受度 (Feeling)、或信賴度 (Beliefs)，藉由尺度化 (Scaling) 程度，判斷對特定事物之態度。

(2)非結構式反應法 (Response Unstructured)：利用某些刺激字眼，刺激被調查

[4]Kinnear and Taylor, *Marketing Research, An Applied Approach*. McGraw-Hill, 1983, p.307.

者對某一特定現象、或事物的反應，藉以判斷對某一特定現象之態度。主要方式有卡通法、語句聯想法、及文章完成法等。

(3) Performance on Objective Tasks：要求被調查者回答對某一特色產品之想像、或真實等之有關見解，由調查者將其加以分析，並根據分析結果判斷被調查者對該項產品之態度。

2. 觀察法

(1) "Overt Behavior" Method：於雙方處於坦白之狀況下，使被調查者心甘情願地陳述對某一特定現象、或事物之感受，以作為態度判斷之依據稱為 "Overt Behavior" Method。

(2) 心理反應法 (Physiological Reactions)：對被調查者提示產品、或廣告物，根據被調查者之動作上的反應，如眼神、聲調變化、或手部動作等，推斷對產品、或廣告物之態度。

9.3 衡量尺度法

9.3.1 語意差別法

於 1943 年前後，由 Charles Osgoods 教授開發出來的態度調查方法，在行銷研究之應用上，適用於企業形象、產品形象、及品牌 (Brand Image) 形象之調查。語意差別法 (The Semantic Differential Scale) 簡稱 SD 法，它是運用 15 至 25 題由「對立兩端形容詞句」(Bipolor Adjective) 構成之語意差別量表來調查企業、產品、品牌形象、或態度的心理調查法。所謂「對立兩端形容詞句」是指形容某一特定事物之對立字眼，如高與低、厚與薄、重與輕、樂觀與悲觀等等，並於每一對立字眼內設定一定的空間，例如非常高、高、普通、低、很低等之由最有利至最不利之等階，等階可分為五個等階、七個等階、九個等階、或十一個等階，以表示不同之強度，然後由被調查者根據本身的感受程度，由不同的等階中選勾出一項作為被調查者對某一特定事物之心目中的差別程度。

對語意差別法而言，形容詞句的應用及其空間內之等階的設定，會直接影響到調查的成果。至於形容詞句的類別，根據 Charles Osgoods 教授利用因子分析法分析之結果，將「對立兩端形容詞句」劃分為下列之三大類型。

表 9-4　「對立兩端形容詞句」類型表

類別	對立兩端形容詞句		
評估性 (Evaluation Dimension)	(1)好—壞 (4)獲得—失去 (7)仁慈—殘暴 (10)光明—黑暗 (13)優雅—庸俗 (16)高—低 (19)聰明—愚笨	(2)樂觀—悲觀 (5)犧牲—利己 (8)協調—對立 (11)美麗—醜陋 (14)重要—不重要 (17)真實—虛偽 (20)積極—消極	(3)完整的—不完整的 (6)社會—反社會 (9)清潔—骯髒 (12)快樂—痛苦 (15)有意義—無意義 (18)健康—虛弱 (21)可信賴—不可信賴
潛在性 (Potency Dimension)	(1)粗魯—溫柔 (4)大—小 (7)固執—順從 (10)重—輕	(2)強—弱 (5)專制—自由 (8)遲鈍—機智	(3)嚴屬—仁慈 (6)退縮—擴張 (9)清楚—模糊
活動性 (Activity Dimension)	(1)主動—被動 (4)有心—無心	(2)激動—冷靜 (5)快捷—緩慢	(3)熱烈—冷淡 (6)複雜—單純

除了表 9-4 所列舉之三大類型之外，「對立兩端形容詞句」也可歸納為：①穩定性 (Stability)，②緊張性 (Tautness)，③高雅性 (Novelty)，④感受性 (Receptivity)，⑤攻擊性 (Aggressiveness)，及⑥其他 (Unsigned) 等六大類。但為了選取適當的「對立兩端形容詞句」用於評估形象 (Image)，原則上，應由上述之三大類型中選取。此外，「對立兩端形容詞句」的選擇還得考慮獨立性原則，應盡量使每一句「對立兩端形容詞句」相互間必須各自獨立，不得相關聯。至於「對立兩端形容詞句」內之等階，應以點數表示，如以七等階之「對立兩端形容詞句」之調查問題為例，其點數之表示方式，可利用 7、6、5、4、3、2、1，或 +3、+2、+1、0、−1、−2、−3 等之兩種不同的方法計點，並將每一調查問題的點數結果，利用圖形表示相互間之差異。

「對立兩端形容詞句」之點數的計算與分析，大多採用「輪廓分析」(Profile Analysis) 為工具。所謂「輪廓分析」是指以點數當作等距資料 (Interval Data)，計

算每一調查問題的算術平均數、或眾數，按項目別繪成圖形，使之清楚地比較被調查者心目中的看法,評估特定事物的各個評估項目的差別概況。以下是採用7點制評比量表，利用語意差別尺度法對兩家商店進行之形象評估調查，調查資料經過「輪廓分析」結果，其繪成圖9–1。

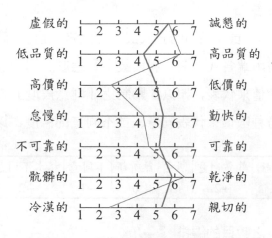

虛假的 1 2 3 4 5 6 7 誠懇的

低品質的 1 2 3 4 5 6 7 高品質的

高價的 1 2 3 4 5 6 7 低價的

怠慢的 1 2 3 4 5 6 7 勤快的

不可靠的 1 2 3 4 5 6 7 可靠的

骯髒的 1 2 3 4 5 6 7 乾淨的

冷漠的 1 2 3 4 5 6 7 親切的

圖9–1 商店形象語意差別量表圖

圖9–1是採用7點制評比量表，兩端是形容商店特性的極端字眼，點數以7、6、5、4、3、2、1的順位表示之。量表上最有利的位置是7點，其次是6點，依次類推，最不有利的位置是1點。以調查人數除每一個調查問題之總分數，求得每一評估項目之得點，並將每項得點繪成圖形，表示被調查者心目中的差別。

9.3.2 Q 分類法

基本上，Q分類法 (The Q-sort Technique) 是屬於順位尺度 (Ordinal Scale) 的一種，它是利用「同意尺度」(Agreement Scale) 依被調查者對某一特定事物、或現象所持態度之相似程度，將其歸納為二至五種不同之態度分類。以下是Q分類法之實施步驟:

1.擬定50至100句「價值判斷語句」(Value Judgement Statement)

「價值判斷語句」的擬定應視特定事物、或現象之特定而定。如以產品之態度調查為例，其「價值判斷語句」應包括式樣、經濟性、功能性等等之語句，倘

若是廣告文案調查，則所使用之「價值判斷語句」應為趣味性 (Amusing)、情報性、信賴性等等，商店形象則應考慮採用親切性、方便性、豪華性等等之「價值判斷語句」。至於「價值判斷語句」之形容辭句之編排，按由右向左之順序，將最不利之態度語句排往最有利之態度語句。

2. 制定奇數同意尺度表

以 5 點制、7 點制、或 9 點制的方式設定「同意尺度」。同意尺度表的中心點代表中立態度，左右兩端各代表最有利與最不利態度。同意尺度表之每一不同的點，皆分別以一個數值來代表，如以 5 點制之「同意尺度」為例，可分為 +2、+1、0、-1、-2 等五種數值來代表同意、或不同意的態度，以 0 代表中立態度。

點制	非常同意	同意	無所謂	不同意	根本不同意
數值	+2	+1	0	-1	-2

3. 「價值判斷語句」之數目的編排

為能適用於母數統計檢定 (Parametric Statistics) 起見，「價值判斷語句」應配合態度強弱將語句數目，予以適當的組合使之成常態分配 (Normal Distribution)。如以 11 點制之 100 句的「價值判斷語句」為例，其語句數目分配如表 9–5。

表 9–5　「價值判斷語句」分配表

態度強度	+5	+4	+3	+2	+1	0	-1	-2	-3	-4	-5
語句數目	2	4	8	12	14	20	14	12	8	4	2

4. 提出同意尺度表，要求被調查者回答

由調查員提出同意尺度表，要求被調查者按其對每句「價值判斷語句」所陳述內容之同意程度，回答同意尺度表列舉之全部答案。

5. 調查資料之蒐集與整理

將同意尺度表的答案，利用矩陣表格加以數值化。假設有 n 個被調查者及 50 句 5 點制「價值判斷語句」之同意尺度表，其態度資料的整理，可由表 9–6 之矩陣表格加以數值化。

表 9–6　同意尺度矩陣表

「價值判斷語句」 （問卷問題）	被調查者					
	A	B	C	D	E	... n
1.經常購買 x 品牌的香皂	–2	2	1	–2	–2	... –2
2. x 品牌香皂是最好的香皂	–2	1	2	–2	–2	... –1
3.我喜歡 x 品牌香皂	–1	2	2	–1	–1	... –1
4. x 品牌是最好之一種香皂	–2	1	2	–1	0	... 1
⋮	⋮	⋮	⋮	⋮	⋮	⋮
48. x 品牌香皂是低級的香皂	2	–1	–1	1	–1	... –1
49. x 品牌香皂是最差的香皂	1	–2	–2	2	–1	... –1
50.我絕對不買 x 品牌香皂	1	–2	–2	1	–2	... –1

6.態度歸類

　　分析被調查者的反應型態，並將相似的反應型態分別歸類。如以表 9–6 之同意尺度矩陣表資料為例，可將被調查者區分為①對 x 品牌香皂具有不良印象者之被調查者 A 及 D，②對 x 品牌香皂具有好感者之被調查者 B 及 C，③對 x 品牌香皂保持中立態度之被調查者 E 及 N 等三大群體 (Cluster)。

7.統計檢定

　　運用變異數分析、或卡方檢定之統計顯著性檢定方法，檢定不同類型群體之間在態度上是否具有顯著性差異存在，若有，則可更進一步地利用基本資料加以交叉分析，期以瞭解被調查者的人文背景，作為改善態度之依據。

9.3.3　沙斯通尺度法

　　利用等距資料 (Interval Data)，以間接方式測量態度之一種態度的測量的方法。當比較項目之問題數介於 100 至 200 題之間，而比較之組數在 15 至 20 組之間，則須利用沙斯通尺度法 (Thurstone Equal-appearing Interval Scale) 作為調查工具，調查之步驟如下：

1.擬定 100 題以上之有關態度調查的問題 (Statement)，其辭句必須有不同強度之分

例如：

(1)多數公車司機的服務態度皆很好。

(2)多數公車司機的服務態度皆很差。

(3)公車是一種很好的捷運工具。

(4)公車比計程車方便。

2.選定 20 至 50 位之評定者 (Judge)，按個人之看法，將 100 題以上之問題，按正反度分別列入於 11 個組

　　由評定者將調查問題，按自己的看法，依調查問題的辭句，以正負態度的強弱度，由弱至強，分別列入於十一個組內。凡屬於中立態度的問題置於第六組，負面態度最強的問題歸入於第一組，正面態度最強的問題歸入於第十一組。質言之，以第六組作為界限，由第七組起為正面態度之問題，第五組以下為負面態度之問題。

3.根據評定者對調查問題之態度評估，計算算術平均數或眾數

　　當評定者將各個調查問題，按其看法分別歸入於十一個不同的組內後，調查人員即可根據評定者對每一調查問題之態度強弱的評估，依其次數分配計算算術平均數、或眾數。如以「多數公車司機的服務態度皆很差」之調查問題為例，其算術平均數之計算如下（假定評定者是 50 人）：

表 9–7　算術平均數計算表

X	f	fX	$(X-\overline{X})$	$(X-\overline{X})^2$	$f(X-\overline{X})^2$
1	0	0	−8.3	68.89	0
2	0	0	−7.3	53.29	0
3	0	0	−6.3	39.69	0
4	0	0	−5.3	28.09	0
5	0	0	−4.3	18.49	0
6	2	12	−3.3	10.89	21.78
7	2	14	−2.3	5.29	10.58
8	10	80	−1.3	1.69	16.90
9	11	99	−0.3	0.09	0.99
10	15	150	0.7	0.49	7.35
11	10	110	1.7	2.89	28.90
合計	50	465			86.50

算術平均數：$\overline{X} = \dfrac{465}{50} = 9.3$

標準差：$\sigma = \sqrt{\dfrac{86.5}{50}} = 1.32$

就「多數公車司機的服務態度皆很差」之調查問題而言，根據表 9–7 資料分析結果，辭句態度之平均分數為 9.3，即量表值，標準差是 1.32。由量表值得知，評定者對此一調查問題的態度評估偏向於正面態度，即贊成態度。至於標準差是用來選擇調查問題時之判斷標準。若標準差小，表示每一位評定者對調查問題的看法大致相同，反之，則表示對調查問題的看法相差很大。

標準差是被用來作為選定正式調查所欲採用之調查問題的依據。凡是標準差大的問題，即表示各個評定者對此調查問題之看法差異甚大。故若將其用於正式調查，被調查者對此調查問題的看法可能相差很大，此一問題應該刪除。反之，標準差大的問題表示各個評定者對此調查問題之看法較為接近。此一問題應被選為正式問卷之調查問題。

4.選擇調查問題，建立沙斯通量表

藉由標準差將調查問題過濾後，依設定之十一個組，每組選出兩題標準差最小的問題作為正式調查之調查問題，故若設定的組數是十一組，則應選擇二十二個問題作為調查問題。

除了標準差之外，調查問題之選擇還須考慮量表值，質言之，每一組的量表值應盡量接近：1.5、2.0、2.5、3.0、3.5、4.0、……、10.5、11.0 等，以便建立等值差距量表 (Equal-appearing Interval Scale)。至於調查問題的編排，則採取混合式，而非按量表值大小。

9.3.4　賴克梯尺度法

於 1932 年，由 Rensis Likert 教授所提出來的態度量表，相較於沙斯通量表，考慮到態度的強度及不須要評定者 (Judge) 是賴克梯尺度法 (Likert Summated Ratings) 的主要特色，實施步驟如下：

1.擬定 50 至 100 題正負態度之調查問題，正與負之調查問題的數目不必相等

例如「我覺得我自己頗有姿色」、「我一向不太注意報紙廣告」、「我很注意電視廣告」。

2.將每一個調查問題的答案區分為五個等級

即非常同意、同意、不確定、不同意、非常不同意。

3.將所有的調查問題歸納為兩大類，即正態度問題與負態度問題

正態度問題，例「我經常看電影」、「我喜歡逛街」。

負態度問題，例「我實在不喜歡讀書」、「節儉已經不適合現代社會」。

4.根據被調查者選擇的答案，對每一個調查問題給予分數

分數的計算方式，依正面態度問題與負面態度問題之不同，計算方式也不一樣。

表9-8　正負態度問題評分表

類別 等級別	正面態度問題	負面態度問題
非常同意	5 或 2	1 或 −2
同意	4 或 1	2 或 −1
不確定	3 或 0	3 或 0
不同意	2 或 −1	4 或 1
非常不同意	1 或 −2	5 或 2

5.態度值的計算

如以品牌態度調查為例，針對 A 品牌分別以十一個調查問題實施品牌態度調查，假定某一被調查者之答案如表9-9，則該被調查者之態度值的計算如下。

根據表9-9彙總結果，該特定被調查者對品牌評估的態度值為31分，但十一題調查問題之最高分數應為55分 ($11 \times 5 = 55$)，最低分數為11分 (11×1)，平均分數為 $55 + (11 \div 2) = 33$ 分。由於被調查者的分數是31分，低於平均分數，故可判斷該被調查者對 A 品牌之態度傾向於否定。若被調查者之態度分數高於33分，則表示他對 A 品牌之態度傾向於肯定。

表9-9　態度評估彙總表

問題	類型	非常同意	同意	不確定	不同意	非常不同意	分數
1	正		✓				4
2	正				✓		2
3	負		✓				2
4	正		✓				4
5	負			✓			3
6	正				✓		2
7	負	✓					1
8	正		✓				4
9	正		✓				4
10	負			✓			3
11	正		✓				2
		總分					31

9.3.5　哥提曼尺度法

哥提曼尺度法 (The Guttman Scale or Scalogram Analysis) 於第二次大戰前，由 Louis Guttman 及其助理們所開發出的「累積尺度化」(Cumulative Scaling) 方法，主要作用是衡量態度的兩大要素：內容 (Content) 與強度 (Intensity)。在行銷研究的應用上，哥提曼尺度法除了用於調查價格、外觀、嗜好、可信度等之外，還用於作為產品、或品牌之態度評估調查之用。

調查方式採勘察法 (Survey Method)，於調查問卷中列舉一連串有關價值評估之問題，由被調查者根據調查問題之同意程度、或價值判斷，以「是」或「不是」、「喜歡」或「不喜歡」等之方式回答，並在答案的正反之間，以5點制方式衡量同意程度，即非常同意5分、同意4分、不確定3分、不同意2分、非常不同意1分。至於態度強度之衡量方式則區分為①「非常同意」與「非常不同意」為2分，②「同意」與「不同意」為1分，③「不確定」為0分等三大類。以下是哥提曼尺度法之實施步驟❺：

---

❺Tull and Hawkins, *Marketing Research*. Macmillan, 1990, p.344.

1.利用問卷實施實地調查

（例）手機態度調查

問題	非常同意	同意	不確定	不同意	非常不同意
Q1. A 品牌手機的品質比其他品牌好。	☐	☐	☐	☐	☐
Q2. A 品牌手機的價格比其他品牌便宜。	☐	☐	☐	☐	☐

2.蒐集資料

同意程度採用 5 點制法，即非常同意 5 分、同意 4 分、不確定 3 分、不同意 2 分、非常不同意 1 分。至於態度強度之分數的設定為：① 「非常同意」與「非常不同意」為 2 分，② 「同意」與「不同意」為 1 分，③ 「不確定」為 0 分。

3.計算每一被調查者的同意點數

假定被調查者為 15 人，其同意點數的計算，依表 9–10 方式計算。

表 9–10　同意點數彙總表

被調查者＼得分	問題 1	問題 2	總分
1	5	4	9
2	5	5	10
3	4	2	6
4	3	3	6
5	5	3	8
6	3	1	4
7	2	3	5
8	5	5	10
9	4	4	8
10	3	4	7
11	5	3	8
12	3	3	6
13	2	1	3
14	4	5	9
15	3	2	5

表 9–11　同意點數順序表

被調查者＼得分	問題1					問題2					總分	強度分數
	5	4	3	2	1	5	4	3	2	1		
2	✓					✓					10	4
8	✓					✓					10	4
1	✓						✓				9	3
14		✓				✓					9	3
5	✓							✓			8	2
11	✓							✓			8	2
9		✓					✓				8	2
10			✓				✓				7	1
3		✓							✓		6	1
4			✓					✓			6	0
12			✓					✓			6	0
7				✓				✓			5	1
15			✓						✓		5	1
6			✓							✓	4	0
13				✓						✓	3	1

4. 編製「哥提曼量表」

根據表 9–12 之資料分析被調查者對品牌態度的強度，以區分被調查者的態度類別。

表 9–12　哥提曼反應量表

等級	態度類型	強度分數	人數	百分比 (%)	累積百分比 (%)
1	A	4	2	13.3	13.3
2	B	3	2	13.3	26.6
3	C	2	3	20.0	46.6
4	D	1	2	13.3	59.9
5	E	0	3	20.0	79.9
6	F	1	3	20.0	99.9
合計			15	99.9	

　　圖 9-2 中之曲線，由左上方降至強度最低點 0 分，然後再向右方往上升，形成近似 V 字的圖形。曲線之最低點是有利態度與不利態度之分界線 (Dividing Line)，此曲線即代表哥提曼量表。根據圖 9-2 中之分界線，有 80% 的人對 A 品牌之手機持有利態度，其餘則持不利態度。

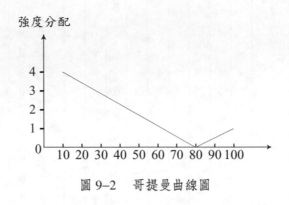

圖 9-2　哥提曼曲線圖

Summary 摘　要

　　動機調查是指瞭解為什麼要購買特定品牌、或產品之隱藏性理由為目的之調查，故須採取間接調查法，利用臨床心理學作為研究及分析之基礎，以個人作為研究個案的對象，調查的方法包括：①深度面談法，②集體面談法，及③投影法等三種。由於動機調查是以個案、少量樣本方式進行，調查結果僅能以質的觀點來解釋，調查人員之專業度左右調查成效。

　　態度衡量之資料是屬於定質性資料，須利用點計方式求得，其衡量類型為順位尺度。態度調查的方法計有直接溝通法與觀察法兩種，前者是指由調查員利用調查問卷直接對被調查者蒐集有關態度資料之方法，至於後者則指以觀察蒐集被調查者資料之方法。有關衡量尺度化之方式計有：①語意差別法，②Q 分類法，③沙斯通尺度法，④賴克梯尺度法，及⑤哥提曼尺度法等五種。

課　後　評　量　*Review Exercises*

①動機調查與態度衡量有何不同？試說明之。

②試述深度面談法之意義及其運用之領域。

③何謂投影法？其類型有幾？

④定量性資料與定質性資料有何不同？試說明之。

⑤試列舉測量尺度之類型及其意義。

第10章
問卷設計

　　蒐集正確、完整之被調查者的資料為目的而設計之資料蒐集表格稱為調查問卷(Questionnaire)。直接資料的蒐集往往會因調查員的溝通技巧、訪問語氣、或個人主觀等因素而影響調查事實的正確性，為求避免前述之缺失，直接資料的蒐集必須根據調查問卷才能降低調查偏誤、提高資料的正確性、及增進調查者與被調查者間之溝通，故調查問卷設計之適當與否，將會左右行銷研究之成敗。

　　針對如何設計適當之調查問卷之問題，本章分別以調查問卷的意義及其構成要素、問卷問題的型式、問卷設計之原則、及問卷設計之步驟等四大單元，予以探討。

釋例 調查問卷之可信度

　　行銷研究之過程中，存有相當多之可以引導、甚至作假的部分，諸如：調查問卷不夠客觀或題意不清、調查母體不周全、抽樣架構不當、抽樣隨機性執行偏差、樣本代表性不足、調查對象不配合、調查樣本數不足、或訪問員技術等皆會導致調查結果的偏誤。

　　在調查問卷方面，假若調查問卷用辭或問題編排之不當，則會強迫造成被調查者之不當表態，例如「請問，您對臺北市公共廁所提供之衛生紙感到滿意嗎?」。此一問題，對一位從未上過臺北市公共廁所的人，除非強迫回答，否則無法回答此一問題。例如明明市政沒有改善，卻要問「您對市政滿意嗎?」等之問題，這些問題皆因調查問卷設計之不當而造成調查結果的偏誤。除此之外，多項選擇回答問題的答案若超出七個，則會因記憶之關係，而使被調查者感到困擾，降低回答之正確性。

10.1 調查問卷的意義及其構成要素

一般而言，調查問卷是由：①問卷問題，②分類資料，③確認資料，及④面函等四大要項構成，茲分別探討如下。

10.1.1 問卷問題

所謂問卷問題 (The Information Sought) 是指為蒐集所需資料，依調查目的設定之各種問題，這些問題構成了調查問卷的主體。對調查問卷而言，問卷問題設計、及問卷問題編排之適當與否，會直接影響到調查問卷的有效性。有關此一部分，留待下一節予以詳述。

10.1.2 分類資料

俗稱「基本資料」，分類資料 (The Classification Information) 通常附著於調查問題之後，確認資料之前。通常之情況下，分類資料可分為個人資料及家庭資料兩大類。

1. 個人資料

　　(1)性別。　　　　　　　　(2)年齡。

　　(3)教育程度。　　　　　　(4)所得。

　　(5)籍貫。

2. 家庭資料

　　(1)家長性別。　　　　　　(2)家長年齡。

　　(3)家長教育程度。　　　　(4)家長職業。

　　(5)家庭所得。　　　　　　(6)家庭人口數。

有關上述項目之取捨，須視調查目的及所需之資料而定。原則上，凡以家庭為消費主體的產品，如食用油、洗衣粉、電視機、冰箱、沙發等等之產品，應著

重家庭分類資料，但若以個人為消費主體之產品，如服飾、鞋子、書籍、文具用品、化妝品等等，則應採用個人分類資料。

分類資料除了可供行銷研究人員確認實際樣本特色與設定樣本特性間之差別，以作為推估調查結果之參考外，同時還可進一步地配合調查資料實施交叉分析，增大調查資料的運用效果。

在分類資料中，職業分類是最容易產生相互重疊，很難加以具體歸類的資料。但對個人的消費行為而言，職業不但會影響個人的所得，同時也會左右個人的生活型態 (Life Style)，故若無法將職業給予具體明確的分類，勢必會降低調查的結果。茲為參考起見，謹將早稻田大學市場調查研究會設定之職業分類項目，列舉如下❶：

1.事務類

　　⑴會計員或帳務員。　　　　　　⑵作業事務員。

　　⑶交通或電信事務員。　　　　　⑷一般事務人員。

2.作業類

　　⑴非技術作業員。　　　　　　　⑵運輸或電信技術員。

　　⑶生產技術員。　　　　　　　　⑷專業技術員。

　　⑸推銷員。　　　　　　　　　　⑹保全員。

3.管理類

　　⑴民營機構之高級職員、董事。　⑵公營機構之高級職員、董事。

　　⑶中央政府機構之高級主管。　　⑷地方政府機構之高級主管。

4.專門技術類

　　⑴專業技術員。　　　　　　　　⑵教員。

　　⑶醫療人員。　　　　　　　　　⑷藝術家。

　　⑸研究人員。　　　　　　　　　⑹自由業者。

5.自營企業

　　⑴零售店老板。　　　　　　　　⑵美容院老板。

　　⑶飲食店老板。　　　　　　　　⑷理髮廳老板。

---

❶原田俊夫，《市場調查の原理と實際》，同文館，昭和 40 年，第 307 頁。

6.服務業

(1)飯店或餐廳接待員。　　　　　(2)佣人。

(3)工友。　　　　　　　　　　　(4)售票員。

(5)相命者。

7.農林漁業

(1)農人。　　　　　　　　　　　(2)礦工。

(3)漁民。　　　　　　　　　　　(4)樵夫。

8.家庭主婦

9.學　生

10.無　業

(1)財產收入所得者。　　　　　　(2)政府救濟所得者。

(3)救濟機構收容者。　　　　　　(4)依靠家庭扶養者。

(5)其他。

　　此外，臺灣之稅捐機構也將職業劃分為：①工人，②農漁民，③教師，④獨立資本主，⑤合夥事業合夥人，⑥民營事業受雇人，⑦公營事業受雇人，⑧民意代表，⑨會計師，⑩律師，⑪醫師，⑫公務員，⑬建築師，⑭公司負責人，⑮其他等十五種不同之類別。

10.1.3　確認資料

　　確認資料 (Identification Data) 通常編列於調查問卷的最末端，主要目的是預防調查員偽造調查事實、及證明調查員已依照規定實施調查。以下是確認資料之主要構成項目：

(1)調查地區。　　　　　　　　　(2)調查時間。

(3)被調查者簽名。　　　　　　　(4)被調查者住址。

(5)調查員姓名。　　　　　　　　(6)督導員姓名。

10.1.4　面　函

就調查問卷之結構而言，面函附著於問卷之最前端、或另以信函方式附加於調查問卷內，目的是說明調查目的與功用，期以獲取被調查者的認同，並樂於接受調查，若資料蒐集是利用郵寄法，則面函關係到調查的成敗，其設計方式如下：

(1)報酬方式：利用獎品、或獎金方式，要求被調查者合作。

(2)心理方式：利用被調查者的虛榮心、或榮譽感等心理，要求接受調查。

(3)懇求方式：採低姿態方式，如受命於主管、教授等之要求，以博取被調查者之同情心而接受調查。

(4)權威方式：利用權威人士、政府機關、或社會團體等之名義，要求被調查者接受調查，如行政院主計處舉辦之工商普查即為一例。

(5)引起興味方式：利用調查結果會對被調查者產生某些利益為前提，要求被調查者欣然接受調查。

茲為參考起見，謹將調查問卷之典型格式列舉如下頁表 10–1。

10.2　問卷問題的型式

問卷問題之適當與否，關係到直接資料蒐集的成敗。於各種不同型式之問卷問題中，問卷問題型式的決定，應依調查目的及資料特性而異，茲就問卷問題的型式列舉如下：

10.2.1　自由回答問題

自由回答問題 (Free Answer, Open Question or Open-end Question) 不給予任何限制，由被調查者自由陳述或表達自己的意思或想法之問題。例如：

「您為什麼要使用洗髮精？」

「您喜歡那一家品牌的洗髮精？」

表 10-1　摩托車調查問卷

先生／女士　您好

　　我是××大學管理學院的學生，為瞭解摩托車的市場概況，特利用課餘時間實施訪問工作。今天特前來向您請教一些寶貴意見，懇請惠子合作，謝謝您。

(Q1) 請盡量列舉您所知道的摩托車的品牌名稱：

　　＿＿＿＿＿、＿＿＿＿＿＿、＿＿＿＿

(Q2) 請問目前您有沒有摩托車？

　　(1)□有（續問 Q3、Q4）

　　(2)□沒有（跳問基本事項）

(Q3) 請問您的摩托車是什麼品牌？

　　(1)□光陽　(2)□三陽　(3)□YAMAHA　(4)□SUZUKI

(Q4) 請問當初您選購品牌時是由誰來作最後決定？

轉　┌(1)□自己　(2)□配偶　(3)□父母　(4)□其他

答　├→(SQ1) 請問當初您決定購買時考慮之因素是：

　　　　　　(1)□體積　(2)□外型　(3)□排氣量　(4)□耐用　(5)□售後服務　(6)□分期付款

　　　　　　(7)□其他

　　├→(SQ2) 請問當初您決定購買時是根據什麼選擇品牌？

　　　　　　(1)□經銷商介紹　(2)□親友介紹　(3)□家人推薦　(4)□其他

　　└→(SQ3) 請問當初您購買時是：

　　　　　　(1)□決定品牌後就購買　(2)□決定品牌後仍然受到經銷商影響　(3)□完全依照經銷商的建議

基本資料

年齡：(1)□20歲以下　(2)□21～25歲　(3)□26～30歲　(4)□31～35歲　(5)□36歲以上

教育程度：(1)□小學　(2)□國中　(3)□高中　(4)□大學　(5)□研究所　(6)□其他

職業：(1)□商　(2)□工　(3)□農　(4)□公司行號職員　(5)□學生　(6)□公務員　(7)□自由業　(8)□其他

被調查者姓名：

地址：

日期：

訪問員：

督導員：

「在這一個月內，您曾經作過什麼樣的消遣活動？」

「您一天喝了多少杯的咖啡？」

　　由於自由回答問題的答案內容比較分歧、雜亂，故不容易歸類與分析，除非被調查者具有某一水準以上之教育程度，否則不易獲得具體的答案。在一般情況下，調查問卷中不宜編列太多的自由回答型式的問題，在調查之運用上，可將自由回答問題編排於問卷上的第一個問題，使被調查者盡量表達意見，創造友好氣

氛，縮短調查員與被調查者間之距離，以利調查的進行。

10.2.2　兩項選擇回答問題

事先將問卷的問題設定「是」與「否」兩種答案，由調查者選擇其中之一的答案之問卷問題稱為兩項選擇回答問題 (Two-way Question, Yes-No Question or Dichotomous Question)。例如：

問：「府上有沒有 DVD 錄影機?」

答：⑴□有　⑵□沒有

問：「最近一個月內，您有沒有喝過牛奶?」

答：⑴□喝過　⑵□沒喝過

問：「您喜歡不喜歡到大賣場買東西?」

答：⑴□喜歡　⑵□不喜歡　⑶□不知道

上述之兩項選擇回答問題雖然具有明確、省時、及容易統計之優點，但若遇到被調查者對調查問題有不瞭解、或不願回答之傾向，則因問題本身具有強制性回答之關係，易使調查結果產生偏誤，但為謀求補救此一缺點，可以在「是」與「否」答案之後，再加上「不知道」之答案。此外，兩項選擇回答問題僅能代表被調查者願對某一特定現象之「是」與「否」的態度或意見，並不能表示對態度或意見的強度。同樣的回答「贊成」，可能因人之不同，「贊成」的範圍會有相當大之差異存在。

10.2.3　多項選擇回答問題

由問卷設計者事先設定若干個問題的答案，請被調查者任意選擇其中之一個、或一個以上之問卷問題稱為多項選擇回答問題 (Multiple Choise Question)。例如：

問：「請問在這半年內您曾吃過什麼品牌的泡麵?」

答：⑴□統一　⑵□維力　⑶□金車　⑷□味王　⑸□其他

問：「請問您是在何處購買罐裝咖啡?」

答：(1)□超級市場　(2)□超商　(3)□平價中心　(4)□福利中心　(5)□大賣場　(6)□其他

多項選擇回答問題是最常使用之一種問卷問題,故多項選擇回答問題之採用,應注意下列之事項:

⑴給予選擇之答案不可太多,不得超出七項,否則容易使被調查者感到困擾,降低回答之正確性。

⑵重要之問題不可編排於最前、或最後。習慣上,大多數人皆喜歡隨手圈選編排於最前、或最後之答案。

⑶如回答之答案僅限一項（單項回答）,則應於調查問卷上說明清楚。

在行銷研究上,兩項選擇回答問題及多項選擇回答問題又稱為「封閉式問題」(Closed Question);即事先由調查人員設定答案,故被調查者只能由調查問卷上列舉之答案回答問題。在資料的整理與分析上,較之自由回答問題容易,此外,也可以節省較多的調查時間。相對地,因為問卷之答案是由調查人員事先設計,故有些答案並不能真正代表被調查者本身的想法、或見解。調查問題之設計,應考慮問題答案之分散程度。假定答案的分散程度很大,則兩項選擇回答問題、或多項選擇回答問題的採用,會使答案範圍流於狹窄,無法發掘被調查者之真正問題。

10.2.4　順位回答問題

順位回答問題 (Ranking Questions、Order-of Merit Question) 是以為獲取態度、意見、或偏好等之消費者心態方面之資料為目的而設計之問卷問題。特性上,順位回答問題是藉由問題本身運用之辭句及問題順序 (Question Sequence) 對答案的影響,作為衡量被調查者對某一特定事物、或現象所持態度強弱之依據。由於被調查者對同樣問題的反應因人而異,故態度或意見方面之問題不易比較。有關順位回答問題的處理,可採用百分比、或點數等兩種方式,前者如 60% 的被調查者同意某一看法,後者如購買衛生棉的考慮因素中,「吸收性強」之點數為 1.71。

順位回答問題雖然與多項選擇問題相似,即皆以事先設定之若干問題中,選擇其中之一個、或一個以上之答案,但就順位回答問題之類型而言,可依回答之

型態將其分為下列兩大類：

1. 順位選擇回答問題

如同多項選擇問題，事先擬好若干個答案，由被調查者依其喜好程度，按順序予以回答。例如：

問：「當您收看電視時，您一定收看那些節目？請按您喜好的程度，以1、2、3、……為順序，在下列答案中給予註明之。」

答：(1)□新聞節目　(2)□歌唱節目　(3)□綜藝節目　(4)□電視劇　(5)□電視影片　(6)□卡通影片

．問：「下列各項對罐裝咖啡的購買有何種程度之影響？請按您重視之程度，以1、2、3、……為順序，在下列項目中註明之。」

答：(1)□解渴　(2)□提神　(3)□流行　(4)□贈品

2. 分等回答問題

將問題的答案區分為三個、五個、或七個等不同的評估等級，如非常好、很好、普通、差、很差、非常差，再由被調查者依自己的觀點，從中選擇一個答案。例如：

問：「就收費而言，您對臺灣的飯店的看法是：」

答：(1)□太貴　(2)□貴　(3)□普通　(4)□便宜　(5)□很便宜

問：「請就 A 牌汽車，將下列五大項目，依您使用的經驗，在下列兩端標有形容詞句的各個尺度上，勾出最能代表您喜歡程度的一格。」

答：

	7 6 5 4 3 2 1		
1.式樣新	□□□□□□□	式樣保守	1
2.馬力大	□□□□□□□	馬力小	2
3.安穩	□□□□□□□	不安穩	3
4.服務好	□□□□□□□	服務差	4
5.舒適	□□□□□□□	不舒適	5

10.3 問卷設計之原則

　　一般而言，行銷研究可因①抽樣因素，②樣本因素，③問卷因素，④調查員因素，及⑤被調查者因素等而產生調查偏誤 (Bias)。在前述之五大影響因素中，抽樣因素及被調查者因素可歸屬於不可控制因素，其餘之三大因素則可視為可控制因素，因為它可藉由行銷研究人員具備之相關理論及經驗加以適當的控制。

　　一份設計良好之調查問卷，不但有助於排除調查偏誤，同時還能降低行銷研究費用。茲就問卷設計之有關原則，列舉如下❷。

10.3.1 問題的內容

　　有關問卷問題之內容應考慮之事項計有：

1.應以被調查者能夠回答的問題為問題

　　此一項目牽涉到被調查者之記憶及專業常識。就心理之觀點而言，除非受到相當大的刺激，否則一般人對於場所、或時間上之記憶很容易忘記，故於調查問卷設計之際，應對涉及到有關場所、或時間上之問題宜特別加以留意，否則將不易獲得正確的答案。例如「去年您曾經飲用過什麼品牌的鮮乳?」、或「於臺灣旅行之際，在您支付之費用中，有關下列項目之支出金額是：①交易費，②住宿費，③餐飲費，④禮品費，⑤雜費」等類似之問題應盡量避免。

2.避免誘導性、或暗示性的問題

　　一般而言，被調查者對誘導性問題之回答，往往是肯定的。為避免與事實有所出入，在調查問卷中，不應有帶暗示性之問題出現。所謂誘導性問題 (Leading Question) 是指問卷問題使用的語句並非「中性」，而是具有對被調查者提示答案的方向、或暗示調查者本身之觀點的語句。例如「府上有新力牌液晶電視機嗎?」、或「您贊成國中生用毛筆寫週記嗎?」等等，針對第一個問題，其答案經常是「有」，至於第二個問題，則會引起被調查者回答「贊成」之答案。為了避免上述現象之

---

❷原田俊夫，《市場調查の原理と實際》，同文館，昭和 40 年，第 97 頁。

發生，影響調查正確度，應將調查問題改為：「目前府上用的是什麼品牌的液晶電視機？」、「您認為國中生應該使用何種書寫工具來寫週記」。

就實際情況而言，如果問卷問題的語句中有「您不認為……」等之辭句，則很容易引導否定答案。反之，如果問卷問題的語句中有「……應該這樣」等之辭句，則會導致肯定答案。此外，如果在問卷的問題中預先列出若干答案，在此情況下也很容易引導被調查者選擇其中之一個、或多個答案。例如「您曾觀賞過如『末代皇帝』、『雨人』等之金像獎影片嗎？」。針對上述之調查問題，即使被調查者因一時記不起來、或為表示也看過金像獎影片，而會將問卷中列舉之答案作為自己之答案，為求避免引導被調查者之意向，建議性答案不應列出。

至於「負荷辭句」(Loaded Word)，如泛藍、泛綠、流氓、下流等等，這些字眼會使被調查者在情緒上，自動地產生一種同意、或不同意的感覺，影響到被調查者的反應，會導致錯誤的調查結果。

3. 避免假設性的問題

假設性問題的出現會導致被調查者無意識地偏向某一特定現象，使調查結果與事實間產生偏差，影響到調查的正確性。所謂假設性問題 (Hypothetical Question) 是指於事先設定之假設的特定狀況下，調查被調查者到底會採取何種反應之問卷問題。例如「如果統一鮮乳附送贈品，您是否願意購買它？」、「如果舒潔衛生紙改變品質，您是否願意使用它？」。

對假設性問題，被調查者的答案大多是肯定的。這種以探測被調查者未來行為的問題，其答案並無具有任何事實上之意義，因為一般人皆有願意嘗試、或獲得某些新的事實或經驗的心態。

4. 避免籠統曖昧性的問題

問卷問題的內容應盡量具體化，以便使被調查者容易回答。所謂具體化是指將時、地、物等要件加以明確化。例如「您曾用過什麼品牌的原子筆？」，此一問題對於「物」的敘述雖然很明確，但對「時」的要件則不明確，故若能將問題改成為「您現在使用什麼品牌的原子筆？」，則將會由被調查者獲得更具體、更明確之答案。例「您對輔大企管系是否感到滿意？」，相較於前一問題，此問題的主要缺點是對「物」的要件欠缺明確，因為問題之內容涉及到課程、設備、師資、教

學方法、社團活動等等，故須將問題更進一步的細分為「您對輔大企管的課程是否感到滿意?」、「您對輔大企管的師資是否感到滿意?」、及「您對輔大企管的圖書設備是否感到滿意?」等問題，如此才不會造成籠統曖昧。

5.避免多意語之辭句

所謂多意語辭是指因人之不同，對辭句意義之瞭解也截然不同。如「普通」、「通常」、「很多」、「一般而言」等之語句，在調查問卷中應盡量避免使用。例如類似「您通常喜歡到什麼地方玩?」之問題，不宜採用。

上述問題之「通常」一辭，對於不同的被調查者具有不同之意義，但若能將此問題所及之時間因素，縮短至較為狹窄的期間內，如「上星期日，您到什麼地方去玩?」，則會減少答案的差異性，獲得較為「平均」的答案。

6.避免困窘性問題

所謂困窘性問題 (Embarrassing Question) 是指被調查者不願在調查者之面前回答的問題，如年齡、所得、教育程度、及其他易於引起反感的問題。在調查問題中困窘性問題應盡量避免出現，否則不但無法獲得正確的答案，反而會妨礙調查的進行。若無法避免問及上述之問題，且又想要獲得被調查者的真實答案，可採用下列之方法加以調查:

(1)間接問題法 (Indirect Question)：不直接對被調查者問及對調查問題的看法、或要求直接回答調查問題，而改問被調查者認為第三者對該項問題之看法、或在問題的答案上給予某些彈性，例如:

問: 請問您的年齡是?

答: (1)□ 21～25 歲　(2)□ 26～30 歲　(3)□ 31～35　(4)□ 36～40 歲
　　(5)□ 41～45 歲

問: 有些婦女不喜歡家庭計畫，請問您能想出她們的原因嗎?

間接問題的運用，其目的是套取被調查者自己的看法，因此於獲得答案之後，應立即追問直接問題，「您是否同意她的看法?」。

(2)卡片整理法 (Card-sorting Technique)：利用卡片將困窘性問題的答案，以「是」與「否」兩類，分別記入於卡片，然後再將卡片遞給被調查者，要求被調查者從中選取一張，並將其擲入於盒子、或木箱中。為降低困窘氣

氛，調查者可以暫時離開現場，由被調查者自行選取卡片投入於盒子、或木箱中。

⑶隨機反應法 (Randomized Response Technique) ❸：將兩個問題，即困窘性問題與非困窘性問題同時列出，利用隨機抽樣法由被調查者從中選擇一個問題。如以調查 20～30 歲之女性對避孕狀況的調查為例，調查員可同時列出下列兩種不同之調查問題：

①在過去三個月內，您是否使用過避孕藥？

②您出生的月份是 5 月？

上面之兩個問題中，問題①是屬於困窘性問題，但為了要由被調查者取得可靠資料，調查員只要求被調查者利用「是」或「否」之答案，回答上述之兩個問題中之任一問題，即可達到調查之目的，但調查員並不知道被調查者會回答那一個問題，故調查者可以於事先利用 100 張卡片，其中 80 張為紅色、20 張為白色，放置於箱中，由被調查者從中選取一張卡片，如果是紅色卡片，則須回答問題①，若是白色，則須回答問題②。當被調查者在抽取卡片時，調查員不可觀看，故被調查者到底回答那一個問題，調查者並不知道，如此被調查者才能保持私人秘密，真實的回答問題。調查完畢後，調查員再根據下列公式，推算困窘性問題回答者之百分比。

$$\lambda = P\pi_1 + (1 - P)\pi_2$$

λ：答案「是」的百分比（第一及第二個答案）

P：第一個問題（困窘性問題）被抽出的機率

$(1 - P)$：第二個問題被抽出的機率

π_1：困窘性問題答案「是」的百分比

π_2：第二個問題答案「是」的百分比

假定調查結果，回答「是」的答案是 10%，即 $\lambda = 0.1$，由於困窘性問題被抽出的機率為 0.8，即 $P = 0.8$，第二個問題被抽出的機率為 0.2，即 $1 - P = 0.2$。經政府發佈之人口資料，假定 20～30 歲之女性在 5 月出生者占女性總人數之 6%，依

---

❸閔游，《市場研究：基本方法》，巨浪出版社，第 26 頁。

上述之公式，則：

$$0.1 = 0.8\pi_1 + (1 - 0.8) \times 0.06$$

$$0.8\pi_1 = 0.1 - (1 - 0.8) \times 0.06$$

$$\pi_1 = \frac{0.1 - (1 - 0.8) \times 0.06}{0.8}$$

$$= 11.0\%$$

即在 20～30 歲之女性，有 11.0% 承認在過去三個月內使用過避孕藥。

10.3.2　問題的編排

調查問題的編排順序應根據心理學原則，設法使被調查者樂於回答，降低抗拒性，編排原則如下：

⑴第一個問題必須具有趣味性且容易回答，如此才能引起被調查者的興趣，縮短調查員與被調查者間之距離。如果第一個問題是困窘性、或不易回答之問題，則可能會遭到拒絕回答，調查難以進行。

⑵由淺入深，再由深入淺。

⑶凡涉及到私人隱密性問題，即困窘性問題、或可能會引起被調查者困擾而導致不愉快之問題，應將其編排於最後。

⑷前後問題應保持連貫性，以避免被調查者的思想中斷。

⑸調查問題的數目不能過多，若問題的數目太多可能會降低被調查者回答問題的興趣，甚至會拒絕繼續回答。一般情況下，問題回答的時間，宜限於 15 分鐘至 25 分鐘之間，故問卷問題也應以 15 至 28 題最恰當，若問卷問題超過 40 個問題，將會影響被調查者之心態，容易產生不實的回答，降低調查之正確性。

10.3.3　調查問卷的體裁

調查問卷型式之適當與否，也會關係到資料蒐集的成效、及影響資料處理的

成本。一般而言，理想之調查問卷應具備的條件是：

1. 紙質與印刷

問卷用紙不可使用容易破損的紙張。問卷的印刷必須清晰，使被調查者能一目了然。

2. 問卷的大小

原則上，為配合電腦作業，其大小以 A4 為最理想。

3. 資料處理

問卷問題的編排、印刷、尺度、電腦代號的設定應考慮到資料處理之方便性。

表 10–2　調查問卷格式

	Col,
觀光旅客消費及動向調查問卷	
中華民國　　年　　月　　日	1 □□□□ 4
主辦單位：輔大商學院	編號
委託單位：交通部觀光局	5 □□ 6

中華民國交通部觀光局為求不斷改善臺灣的觀光環境，提供更佳的觀光服務，特委託輔大商學院辦理消費及動向調查，敬請惠予協助，謝謝您的合作。

Q1. 請問您於何時抵達臺灣？　　月　　日　　　　　　　　7 □□ 8

Q2. 請問您是第幾次來臺灣？　　　　　　　　　　　　　　9 □
　　(1)□第一次　(2)□第二次　(3)□第三次　(4)□第四次　(5)□第五次
　　(6)□第六次　(7)□第七次　(8)□第八次　(9)□第九次，及以上

Q3. 請問您這次來臺灣之前是否還到過其他地方？　　　　10 □
　　(1)□直接到臺灣　(2)□經由其他國家轉到臺灣（轉答SQ1.）
　　　　SQ1. 請問來臺灣之前，所經過之國家的名稱是：＿＿＿＿國、
　　　　　　＿＿＿＿國、＿＿＿＿國　　　　　　　　11 □□□ 13

Q4. 請問您這次來臺灣旅行是否有預先支付費用？　　　14 □
　　(1)□有（請轉答 SQ2.、SQ3.、SQ4.、SQ5.、SQ6.、SQ7.、SQ8.）
　　(2)□沒有
　　　　SQ2. 請問上述之費用是付給那一家旅行社？　　15 □
　　　　　　＿＿＿＿旅行社
　　　　SQ3. 請問您參加之旅行團的名稱是？　　　　　16 □
　　　　　　＿＿＿＿旅行團
　　　　SQ4. 請問您所預付的費用共包括幾個人？　　　17 □
　　　　　　＿＿＿＿人
　　　　SQ5. 請問您旅行團的旅行天數是？　　　　　　18 □
　　　　　　＿＿＿＿天
　　　　SQ6. 請問您預付之費用項目是？

預付費用項目	金額	
1. 旅館房間費		19 ☐
2. 餐飲費		20 ☐
3. 臺灣境內飛機費		21 ☐
4. 陸上交通費		22 ☐
5. 海上交通費		23 ☐
6. 購買物品費		24 ☐
7. 娛樂費		25 ☐
8. 雜費		26 ☐

SQ7. 請問您預付的總金額是? 　　　　　　　　　　　　　　　 27 ☐
　　　US$＿＿＿＿＿＿
SQ8. 請問您曾到過那些地方觀光?
　　　＿＿＿＿＿＿＿＿＿＿＿＿＿＿＿＿　　28 ☐ 29 ☐ 30 ☐ 31 ☐

基本事項

國籍:　　　　　　　　　　　　　　　　　　　　　　　　　　　32 ☐☐
性別: (1)☐男　(2)☐女　　　　　　　　　　　　　　　　　　　33 ☐
年齡: (1)☐20 歲以下　(2)☐21～30 歲　　　　　　　　　　　　34 ☐
　　　(3)☐31～40 歲　(4)☐41 歲～50 歲
　　　(5)☐51～60 歲　(6)☐61 歲以上
教育程度: (1)☐小學　(2)☐中學　(3)☐高中　　　　　　　　　　35 ☐
　　　　　(4)☐大學　(5)☐其他
職業: (1)☐商　(2)☐公　(3)☐學生　(4)☐主婦　　　　　　　　36 ☐
　　　(5)☐其他
訪問對象:
訪問員:
調查日期:
飛機班次:
航空公司:
督導員:

10.4　問卷設計之步驟

　　影響直接資料正確度之各種要素中,調查問卷是屬於可控要素之一,故於調查實施之前,若能對調查問卷設計多加用心,則有助於提高直接資料的正確性。以下是調查問卷設計應循之步驟。

10.4.1　調查項目的決定

調查項目是依調查目的而設定。如以消費品之行銷研究為例，主要之調查項目計有：

(1)使用狀況。　　　　　　　　(2)用途。

(3)使用期間。　　　　　　　　(4)使用品牌。

(5)購買場所。　　　　　　　　(6)接觸之廣告媒體。

(7)購買建議。　　　　　　　　(8)購買態度。

(9)產品種類或類型。　　　　　(10)產品功能。

(11)期望功能。　　　　　　　　(12)付款方式。

(13)品牌知名率。

10.4.2　問卷問題的設定

利用「腦力激盪法」、或「小組會議」之方式，針對調查問題的項目，將所能想出的問卷問題，分別列入於卡片中，並依遭受的問題點，逐一加以檢討，然後再從中選擇最佳問題。茲以「罐裝咖啡飲料」之調查為例，說明如下：

1.使用狀況之問卷問題

(1)在最近這一個月內，您有沒有用過××牌之罐裝咖啡飲料？

(2)在最近這一個月內，您有沒有用過罐裝咖啡飲料？

(3)為了提高生活情趣，在最近這一個月內，您有沒有飲用過罐裝咖啡飲料？

在上述之三個不同的問卷問題中，問題(1)的內容包括使用狀況、及使用品牌兩個問題，它僅能瞭解××牌之使用狀況，卻無法使調查者瞭解整個罐裝咖啡飲料市場之狀況。問題(3)則含有目的性語氣，即強調罐裝咖啡飲料的飲用與提升生活情趣有關，但事實上，並非每一個人皆為了同一目的而飲用罐裝咖啡飲料，故問題(3)的採用也無法達到瞭解市場狀況之目的。與問題(1)及問題(3)相比較，問題(2)採用之辭句最為「中性」，因為它沒有提示、或暗示調查者之觀點，故宜採用之。

2.用途之問卷問題

(1)基於何種需求飲用罐裝咖啡飲料?

(2)在何種情況下飲用罐裝咖啡飲料?

(3)在何種場合飲用罐裝咖啡飲料?

問題重點之不明確是問題(1)之主要缺點。在以需求為問題重點的情況下，罐裝咖啡飲料的用途可能超過飲用範圍，如因受到他人的影響、或追求時髦而飲用，故不可將用途限制於飲用之範圍內。此外，萬一遇到一位存心搗蛋之被調查者，則往往會有莫名其妙之答案出現。問題(2)的重點在於飲用的時機 (Timely)，如口渴、疲勞、無聊等等是偏重於功能方面之問題。假定調查是以獲取功能方面之資料為目的，則可採用問題(2)作為問卷之問題。至於問題(3)，其主要重點是瞭解飲用場所，如餐廳、室內、集會、郊遊等等，若產品的用途是偏重於場所方面之效用，則可採用類似問題(3)之問卷問題。

3.使用期間之問卷問題

(1)迄至目前為止，飲用罐裝咖啡飲料的時間有多久?

(2)由何時開始飲用目前之罐裝咖啡飲料?

(3)由何時開始飲用罐裝咖啡飲料?

就問題(1)而言，被調查者必須追溯以往飲用過的罐裝咖啡飲料，涉及到記憶性問題，故較難獲得正確的答案。問題(2)著重於「現在」飲用之品牌，至於問題(3)則包含以前使用過的品牌。雖然利用問題(3)可以獲得目前及以前使用過之品牌資料，但卻面臨到與問題(1)所遭受之相同問題，即記憶性問題，也不易獲得正確之答案，故宜採用問題(2)。倘若要進一步地瞭解以前使用過之品牌，則應另外設計調查問題，例如:

Q.「除了目前飲用之罐裝咖啡飲料之外，是否曾飲用過其他品牌之罐裝咖啡飲料?」

轉答 ┬(1)□飲用過　(2)□沒飲用過
　　　└→SQ. 請問由何時開始飲用?

4.使用品牌之問卷問題

(1)在這半年內，您曾飲用過那一家廠商之罐裝咖啡飲料?

　　⑵除了伯朗、左岸、韋恩、及貝納頌之品牌之外，市面上仍有其他品牌，請問在這半年內，您曾飲用過什麼品牌之罐裝咖啡飲料？

　　⑶在這半年內，您曾飲用過什麼品牌之罐裝咖啡飲料？

　　一般而言，人通常不易記得以往廠商之名稱，故除非有特別的需要，否則採用問題⑴之問題，很難獲得完整的品牌答案。至於問題⑵，則因涉及到伯朗、左岸、韋恩、及貝納頌等之品牌名稱，具有誘導性作用，對被調查者而言，即使是沒有飲用過上述之品牌，也會有「使用過」之答案出現，產生使用率偏高之現象。對問題⑶而言，除了在時間因素上加以限制外，並無含有誘導性辭句，與問題⑴及問題⑵比較，問題⑶的採用，可獲得正確的答案。

5.購買場所之問卷問題

　　⑴請問您是在何處購買罐裝咖啡飲料？

　　⑵請問您是在何處購買伯朗、左岸、韋恩、及貝納頌之品牌的罐裝咖啡飲料？

　　雖然問題⑴及問題⑵皆可達到瞭解購買場所之目的，但在問題之選擇上，必須考慮問卷問題之類型。假定問卷問題是屬於多項選擇問題、或是自由回答問題，則應採用問題⑵，否則應選用問題⑴。

6.接觸媒體之問卷問題

　　⑴請問您曾看過那一家廠商之罐裝咖啡飲料的廣告？

　　⑵請問您是否看過目前您飲用之罐裝咖啡飲料的廣告？

　　⑶請問您是由何處得知罐裝咖啡飲料的品牌？

　　⑷請問您是由何處得知目前您飲用之罐裝咖啡飲料的品牌？

　　問題⑴太過於強調廣告。事實上，產品的訊息除了可經由廣告獲得外，還可透過「店員推薦」、或「親友推薦」等各種不同之傳遞訊息的媒體。問題⑴除了將獲知訊息的媒體限制於廣告外，由於還含有時間因素，故應將時間明確的表示出來，因為在購買前，購買者會記得接觸到的廣告媒體，但購買後，可能會將接觸到的廣告媒體忘掉。在接觸訊息的媒體上，問題⑶雖無問題⑵及問題⑴之缺點，但卻無法由問題⑶獲得飲用特定品牌所接觸過之訊息的媒體。問題⑷的採用雖然也可以達到瞭解所接觸訊息之媒體別之目的，但問題順序的編排，須考慮到與前項問題的關聯性。例如：

Q.「請問您目前飲用那一家品牌的罐裝咖啡飲料?」

Q.「請問您是由何處得知目前您飲用之罐裝咖啡飲料的品牌?」

7.購買建議之問卷問題

⑴請問是由誰建議購買罐裝咖啡飲料?

⑵請問是否是您的小孩、或家人建議購買罐裝咖啡飲料?

行銷研究最忌諱的是涉及個人、或家庭的私事,但在調查問題中,這一類型的調查問題所占之比率卻相當高。前述之問題⑴、及問題⑵皆涉及到個人、或家庭,不過問題⑴給一般人的感受不如問題⑵的強烈,且問題⑵還將答案限制於小孩及家庭,事實上,購買罐裝咖啡飲料之建議者並不僅限於小孩及家庭。

8.購買態度之問卷問題

⑴請問您是以何種方式購買罐裝咖啡飲料?

⑵請問您是否以指名方式購買罐裝咖啡飲料?

在購買態度之範圍上,指名購買也算是購買態度之一種。問題重點之不明確是問題⑴之主要缺點。以「何種方式」為問題重點之情況下,會因被調查者之不同,出現之答案也大相逕庭,例如「分期付款」、「服務」、「保證」等等。至於問題⑵雖然將答案限制於指名,但也可進一步利用多項選擇問題,擴大答案範圍。

10.4.3　調查問卷的檢核

為了避免資料分析的作業或調查結果產生困擾、或影響調查之實施,在調查問卷設計之過程中,應注意下列之檢核事項:

1.特定用辭之定義

在調查項目中,往往會有容量、重量、職業等等之特定用辭出現。對這些特定用辭,於調查問卷設計之當時,若不事先加以明確的定義,則會產生統計上、或解釋上之困擾。如以衛生棉的購買量之調查為例,衛生棉的包裝可分為 10 片裝、20 片裝、及 30 片裝等三種不同的包裝,在此情況下,若不對包裝片數給予明確的定義,則會因包裝片數,而降低調查資料之運用效果。又以職業為例,所謂自由

業指的應是醫生、律師、會計師、建築師等，但有些人往往會按「自由」的字眼，誤解為晚上上班，白天在家休息之特種職業的人，而使調查結果與實際情況產生很大之差異。

2.問題之編排

(1)前項問題對後項問題的影響：一般而言，調查問卷之前項問題的內容，往往會影響後項問題的答案，故調查問卷問題之編排順序，應特別注意前項問題內容對後項問題答案的影響程度。茲以購買態度為例，將前項問題對後項問題的影響程度，列表如下。

表 10–3　前項問題內容對後項問題答案之影響程度表

前項問題內容

購買態度	毫無提及	提及產品優點	提及產品缺點	同時提及產品優點與缺點	同時提及產品缺點與優點
非常有興趣	2.8%	26.7%	0%	5.7%	8.3%
有興趣	33.3%	19.4%	15.6%	28.6%	16.7%
普通	8.3%	11.1%	15.6%	14.3%	16.7%
無興趣	25.0%	13.9%	12.5%	22.9%	30.6%
根本無興趣	30.6%	28.9%	56.3%	28.5%	27.7%
合計	100.0%	100.0%	100.0%	100.0%	100.0%

(2)自由回答問題：為了提升被調查者的興趣、樂意接受調查，調查問卷的第一個問題，除了採用兩項回答問題之外，也可以採用自由回答問題，但求能立即引起被調查者的興趣，自由回答問題應以被調查者的意見為問題之內容。至於涉及到私人之隱密性的問題，則不宜編排於調查問卷之第一道問題，以免使被調查者產生抗拒性，影響調查的進行。

(3)困窘性問題：凡關係到個人所得、知識(Knowledge)、能力(Ability)、地位(Status)、及私人秘密等之問題，須等到其他問題順利調查完畢之後方可提出，如此才不會引起被調查者的反感而中斷調查的進行。在調查問卷中倘若有困窘性問題，則應將其編排於問卷之最後部位。

(4)附屬問題(Sub-question)：所謂附屬問題是指由主問題衍生出來的問題。例如：

Q: 這一個星期內您有沒有喝過牛奶?
—(1)□有　(2)□沒有
└→(SQ) 請問您喝過那一品牌的牛奶?

在問卷問題中,附屬問題是不可避免的,由於附屬問題的整理須以主問題作為統計之基礎,故若忽略了主問題與附屬問題間之關係,則會影響到調查結果之正確性。為了明確的表示兩者間之關切,避免被調查者、或調查者於調查進行的過程中產生困擾,可利用引導方式,降低調查的困擾。

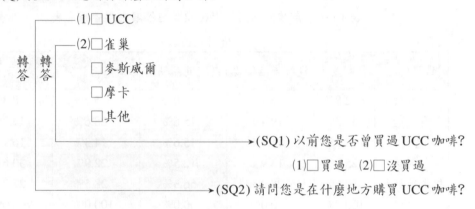

(Q) 最近一次您購買什麼品牌的咖啡?
　　—(1)□ UCC
　　—(2)□ 雀巢
　　　　□ 麥斯威爾
　　　　□ 摩卡
　　　　□ 其他
　　　　　　　　　　　　　　(SQ1) 以前您是否曾買過 UCC 咖啡?
　　　　　　　　　　　　　　　(1)□ 買過　(2)□ 沒買過
　　　　　　　　　　　　　　(SQ2) 請問您是在什麼地方購買 UCC 咖啡?

3.試　訪

當調查問卷的初稿設計完全之後,接下去的作業便是藉由試訪 (Pre-test) 來探討調查問卷的適用性。

有關試訪要探討之項目,除了問卷問題之辭句外,還得將被調查者對各項問題回答之態度、反應等一併加以檢討,以供日後正式調查時,調查員之訪問方式、及各項調查問題的發問順序等之有關作業之參考。一般而言,試訪應探討之項目計有下列數項:

(1)被調查者的態度與反應。

(2)調查問題遭受之問題點。

(3)各項問題之追加、刪減、或先後順序之變更等。

(4)調查問題數目之增加、或減少。

(5)問卷問題之有關用辭的修正。

(6)調查問題類型之調查調整。

(7)除了調查問題之外，其他須特別留意之事項。

(8)資料整理及分析遭受到之困難點。

(9)試訪結果與預期結果之比較。

4.問卷之符碼化

所謂符碼化 (Coding) 是指為使調查資料容易整理起見，將調查的答案以數字、或號碼表示之一種資料的整理方法。為降低錯誤發生之可能性，在符碼化之前，行銷研究人員應預先設定答案符號表 (Code Number Sheet)，同時亦應於調查問卷設定答案符碼 (Precoding)，以利資料迅速蒐集。

（例）答案符號表

樣本編號			地區	性別	年齡	學歷	職業	所得	籍貫	Q1 有無	Q2 品牌	Q3 購買頻度	Q4 購買原因	Q5 購買場所	Q6 購買者
1	2	3	4	5	6	7	8	9	10	11	12	13/14	15/16	17/18	19/20

Summary 摘 要

一份有效的調查問卷必須包含問卷問題、分類資料、確認資料、及面函等四大單元。問卷問題是指為蒐集所需之資料，依調查目的設定之各種有關之問題，這些問題構成了調查問卷之主體。分類資料是供確認實際樣本特性與設定樣本特性間之差別，供推估調查結果之參考及實施交叉分析之用。確保調查資料之正確性為目的之資料稱為確認資料，至於要求被調查者接受調查之資料則稱為面函。

調查問卷之問卷問題型式須依調查目的與資料特性而定，其型式計①自由回答問題，②兩項選擇回答問題，③多項選擇回答問題，及④順位回答問題。

　　為求避免產生調查偏誤，問卷設計須考慮的原則有問題之內容、問題的編排、問卷的體裁等項目。在問題之內容方面應特別注意問題之內容應能夠回答、避免誘導性、避免假設性、避免籠統性、避免多意性、及避免困窘性等。

　　至於調查問卷之設計則須循一定之步驟進行：即決定調查項目、問卷問題的設定、問卷的檢核等步驟。

課　後　評　量　*Review Exercises*

①調查問卷之構成要素有幾？試列舉之。

②試述分類資料之必要性。

③何謂「順位回答問題」？適用於何種資料之蒐集？

④何謂誘導性問題？試列舉之。

⑤試論試訪之必要性。

第11章
實地調查

利用調查員實地從事直接資料蒐集之有關作業稱為實地調查，在直接資料之相關作業中,實地調查與調查問卷設計是兩大可控度最高之降低調查偏誤之變數，是左右調查成敗之關鍵要素。

針對如何有效進行實地調查，本章分別以實地調查之意義、實地調查之實施步驟、訪問技巧、調查手冊、及調查管理等五大單元，予以探討。

釋例 調查管理

直接資料蒐集的潛在危機是調查人員的舞弊及調查人員的良莠不齊，為了防止調查員舞弊，確保調查品質，實地調查須建立一套調查管理制度，構成項目包括調查員甄選、調查員訓練、訪問技巧、調查手冊、及舞弊的預防與發覺。

調查員甄選考慮事項有: 年齡、性別、外表、經驗、理解力、判斷力與適應力等。調查員訓練之主要目的是在彌補調查員經驗之不足，訓練項目包括調查前應注意事項、調查當時應注意事項、及填寫調查問題應注意事項。至於訪問技巧則指如何引導被調查者接受調查、調查問題之發問方法、與答案蒐集等之技巧。調查手冊則指調查員之調查執行準則。舞弊的預防與發覺指的是調查員偽造問卷答案、或不依規定自行選擇樣本等之行為預防與掘發等之對策。

11.1 實地調查之意義

就廣義而言，實地調查實施之範圍應包括直接資料與間接資料的蒐集，但若進一步地細分，前者謂之實地調查 (Field Research)，後者稱為桌上調查 (Desk Research)。本章探討之實地調查是以直接資料的蒐集為範圍，即利用調查員實地

從事直接資料蒐集之有關作業。

在直接資料的蒐集過程中，母體的設定、樣本數的計算、抽樣方法的選擇、調查方式的決定、調查問卷的設計、及調查的實施等六大調查作業，均會左右調查結果的可靠性，故對上述之六大要素控制的程度，將會關係到市場調查 (Market Survey) 的成敗，但就實際情況而言，除了問卷的設計與調查的實施之外，其他之四大要素，企業本身並無具有絕對之控制能力。為求提高、或維持直接資料的可靠度，在行銷研究的作業中應特別重視問卷的設計與調查的實施，尤其是直接資料蒐集的實地調查，行銷研究人員若對其稍有疏忽，則所投入於直接資料蒐集之一切心血將會付諸東流。

11.1.1　實地調查之偏誤

實地調查是指由調查員面對被調查者蒐集所需資料之相互往來的過程 (Interpersonal Process)，故調查員與被調查者不僅會影響實地調查之成敗，同時也是產生調查偏誤的根源，茲將其分別概述如下：

1.調查員之偏誤

調查員的工作態度與個性均會影響實地調查的結果。根據統計，由調查員引發出來之調查偏誤來自於：

(1)意識性造成之調查偏誤：所謂意識性是指調查員不遵守指定方式，依自己的主觀意識調查指定外的調查對象、或是根本不去調查，由自己偽造調查結果之行為。根據日本立教大學林山孝喜教授的統計，日本每次的實地調查中，意識性調查員約占了 10～30%，而偽造調查結果之調查員所占的比率約為 1% 左右。在國內雖然沒有統計資料，不過依筆者之經驗，偽造調查結果之調查員的比率，高達 5% 至 6%。

(2)無意識性造成之調查偏誤：行銷研究人員也會因個人一時的疏忽而誤解被調查者的回答，此種無意識性而發生的錯誤，也是產生實地調查偏誤的一大要因。除了疏忽之外，調查員的個性與調查經驗也會影響調查偏誤。如以被調查者回答「不知道」的答案為例，根據日本市場調查機構的統計，

個性外向的調查員所獲得之「不知道」答案的比率較之個性內向的調查員高出一倍，此種現象是表示個性內向調查員具有盡力達成調查任務的特性。此外，經驗豐富的調查員所獲得之「不知道」答案比率，也較之無經驗的調查員高出 2 倍。由此可知，調查員的選擇切不可僅偏重於經驗，也不可忽略調查員的訓練。

2.調查不能之偏誤

在調查實施之過程中，一定會有調查不能的樣本出現，使調查產生偏誤❶。雖然調查不能的樣本數的比率，可藉由事先設定的樣本回收率來控制調查的可靠性，但於實際回收率仍然高於預計回收率的情況下，假定調查不能樣本的比率偏向於某一特定現象，則還會出現調查偏誤，故當有調查不能之情況發生，行銷研究人員應對產生調查不能之各個有關項目，逐一加以分析，以便瞭解是否有偏向某一特定現象。一般而言，實地調查遭受到的調查不能項目計有：①死亡，②遷移，③生病，④長期外出，⑤拒絕回答等五大項目。

所謂回收率是指實際回收樣本數對預計樣本數之比率，故回收率越低，則表示調查不能之比率越高。由於回收率會直接影響到調查結果之正確度，故實地調查結束之後，督導人員應親自再次的訪問調查不能之樣本，以瞭解調查不能之理由，並盡可能地設法補救。補救方式可採用「再次調查」方式❷。至於「再次調查」是指由調查不能之樣本層中，再次設定「次級樣本」(Sub-sample)，利用隨機抽樣方式，由熟練調查員再度進行追蹤調查，並將調查結果乘上適當的權數之後，併入於原先最初的調查結果，即：

抽出樣本數：n 人，推定回答比率 P

回收樣本數：n_1 人，回答比率 p_1

調查不能樣本數：n_2 人

$n = n_1 + n_2$

---

❶村上孝喜，《調查統計ハンディブック》，月刊工業新聞社，昭和 46 年 2 月 21 日，第 413 頁。

❷川煙篤輝，《マーケティグ・リサーチの實務：計量的手法の進め方》，月刊工業新聞社，昭和 63 年，第 38 頁。

再次調查樣本回收數：n'_2 人，回答比率 p'_2

將 n'_2 人之回答率視為 n_2 人之回答率

則： $P = \dfrac{n_1 p_1 + n_2 p'_2}{n}$

11.1.2　實地調查之類型

　　根據市場類別之不同，實地調查可區分為消費市場實地調查與工業市場實地調查兩大類❸，茲概述如下：

1.消費市場實地調查

　　針對消費者實施之實地調查 (Consumer Interviewing)，通常以家庭、街頭、或公共場所等作為訪問的場所，實施之主要準則如下：

⑴須依規定之抽樣方式去選取調查對象。

⑵須於事先設定預備樣本，以備在調查不能之情況下，替代原有之調查樣本。

⑶對每一項調查問題均須完全瞭解。

⑷必須設法鼓勵被調查者接受調查。

⑸隨時注意被調查者的反應，避免調查偏誤之發生。

⑹於調查進行中，應使被調查者從頭到尾對調查保持興趣，並避免談及與調查無關之話題。

⑺不可有迎合被調查者的要求、或誘導被調查者順從本身意向之行為。

2.工業市場實地調查

　　對公司法人實施之實地調查 (Business Interviewing) 謂之工業市場實地調查，它除了須遵守上述之消費市場實地調查規定之準則外，還應特別注意下列事項：

⑴調查員必須具備與調查對象有關之產品、生產方式、使用之原材料、生產設備及技術等之知識。

⑵應與被調查者預先約定調查時間，並依照被調查者安排的時間，準時前往訪問。

---

❸Luck, Wules and Taylor, *Marketing Research*, 2nd edition. Prentice Hall, 1974, p.235.

⑶訪問之前，應將調查目的、調查項目、及調查時間預先告知被調查者，期
　以節省被調查者的時間，使之容易接受調查。

11.2　實地調查之實施步驟

為達到預定之調查目的、及降低可能遭受之調查偏誤，實地調查之實施宜循
下列之步驟進行。

11.2.1　調查時程表之編擬

　　對企業而言，幾乎所有之行銷研究案件都委託外界的市調專業公司代為實施，
但企業本身也須具備行銷研究方面之有關知識，如此方能評估、或瞭解市調機構
之調查能力。尤其是實地調查之實施，委託單位必須預估耗用於時地調查所需之
日數、及投入之有關調查作業，並利用計畫評核術 (PERT)、CPM、或甘特圖 (Gantt
Chart) 等作為工具，編製調查時程表隨時掌握實地調查的進行概況，降低調查延
誤之發生。以下是利用甘特圖編製之調查時程表。

表 11–1　調查時程表

作業項目 ＼ 月別 日期	6 月						7 月					
	5	10	15	20	25	30	5	10	15	20	25	30
調查員甄選	→											
訓練手冊		→										
調查員訓練			→									
試訪				→								
調查實施									→			
覆查						→				→		
問卷整理										→		
調查費用發放											→	

11.2.2　督導員之甄選

督導員 (Field Supervisor) 是指在調查現場代表調查機構督導調查作業的進行、解決調查遭受到之問題、並防止調查人員舞弊行為發生之實地調查作業人員。督導員的素質與能力直接關係到調查資料之正確性，故應謹慎甄選督導人員，以下是甄選須考慮之要件：

1.豐富的實地調查經驗

調查員的事先訓練與現場督導是督導員之主要職責。就前項之訓練工作而言，主要內容不外乎是如何教導調查員觀察調查對象，引起接受調查的興趣。就現場督導上，由於在調查進行之過程中，調查員可能會遭受到事先無法料想之突發狀況，這些狀況若不能立即排除，其後果必定會影響到調查的進度與成效。為了使上述之各項問題均能一一克服，一位理想的督導人員，除須具有調查理論之基礎外，更須擁有豐富的實地調查經驗。

2.工作熱忱及耐心

實地調查是一件既費時又耗神的工作。在調查實施之際，督導員除了須因應個別突發事件，還得於調查現場初步審核調查問卷，並作選擇性的複查工作。為求統籌全局，以竟全功，督導員須從頭到尾、均應事無巨細地全力投入，故督導員除非對調查工作具有熱忱與耐心，否則很難勝任前述之各項要求。

3.良好的品德

於實地調查進行之際，督導員應對調查經費的實際支出、及調查員工作成果的評估等負完全責任，委託當局對上述之諸項作業之批准，僅不過是形式上的手續而已。由於行銷研究是屬於專業性工作，局外人員不易瞭解其中之奧秘，故督導員在品德上若稍有瑕疵，則會影響預定的調查成效。

11.2.3　調查員之甄選

通常情況下，調查員的選任，應就下列事項加以考慮之：

1.年　齡

就國內之實際情況，為降低被調查者之抗拒性，市場調查員大多由學生擔任，年齡通常介於 20 歲至 25 歲之間。前述之年齡雖然適用於一般性調查，但若被調查者具有特殊背景，如經理級人員、或專業技術人員，為求配合被調查者之身分，降低被調查者抗拒心態，則應考慮調查者之年齡。

2.性　別

原則上，應與商品特性和調查對象配合，即女性用品應採用女性調查人員，但中性商品的調查，如飲料、食品等，最好也能由女性調查人員擔任，期以降低被調查者之抗拒性。

3.外　表

調查成敗之關鍵，往往取決於調查人員給予被調查者之初次印象，故調查員的外表應以不被人感到討厭為原則。

4.經　驗

若能於事先充分實施調查訓練，則生手也可如願以償的達成所賦予之調查任務。反之若無法實施完整的調查訓練，於甄選時則應考慮調查員之調查經驗。

5.理解力與判斷力

基本上，調查員應確實瞭解調查目的與內容，以便能預先掌握調查成果。另一方面，由於調查對象並非皆具有相同的知識水準，對同樣問題的回答，往往無法完全一致，因此調查員對被調查者反應的判斷能力，也是左右調查資料正確度的主要關鍵。

6.適應性

實地調查須接觸各種不同階層的人，故調查人員的個性若過於內向、或不夠直率，將不易受到被調查者歡迎，阻礙調查之進行。

7.筆　跡

雖然不必要求秀麗的筆跡，但至少應以能被任何人輕易辨識的筆跡為基本要求。

11.2.4　調查員之訓練

　　適當的訓練可以彌補調查員經驗的不足，提高行銷研究之效率。調查員訓練的實施，應由行銷研究之負責人、督導人員、或委託外界之專家負責，至於訓練之內容，主要的計有下列十項：

　　⑴樣本抽出順序。

　　⑵被調查者的選取。

　　⑶被調查者經濟狀況之判斷。

　　⑷調查的技巧。

　　⑸調查問題之發問方法及發問的先後順序。

　　⑹「不知道」回答之處理。

　　⑺問卷問題之解釋。

　　⑻突發事件之處理。

　　⑼調查事項之核對。

　　⑽調查費用之報銷。

　　除了上述之十大訓練項目外，訓練人員還應對調查人員，就下列有關之調查注意事項，加以詳細講解：

1.調查前應注意事項

　　⑴使被調查者保持愉快之心情。

　　⑵避免被調查者感到厭煩。

　　⑶使被調查者瞭解調查之重要性。

　　⑷保證嚴守被調查者之秘密。

　　⑸注意被調查者之神情及反應。

　　⑹調查過程之記錄。

　　⑺使被調查者樂意回答到最後一個問題。

　　⑻避免爭論、批評等事件之發生。

　　⑼瞭解被調查者之知識背景。

(10)調查資料之再核對。

(11)同時進行調查與觀察。

2.調查當時應注意事項

(1)調查對象應該是事先選定者：由於調查對象是依據抽樣理論設定，若不依照預先選定之調查對象去進行調查，調查結果將無法利用統計原理處理。

(2)若第一次無法訪問，準備進行第二次訪問：在找不到訪問對象之情況下，調查員必須對被調查者之關係者交代約定第二次之訪問時間。假定被調查者堅決拒絕接受訪問，應於調查次數表之「不能調查理由」欄內具體填寫拒絕之理由。

表 11-2　調查次數表

調查次數	日期			訪問時間			備註
1	年	月	日	時	分		
2	年	月	日	時	分		
3	年	月	日	時	分		
4	年	月	日	時	分		
調查不能理由							
□遷移　□外出　□生病　□拒絕　□無此人　□其他							

(3)應對調查對象詳細說明調查理由：接受調查或拒絕調查之關鍵點繫於調查員對目的之瞭解程度，故為求爭取被調查者樂於接受調查，應於調查前詳細說明調查之有關事項。

(4)不得訪問非指定之調查對象：雖然找到了調查對象，但往往也會因調查員本身的個性、教育程度、或年齡之關係，而由被調查者要求其他人士代為接受調查。在此情況下，調查獲得之資料可能無法代表被調查者之本意，調查結果將會影響調查之正確性。

(5)應以一對一方式進行調查：於調查實施之際，假若有他人在側，則被調查者很容易會受到第三者的影響而掩飾本意，使調查者無法獲得正確之資料，故應盡量採用一對一之方式進行調查。

(6)不得有誘導性之發問：調查過程中，倘若遇到被調查者對某項問題的回答有

猶豫不決時，調查員千萬不可給予暗示影響被調查者的想法。

(7)應使被調查者回答至最後之問題：在調查進行中，應隨時注意時間的分配與控制，決不可耗費太多時間於開場白，徒增調查時間，引起被調查者之不悅、或降低接受調查之興趣。

(8)調查問卷應由調查員親自填寫：由於個人條件之不同，對於某些特定問題之回答能力也大相逕庭，為求能統一起見，調查員應親自代被調查者填寫調查問卷。

(9)應攜帶調查工具：調查工具是指調查問卷、身分證明、名片、文具用品、調查禮品、地圖、調查名冊等。完備之調查工具，可使調查作業收事半功倍之效。

(10)事後工作之處理：調查完畢之後，切勿忘記對被調查者道聲「謝謝」，使之留下良好印象。

3.填寫調查問題應注意事項

(1)內容應簡單、明瞭。

(2)原則上，應以鉛筆作為書寫工具。

(3)一旦填寫，即使發生錯誤也不可擦掉，應於錯誤處劃上橫線後，再將正確答案重新填入。

(4)數字須用阿拉伯數字填寫。

(5)答案應填入於預先設定之空格內。

(6)若須填寫「其他」欄，則應將調查事實完整的記入。

(7)疑問之答案，應立即記入於備考欄、或筆記本。

表 11-3　調查對象名冊

調查地區：		調查員：		
樣本數：				
樣本編號	住址	被調查者姓名	日期	調查不能理由

上述之各項要求之達成與教育訓練具有密切關係。一般而言，教育訓練之方

式計有：講解式、實演式、及討論式等三種。但為求調查員能確實體會到實際可能遭受到之各種狀況，在上述之三種不同的訓練方式中最好能採用實演式訓練。

所謂之實演式訓練是指先由訓練人員分別扮演調查員與被調查者，摹擬調查情況，隨後再將調查員分為調查員與被調查者等兩組，分別摹擬實地調查，於調查的演練過程中，由指導人員提出遭受到之困難點，經由大家共同討論、擬定解決對策後，作為問題處理之基準。

11.2.5　試　訪

試訪 (Pretest) 又稱為預備調查。對於已實施過之相同的調查，可以不必經由試訪階段而直接實施實地調查，但對從未實施過之調查，為求避免調查失敗，於從事實地調查之前應實施試訪，以下是試訪之主要目的：

1.預知正式調查可能遭受到之困難點

試訪是小規模之實地調查，可使調查有關人員實際體會到無法由會議桌上想像出來之各種可能遭受之問題，以便於事先採取因應對策。

2.核對調查項目是否符合調查目的，有無必要增加、或刪減調查項目

將試訪資料經過整理與分析之後，可以使有關人員瞭解資料之利用程度及達成調查目的之可行性，以作為修正調查之依據。

3.探討調查問卷之辭句的妥當性

經由各種不同階層之調查對象的試訪結果，可以使問卷設計的有關人員發覺問卷問題之辭句所犯之毛病，如用辭不當、辭不達意等。尤其是對於回答「不知道」之問題，更可藉由試訪的資料，將問題辭句加以適當修正。

4.符碼化妥當性之探討

符碼化 (Coding) 可使調查資料的整理達到迅速、確實之目的，但符碼化之前，應設定「答案符號」(Pre-coding)。為避免於問卷設定之「答案符號」的欄位，無法配合實際的答案而影響調查資料的整理效率，可藉由試訪資料之整理作業，對「答案符號」加以適當的修正。

5.「自由回答」答案之處理方式

由於「自由回答」之答案沒有一定限制，故須投入相當多的時間與人力來整理答案。但若經過試訪，則可依試訪結果將答案劃分為若干不同的類別及範圍，提高「自由回答」答案之整理效率。

6.提供計算樣本數所須之資料

根據主要問題計算出來之標準誤資料，可以推估正式調查所需之樣本數，使調查結果更為精確。

7.探討分層抽樣基礎之妥當性

根據試訪資料所分析之層別資料的變異性，可作為修正分層基準的依據。

8.發覺新的調查方法

於試訪過程中遭受之問題點，經由各個有關人員研討後所研擬之因應對策，有助引進新的調查技術。

為了達到上述之目的，對於重要的調查，應以一百個至二百個樣本作為試訪樣本數。至於一般的調查，試訪的樣本數也應在三十至五十之間。抽樣方式宜採用隨機抽樣法。

11.3 訪問技巧

一般而言，訪問技巧 (Interviewing Technique) 應依調查目的而異，但基本上，訪問技巧應與下列之三大階段相互配合。

11.3.1 導　入

如何使被調查者對調查員產生信心，欣然接受調查是左右實地調查成敗之主要關鍵。導入之目的是如何於調查實施之前，建立被調查者對調查員之信任，降低調查之抗拒性。以下是導入之有關步驟：

(1)調查員之自我介紹。

(2)調查目的之說明。

(3)被抽選為調查對象之理由。

⑷贈送禮品之暗示。

11.3.2　發問方法

當被調查者表示願意接受調查之後，調查員雖然可利用事先準備好的調查問卷開始進行調查，但調查進行之順利與否，則取決於調查員之發問方法。以下是發問時應注意之有關事項：

1. 發問之用辭 (Wording)

在發問時，被調查者的答案會隨著發問用辭之不同，對相同的問題出現不同之答案。例如若將「今天早上您使用那一家廠牌之牙膏?」之問題語句，改為「每天早上您使用那一家廠牌之牙膏?」，則可能獲得截然不同之答案，故於發問時應特別注意用辭之正確性。

2. 發問之方式

雖然須依調查問卷之問題對被調查者進行資料蒐集，但調查員也可以不一定要堅持問題之順序，依次發問，可視調查現況，機動地調整調查問題之順序。如以香煙調查為例，於調查進行之際，若被調查者碰巧正在抽煙，此時有關有無抽煙之問題，調查員可以不必發問。

3. 發問之順序

根據統計，前項的問題往往會影響後項問題的答案❹，故調查員在轉問次一問題之際，應特別注意前一項問題對後一項問題影響之程度。表 11–4 是購買態度調查之實例，由表 11–4 之資料可以很明確的顯示出，前後問題之轉換發問，會深深地影響到被調查者對次一個問題回答之態度。

---

❹Boyd, Westfall and Stasch, *Marketing Research*: *Text and Cases*, 6th edition. Irwin, 1986, p.291.

表 11-4 前項問題內容對後項問題答案之影響程度

購買態度別	前項問題之內容				
	毫無提及	提及產品優點	提及產品缺點	同時提及產品之優點及缺點	同時提及產品之缺點及優點
非常有興趣	2.8%	16.7%	0.0%	5.7%	8.3%
有興趣	33.3%	19.4%	15.6%	28.6%	16.7%
普通	8.3%	11.1%	15.6%	14.3%	16.7%
沒有興趣	25.0%	13.9%	12.5%	22.9%	30.6%
根本沒有興趣	30.6%	38.6%	56.3%	28.5%	27.7%
合計	100.0%	100.0%	100.0%	100.0%	100.0%

11.3.3 答案收集

完整及明確之答案的取得是調查員追求之目標，以不完整、或不明確之答案作為分析的資料，結果將會影響行銷決策之正確性。所謂不完整是指忽略問題核心的答案，例如問：「府上共有幾個人?」，答：「現在正有 2 個人」，或問：「您認為 A 牌汽水具備之特色是?」，答：「非常好」。至於不明確的答案則指答非所問的答案，例如問：「您是否天天都喝牛奶?」，答：「臺灣的人全部都喝牛奶」。雖然被調查者都已回答了問卷之答案，但這些不完整性及不明確性之答案，對調查並無任何意義，故在答案的收集過程中，應盡量避免不完整性及不明確性答案之出現。以下是有關答案收集的原則：

1.具體性

在實地訪問之過程中，調查員應特別注意被調查者的片斷性答案，以便作更進一步地探求答案的具體性，獲取完整的答案。如以上述之例子，當被調查者對汽水特色是以「非常好」為答案，則調查員應針對「非常好」提出更具體的問題，以求獲得完整的答案。

2.重複發問

當被調查者對某些問題有拒絕回答、或回答「不知道」等之情況，則調查員可就同一問題重複發問，使被調查者更瞭解問題的意義而樂於回答。

3.正確性的求證

　　答案正確性的求證，不可依據答案本身，而應根據調查員對被調查者的觀察、及其他相關事項的相互關係加以驗證。例如當問及年齡時，調查員可根據被調查者的出生年月日、或屬性加以對照。

11.4　調查手冊

1.前　言

　　說明調查目的、調查理由、及調查用途。

2.待　遇

　　具體列舉報酬項目及金額。例如每一樣本新臺幣 600 元、交通費及膳食費自理。

3.領款辦法

　　例如①試訪檢討結束後，先支付三分之一的訪問費，②正式訪問結束後，依有效問卷，填寫「勞務報酬單」到本公司領取三分之二的訪問費。

4.調查日期

　　例如 2005 年 6 月 1 日至 6 月 6 日。

5.調查對象

　　例如①限定 20～30 歲之男女，②以規定之門號作為第一優先，若第一個不合乎選取條件，則以隔兩號之門號為第一後補，隔四號之門號為第二後補。若第二後補仍然無法調查，則該組取消，移向下一個規定之門號。

第一樣本	第二樣本	第一後補	第二後補	第三樣本
4 號	17 號	19 號	21 號	40 號

6.樣本選取方法

　　例如①第一個樣本選定後，隔 13 號選取第二個樣本，再隔 23 號選取第三個樣本，再隔 23 號選取第四個樣本。若街道不夠長，則可折回循環計算，以本辦法

繼續選取樣本，②屬於路之巷或弄，仍可列為該路之樣本，但不可循環，③除非必要，不得選取預備樣本，④無法按規定方式抽樣之鄉村地區，可改用以車站為中心，按照規定原則抽取樣本。

7.調查地區

例如①都市地區：臺北市、基隆市、臺中市、高雄市、板橋市、嘉義市，②鄉村地區：林口、三峽、大里、溪頭、西港。

上述之地區，請依國光車站、客運車站、或火車站前之街道為中心延伸調查。

8.調查前應注意事項

⑴調查工具：身分證明、調查問卷、贈品、樣本名冊、地圖、鉛筆、橡皮擦。

⑵服裝、儀容。

⑶注意情緒。

9.調查時應注意事項

⑴表明身分與來意。

⑵核對樣本身分。

⑶說明調查須耗費之時間。

⑷注意用語。

⑸避免暗示性解說。

⑹注意在旁之第三者的影響。

⑺調查結束後，必須核對有無筆誤、或遺落。

⑻若遇到無法解決之難題，應暫時停止調查，並盡快與督導員聯繫，以謀對策。

⑼調查完畢後，應向被調查者道謝。

10.調查後應注意事項

⑴初步核對。

⑵妥善包裝，寄交督導員。

11.基本資料之分類準則

例如：

第一類：自由業、公民營企業之高級主管。

第二類：中小企業經營者、公民營企業之中級幹部。

第三類：公民營企業之事務級職員、軍公教一般級人員、技術性職工、零售店經營者。

第四類：半技術性職工、店員、工廠裝配工人。

第五類：非技術性職工。

第六類：家庭主婦。

第七類：學生。

第八類：其他。

11.5　調查管理

防止調查弊端的產生、與即時發覺實地調查遭受到之各種問題是調查管理之兩大目標。依實地調查的權責劃分，調查管理應由督導員負責。以下是調查管理之有關作業項目。

11.5.1　中間報告或檢討

為了要瞭解調查員在實地調查之過程中所遭受的問題、及擬訂因應對策，督導員應於實地調查實施後之 2 至 3 日內，要求各個調查員提出中間報告，其方式可利用面對面、或電話之方式進行。

有關中間報告、或檢討之重點包括：①尋找被調查者遭受到之困難點，②被調查者的接受度，③調查問卷的完整性及缺點，④其他特殊問題，如突發事變、或因特定地區而無法實施調查等等。督導員須將各個調查員提出之中間報告，一一加以檢討後，擬具解決問題的準則，並將這些準則以書面通知各個調查員，作為解決問題遵循之依據。

11.5.2　調查員舞弊之預防與發覺

所謂舞弊 (Cheater) 是指調查員自己偽造問卷的答案、或沒有依照抽樣規定，依本身的方便，自行選取調查對象的行為。以下是預防及發覺舞弊之對策：

⑴請被調查者在調查問卷之確認欄內簽名。

⑵向被調查者收回調查請求通知單：於開始調查之前，由調查部門郵寄調查請求通知書給被調查者，裡面記載調查之有關事項，如時間、目的、內容等。當調查員調查完畢之後，在收回調查問卷之同時，向被調查者要求收回調查請求通知單，以證明確實已對指定之調查對象進行調查。

⑶回郵信件查證：當調查完畢之後，由調查單位郵寄回郵信件給被調查者，查證有無接受調查。

⑷於調查問卷內設定核對點 (Check Point)：在調查問卷內設計某些具有相互關係之調查問題，如若回答第一個問題之第三個答案，則一定要回答第六個問題之第二個答案。假定被調查者的答案違背前述原則，督導應抽取該調查問卷，前往被調查者處覆查。此外，也可以於調查問卷內，故意編列某些假的商品、或品牌，假定答案出現前述之假的商品、或品牌，則將該張問卷列入覆查。

⑸其他：如由調查員於調查結束後，親自繪畫調查地區之地圖，並將其隨調查問卷送交督導員，督導員再根據手頭上之地圖核對，對照兩者間是否一致。

11.5.3　調查問卷的點收與檢查

調查結束之後，督導員應馬上展開調查問卷的點收作業，並對調查問卷作初步的檢查，以便發覺可疑的調查問卷，作更進一步的複查工作。

有關問卷檢查之項目，包括調查問卷編號的確認、問卷問題有無漏記、有無誤記。對自由回答問題，則應注意答案之明確性、答案之完整性。對於訪問不在之樣本，應注意調查員對該被調查者的訪問次數有沒有超過三次以上、及每一次

的訪問時間是否相同等之問題。有關被調查者在調查問卷上之簽名，應注意簽名筆跡與書寫於調查問卷上之筆跡是否相同。

Summary 摘　要

　　實地調查之偏誤包括調查員之偏誤、調查不能之偏誤兩大來源，為降低可能遭受到之實地調查偏誤，實地調查之實施須循一定步驟進行；即調查時程表之編製、督導員之甄選、調查員之甄選、調查員之訓練、及試訪等之步驟進行。為提高實地調查之效率，實地調查須講求訪問技巧，其內容包括：導入、發問方法、答案收集等項目。調查作業之執行，須根據調查手冊作為準則，構成項目有：前言、待遇、領款辦法、調查日期、調查對象、樣本選取方法、調查地區、調查前應注意事項、調查時應注意事項、調查後應注意事項、及基本資料之分類準備等。調查管理由督導員負責，防止調查舞弊及立即處理調查當時遭受到之問題是調查管理之目的。

課　後　評　量　*Review Exercises*

①試列舉實地調查偏誤之來源及其內容。

②試述督導員之必要性。

③何謂試訪？其目的何在？

④試述發問應注意之事項。

⑤試述答案蒐集之原則。

第四篇

資料之整理與分析

第 *12* 章
調查資料之整理

當行銷研究之資料蒐集完成之後，接下來就是要進行資料分析。進行資料分析之第一步工作 (Preliminiary Step) 是資料整理 (Data Preparation)，目的是簡化資料，使之成為簡單明瞭的統計表。

本章就資料整理之程序及有關之方法，分別概述如下。

釋例 交叉表──統計技術的基礎報表

用來探討類別尺度自因變數間之關係的統計表稱為交叉表。在交叉表中，樣本被分為不同之子群體，以探討不同子群體間之自變數與因變數之關係，並進一步作為統計技術的基礎，如卡方檢定、多變數分析等。

例如要知道旅遊（因變數）與性別（自變數）到底有沒有關係，則須運用到交叉表（表 12–2），單項表（表 12–1）僅能表示因變數現象，即表 12–1 之數據只能顯示有旅遊的比率高於沒有旅遊的比率，至於影響比率高低之因素則無從瞭解。若將假設之自變數導入，將表 12–1 轉變為表 12–2，則可看出女性旅遊的比率高於男性，至於兩性間是否有關係，則須運用卡方檢定來檢定。

表 12–1　單項表

回答別	有		沒有		合計	
合計	樣本數	比率 (%)	樣本數	比率 (%)	樣本數	比率 (%)
	5,218	56.6	4,001	43.4	9,219	100.0

表 12-2　交叉表

回答別 性別	有		沒有		合計	
	樣本數	比率(%)	樣本數	比率(%)	樣本數	比率(%)
男	2,653	54.5	2,215	45.5	4,868	100.0
女	2,565	58.9	1,786	41.0	4,351	100.0
合計	5,218	56.6	4,001	43.4	9,219	100.0

12.1 審核

消除調查資料的錯誤、或矛盾是資料審核 (Inspection) 之主要目的。審核的方法應循下列兩大步驟進行。

12.1.1 現場審核

現場審核 (Field Inspection) 之工作應由實地調查的督導員負責。當調查實施完畢之後，督導員應立即審核調查資料的可靠性，倘若發覺到調查資料錯誤很多，則須重新實施調查。原則上，現場審核之核對項目 (Item Checked)，計有下列五項[1]：

1.完整性 (Completeness)

內容包括：①調查問題有無缺失，②應回答之題目是否有遺落，③特別規定事項，如「其他」欄內，是否有具體述明事項、「不知道」事項、或「應由調查員補充說明」事項是否有遺漏等之核對。

2.可讀性 (Legibility)

假使調查問卷的答案、或符號書寫不清楚，則無從著手整理，故若遇到此種現象，應立即改正或處理。

3.理解性 (Comprehensibility)

遇到有含糊不清、或模稜兩可之答案，應由督導員當場加以追究，期以獲得具體的答案。

---

[1] Gilbert and Ghurchill, *Basic Marketing Research*. The Dryden Press, 1988, p.533.

4. 一貫性 (Consistency)

所謂一貫性是指答案的前後是否有矛盾，矛盾的存在會影響調查結果的正確性。例如在同一張調查問卷中指出曾於某一特定時間看過某電視廣告，但卻又表示於相同之時間，並無看過任何電視節目。倘若遇有此種前後相互矛盾之現象，應立即加以指摘，並即時修正。

5. 劃一性 (Uniformity)

計算單位的統一與否，也會影響調查結果之正確性。例如醬油消費量之調查，應特別注意「瓶」的容量之統一性，否則會因容量的疏忽導致錯誤的結果。

12.1.2　集中審核

經過現場檢查之後，接下去的工作就是集中審核。集中審核的工作大多由專人負責，工作之性質是以處理因現場審核的疏忽，而無法獲得正確答案之問題為重點。例如對「不知道」、或「無回答」等之問題的處理。

一般而言，「不知道」之所以會發生，乃是因①被調查者確實不知道如何回答，如問題太專業化，②被調查者不願意回答，如所得、教育程度、或年齡等，及③被調查者認為不重要等之原因，故若能針對這些問題加以分析與檢討，則有助於日後問卷設計的改善。至於「不知道」答案之處理，可依下列三種方式處理：

(1)由問卷中刪除「不知道」答案。

(2)由問卷中之其他資料來推論「不知道」答案之內容。

(3)將「不知道」答案單獨列為一項。

集中審核的另一主要任務是對調查員不正行為的發覺。所謂不正行為是指調查員偽填調查問卷、或捏造調查事實。有關不正行為的查核方法，計有下列數種：

(1)向調查員索取寄給被調查者之訪問通知明信片，並以該明信片作為核對調查員是否有不正行為之依據。

(2)請被調查者在問卷之確認欄內簽名。

(3)故意在調查員手頭之調查名冊上，少列某些被調查者資料，如年齡、職業、或籍貫等，隨後再將調查問卷之被調查者資料與原來之調查名冊資料相互

對照，如發覺雙方資料不一致，則將該份問卷抽出，派遣有關人員實施複查。

12.2 符碼化與歸類

12.2.1 符碼化

符碼化 (Coding) 是指為使資料容易整理起見，將答案以數字、或號碼表示之一種資料整理方法。

為求降低錯誤發生之可能性，於符碼化之前，應由行銷研究人員設定答案符碼表 (Code Number Sheet)，此外，問卷亦應同時設定答案符碼 (Pre-coding)，以利迅速處理資料。例如：

表 12-3 ××調查 Code Number Sheet

樣本號碼			地區	性別	年齡	學歷	職業	所得	籍貫	Q1 有無	Q2 品牌		Q3 頻度	Q4 原因	Q5 場所		Q6 購買者	
1	2	3	4	5	6	7	8	9	10	11	12	13	14	15	16	17	18	19	20

表 12-4 ××調查 Coding 對照表

順序	範圍	備註
1	1~9	個位數
2	0~9	十位數
3	0~9	百位數
4	0~3	0.北區　1.中區　2.南區　3.東區
5	0~1	0.男性　1.女性
6	0~4	0.15 歲以下　1.16~20 歲　2.21~25 歲　3.26~30 歲　4.31 歲以上
7	0~4	0.小學　1.國中　2.高中　3.大學　4.其他
8	0~6	0.商　1.工　2.農　3.公　4.學　5.無　6.其他
9	0~3	0.15,000 元以下　1.15,001~25,000 元　2.25,001~35,000 元　3.35,001 元以上
10	0~1	0.本省　1.外省
11	0~1	0.有　1.無

12	0~9	0. A 牌　　1. B 牌　　2. C 牌　　3.……　　9. 其他
13	0~9	0. A 牌　　1. B 牌　　2. C 牌　　3.……　　9. 其他
14	0~4	0. 一次　　1. 二次　　2. 三次　　3. 四次　　4. 五次
15	0~3	0. 甲原因　　1. 乙原因　　2. 丙原因　　3. 其他
16	0~3	0. 甲原因　　1. 乙原因　　2. 丙原因　　3. 其他
17	0~4	0. 冰果室　　1. 福利社　　2. 家裡　　3. 娛樂場所　　4. 其他
18	0~4	0. 冰果室　　1. 福利社　　2. 家裡　　3. 娛樂場所　　4. 其他
19	0~5	0. 父親　　1. 母親　　2. 配偶　　3. 子女　　4. 本人　　5. 其他
20	0~5	0. 父親　　1. 母親　　2. 配偶　　3. 子女　　4. 本人　　5. 其他

表 12-5　××調查問卷

```
                                                                    1 □ □ □ 3
(1)調查地區
    0.□北區　　1.□中區　　2.□南區　　3.□東區                          4.□
(2)性別
    0.□男性　　1.□女性                                                 5.□
(3)年齡
    0.□15 歲以下　　1.□16~20 歲　　2.□21~25 歲　　3.□26~30 歲　　4.□31 歲以上
                                                                       6.□
(4)學歷
    0.□小學　　1.□國中　　2.□高中　　3.□大學　　4.□其他                7.□
(5)職業
    0.□商　　1.□工　　2.□農　　3.□公　　4.□學　　5.□無　　6.□其他      8.□
(6)所得
    0.□15,000 以下　　1.□15,001~25,000　　2.□25,001~35,000　　3.□35,001 以上  9.□
(7)籍貫
    0.□本省　　1.□外省                                                 10.□
(Q1)請問最近這一個月內，您有沒有喝過鮮乳?
    0.□有　　1.□沒有                                                   11.□
(Q2)請問最近這一個月內，您喝過什麼品牌的鮮乳?
    0.□光泉　　1.□將軍　　2.□台酪　　3.□英泉　　4.□統一　　5.□味全
    6.□義美　　7.□福樂　　8.□台農　　9.□其他                       12.□ □ 13.
(Q3)請問最近這一個月內，您喝過幾次鮮乳?
    0.□一次　　1.□二次　　2.□三次　　3.□四次　　4.□五次              14.□
(Q4)請問您購買鮮乳考慮之因素是?
    0.□口味　　1.□營養　　2.□價格　　3.□其他                      15.□ □ 16.
(Q5)請問最近這一個月內，您在那裡喝過鮮乳?
    0.□冰果室　　1.□福利社　　2.□家裡　　3.□娛樂場所　　4.□其他   17.□ □ 18.
(Q6)請問最近這一個月內，您喝過的鮮乳是誰買的?
    0.□母親　　1.□父親　　2.□配偶　　3.□子女　　4.□本人　　5.□其他  19.□ □ 20.
```

12.2.2 歸 類

將調查資料分別歸入於應屬的類別稱為歸類，歸類的方式計有人工歸類法與電腦歸類法兩種。

1.人工歸類法

於調查資料不多之情況下，可運用人工歸類法將資料加以歸類，其方式有記號法與卡片法兩種。

⑴記號法：為便於計算，以五個為一組，如一、丁、下、正、正為記號，將資料加以歸類。本方法具有簡便、省錢之優點，但歸類如有錯誤，則不容易查出錯誤來自於何處。

⑵卡片法：主要之處理步驟是：①將調查資料分為若干類，並分別記入於卡片，②將各類名稱用大小相同卡片分別寫出，依序排列於桌面上，③按卡片記載事實。分別將其歸入所屬類別，④點算各類的卡片數，並填入於預先編製的報表。

就準確性而言，卡片法較記號法優，但卻具有費時之缺點。

2.電腦歸類法

若要將大量資料正確及迅速分類，則需利用電腦歸類法，步驟如下：

⑴設定符碼：凡須分類的事項，均應利用事先設定的號碼代之，使之成為數量的形式。例如性別以 "0" 表示男性、"1" 表示女性，教育程度以 "0" 表示不識字、"1" 表示小學程度、"2" 表示國中程度、"3" 表示高中程度、"4" 表示大學程度等等。

⑵標誌符碼：將問卷上的資料、或 Coding Sheet 上的資料，分別標誌預先設定之符碼。

⑶導入電腦：將所有經過標誌符碼的調查事項，利用 Excel，輸入電腦處理。

12.3 列 表

將已歸類之資料，以表格形式表示，謂之列表 (Tabulation)，如百分比、構成比等之表格，使有關人員一經瀏覽，立即可以瞭解樣本資料的特性。SPSS 是一種很重要的列表工具。茲就 SPSS 軟體運用之有關事項，說明如下：

　⑴每一份問卷皆須編號，以方便作業。

　⑵問卷之每一問題須加以編號，以方便資料輸入。

　⑶問卷須先運用 Excel 處理。

　⑷第一欄位要輸入問卷編號。

　⑸定義輸入問卷問題選項之編號或代碼（如男性是 1、女性是 2）。

至於列表之類型，則可根據資料歸類基準（變數）之多寡，其類型計有下列數種。

12.3.1　單項表

僅依一種基準歸類之表格稱為單項表 (One-way Table)，主要用途是發覺調查資料蘊藏之特性。表 12–6 是單項表的一種，行銷研究人員可由表 12–6 資料得知，汽車持有者家庭所得之平均額是 5,500 美元左右，但無法瞭解家庭所得分配與汽車持有之關係。

12.3.2　交叉表

依兩種、或兩種以上之變數歸類之報表，謂之交叉表 (Cross Classification Table)。換言之，將欲歸類之全部事項，按兩種、或兩種以上之變數歸類而編製之統計報表，例如「所得（自變數）與汽車持有數（因變數）」之交叉表、或「家庭人數、所得、及汽車持有數」之交叉表。前者謂之雙重交叉表，後者則稱為三重交叉表。

表 12-6　汽車持有者家庭所得分配表

單位：美元

所得別	家庭數	百分比	累計數	累計百分比
$3,500 以下	3	3.0%	3	3.0%
$3,501～5,500	23	23.0%	26	26.0%
$5,501～7,500	28	28.0%	54	54.0%
$7,501～9,500	14	14.0%	68	68.0%
$9,501～11,500	7	7.0%	75	75.0%
$11,501～13,500	4	4.0%	79	79.0%
$13,501～15,500	6	6.0%	85	85.0%
$15,501～17,500	6	6.0%	91	91.0%
$17,501～19,500	2	2.0%	93	93.0%
$19,501～45,000	6	6.0%	99	99.0%
$45,001 以上	1	1.0%	100	100.0%
合計	100	100.0%		

資料來源：G. A. Churchill, *Marketing Research*: *Method Logical Foundation*. p.362.

交叉表是用來表示自變數與因變數間之相互關係，而單項表則無此種功能。表 12-7 是雙重交叉表的一種形式。根據表上資料，可以很明顯地看出，所得越高，持有的汽車數也越多。至於若欲更進一步地瞭解所得、持有車數與家庭人數等三者間之關係，則須運用三重交叉表，以便比較分析。

表 12-7　所得別與汽車持有數交叉表

汽車持有數　所得別	一部		兩部以上		合計	
	數	百分比	數	百分比	數	百分比
$7,500 以下	48	88.8%	6	11.10%	54	100.0%
$7,501 以上	27	58.6%	19	41.3%	46	100.0%
合計	75	75.0%	25	25.0%	100	100.0%

根據表 12-7 資料，汽車之持有數量與所得之高低有關係。

表 12-8　所得別、汽車數量別、及家庭人數別三重交叉表

人數 汽車數 所得別	4人以下			5人以上			合計		
	一部	兩部以上	合計	一部	兩部以上	合計	一部	兩部以上	合計
$7,500 以下	44 (96%)	2 (4%)	46 (100%)	4 (50%)	4 (50%)	8 (100%)	48 (89%)	6 (11%)	54 (100%)
$7,501 以上	26 (81%)	6 (19%)	32 (100%)	1 (7%)	13 (93%)	14 (100%)	27 (59%)	19 (41%)	46 (100%)
合計	70 (90%)	8 (10%)	78 (100%)	5 (23%)	17 (77%)	22 (100%)	75 (75%)	25 (25%)	100 (100%)

　　根據表 12-8 資料，就高所得而言，汽車之持有數量與家庭人數有關；即家庭人數越多，汽車持有數量也越多。

　　有關調查資料整理之基準，計有下列兩種：

1. 被調查者為基準 (Share of Respondents)

　　以被調查者人數作為基數。由於相同之調查問題，往往會有兩種以上之答案出現，故百分比的合計會超過 100.0%。如以雜誌的訂閱調查為例，因會有訂閱兩種以上之雜誌的情況出現，故調查資料的整理，可利用表 12-9 之方式處理。

表 12-9　雜誌別訂閱統計表

雜誌名稱	A	B	C	D	E	F	其他	無訂閱	基數
百分比	20.1%	18.3%	14.7%	13.5%	18.8%	10.4%	23.2%	9.7%	1,816

　　根據表 12-9 資料，雜誌別之訂閱情況是，A 雜誌的訂戶占整體訂戶的五分之一，而 F 雜誌僅占整體訂戶的十分之一。

2. 回答數為基準 (Number Per Respondents)

　　以回答數作為基準，目的是瞭解特定現象的構成概況。茲以雜誌之訂閱調查為例，在 1,816 樣本中，由於包括相同答案的多項回答，因此若想知道在整個雜誌中，某一特定雜誌的占有概況，則應以回答數為基準。根據表 12-10 資料顯示，A 雜誌在整個雜誌中之占有率是 16.9%、F 雜誌僅占 8.7%。

表 12–10　雜誌別訂閱統計表

雜誌名稱	A	B	C	D	E	F	其他	合計	基數
份數	356	332	266	245	341	188	421	2,158	1,816
百分比	16.9%	15.4%	12.3%	11.3%	15.8%	8.7%	19.5%	100.0	

12.4　代表值

調查資料經過整理之後，雖然可獲得概括性的瞭解，但若欲解決行銷問題、或擬定行銷決策，則須進行進一步的分析，求出可以顯示統計資料特徵之各種量數，而平均數與比率是最常用之兩大量數。

代表值是測定特定群體「分配中心位置」的量數。以單一簡單量數來表明複雜且眾多之群體是代表值的主要功用，在統計學上，代表值計有下列三種：

(1)平均數 (Mean)：算術平均數 (Arithmetic Mean)、幾何平均數 (Geometric Mean)、調和平均數 (Harmonic Mean)。

(2)中位數 (Median)。

(3)眾數 (Mode)。

表 12–11　量表與平均數

量表類別	代表值類
類別尺度	眾數
順位尺度	中位數
等距尺度	算術平均數
等比尺度	幾何平均數

12.4.1　眾　數

統計資料中出現次數最多之數值稱為眾數 (Mode)。例如 50 人的籍貫分配以臺北市的最多，計有 20 人，則此 20 人為眾數。在行銷研究的運用上，眾數是用來顯示事實，如性別、所得、籍貫、地區等。有關眾數之計算方法，有下列兩種：

1. W. L. King 插補法

$$M_o = L_{mo} + \frac{f_{-1}}{f_{-1} + f_1} \times h_{mo}$$

M_o：眾數

L_{mo}：眾數組之下限

h_{mo}：眾數組之組距

f_{-1}：與眾數組下限相鄰的一組之次數

f_1：與眾數組上限相鄰的一組之次數

舉例如下：

表 12–12　所得分配

單位：美元

所得分配	次數	往下累積	往上累積
$2,651～2,750	44	44	115
$2,751～2,850	47	91	71
$2,851～2,950	24	116	24
合計	115		

$$M_o = 2,850 + \frac{24}{24 + 44} \times 100$$
$$= 2,885.29$$

2. E. Czuber 拋物線法

$$M_o = L_{mo} + \frac{f_1 - f_0}{f_1 - 2f_0 + f_{-1}} \times h_{mo}$$

上述之公式，除 f_0 表示眾數組之次數外，其餘之各符號的意義皆與 1. 相同。

$$M_o = 2,850 + \frac{44 - 47}{44 - (2 \times 47) + 24} \times 100$$
$$= 2,850 + 11.5$$
$$= 2,861.54$$

12.4.2　中位數

將一群數值依大小順序排列後，其位置居於中間之一項、或一點的數值稱為中位數 (Median)，例如七位學生之「行銷學」的分數分別為：56、70、70、75、85、90、及 92 等，其居中之一項分數是 75 分，則 75 分為此七位學生之行銷學分數之中位數。倘若數值之項數是偶數，例如分數為 56、70、70、75、85、及 90 等，則居中兩數之平均數為中位數：$(70 + 75) \div 2 = 72.5$ 分，即 72.5 分是此六位學生之「行銷學」分數的中位數。以下是求中位數之方法。

1.不分組法

$$M_o = \frac{X_n - 1}{2}$$

M_e：中位數

X_n：次數之和

舉例如下：

將六人之每月所得，按大小順序排列為：$7,500、$9,700、$12,000、$15,000、$15,500、及 $16,000，則：

$$M_o = \frac{6 + 1}{2}$$
$$= 3.5$$

即：第三個與第四個數值間，故：

$$M_e = \frac{\$15,000 + \$15,500}{2} = \$15,250$$

2.分組法

$$M_e = L_{me} + \frac{\frac{n}{2} - N_{me}}{f_{me}} \times h_{me}$$

M：中位數

L_{me}：中位數所在組之下限

f_{me}：中位數所在組之次數

h_{me}：中位數所在組之組距

N_{me}：組中點小於 L_{me} 之各組次數和

n：總次數

舉例如下：

表 12–13

年齡	人數	較小累積次數	較大累積次數
20	2	2	27
21	5	7	25
22	8	15	20
23	7	22	12
24	3	25	5
25	2	27	2
合計	27		

$n = 27$，故 $\dfrac{n+1}{2} = 14$，即第 14 人，

$L_{me} = 22$、$f_{me} = 8$、$h_{me} = 1$、$N_{me} = 27$

$$M = 22 + \frac{\dfrac{27}{2} - 7}{8} \times 1$$

$$= 22 + 0.8125$$

$$= 22 \text{ 歲}$$

12.4.3　平均數 (Mean)

1. 算術平均數

　　算術平均數 (Arithmetic Mean or Arithmetic Average) 是指由數值的項數除各數值總合之商，如 70 與 80 兩數之算術平均數是 $(70 + 80) \div 2 = 75$。算術平均數可區分為簡單平均與加權平均 (Weighted Arithmetic Mean) 等兩大類。凡以不同之權數 (Weight) 作為權衡各項數值之重要依據，求各項數值之平均數時，而將權數併入計算謂之加權平均，若未加權者稱為簡單平均。以下是平均數之計算公式。

(1)簡單平均數：

$$M = \frac{1}{N}\sum_{i=1}^{N}X_i$$

M：算術平均數

X_i：數列中之第 i 個數值

N：數值的個數

$\sum$：各項數值的相加

(2)加權平均數：

$$W.M = \frac{\sum_{i=1}^{N}W_iX_i}{\sum_{i=1}^{N}W_i}$$

$W.M$：加權平均數

X_i：數列中之第 i 個數值

W_i：第 i 個數值之權數

$\sum$：各項數值的相加

舉例如下：

表 12–14　加權平均數計算表

科目	成績 (X_i)	週授課時數 (W_i)	$(X_i) \times (W_i)$
A	88	5	440
B	75	8	600
C	97	2	194
合計	260	15	1,234

$$W.M = \frac{1,234}{15} = 82.27$$

$$M = \frac{260}{3} = 86.7$$

2.幾何平均數

幾何平均數 (Geometric Mean) 是指 N 個數值連乘的 N 次方根，如 2、4、8 等三個數值的幾何平均數為：$G = \sqrt[3]{2 \times 4 \times 8} = 4$。比值 (Ratio)、或比率 (Rate) 之平

均數的計算，須運用幾何平均數，計算方式計有簡單與加權兩種。由於幾何平均數的運算，須先運用對數，然後再求反對數，故應利用對數公式計算。

(1)簡單幾何平均數：

$$\text{Log } G = \frac{1}{N}\Sigma \log X$$

(2)加權幾何平均數：

$$\text{Log } Mg = \frac{\Sigma(W\log X)}{\Sigma W}$$

(3)調和平均數 (Harmonic Mean)：依各數值之逆數求出其平均數，此平均數的逆數稱為調和平均數，以 H 表示之。

$$\frac{1}{H} = \frac{1}{n}(\frac{1}{X_1} + \frac{1}{X_2} + \cdots + \frac{1}{X_n})$$

$$H = \frac{n}{\Sigma \frac{1}{X_n}}$$

舉例如下：

求 2、3、4、5、6 之調和平均數。

$$H = \frac{5}{\frac{1}{2} + \frac{1}{3} + \frac{1}{4} + \frac{1}{5} + \frac{1}{6}} = \frac{300}{87}$$
$$= 3.45$$

差異 (Dispersion Variation or Variability) 是指一群數彼此相差、離異、或散佈之情形。差異數量數大，表示各數值分散程度大、或散佈之範圍廣，反之則表示各數值之集中度高、變動範圍狹。如以購買數量為例，平均數僅能表明購買的集中趨勢，而不能表示其分配情形，但差異則能表示購買數量的懸殊概況，以供瞭解次數分配的真相，故平均數的計算，須進一步測定平均數的差異情況，即差異數量 (Measures of Variation or Dispersion)。有關差異數量的測定方法，較常用的計有：①全距 (Range)，②四分差 (Quartile Deviation)，③平均差 (Average Deviation)，

及④標準差 (Standard Deviation) 等四種。

12.5 比 率

由調查得來的數字是絕對值。雖然調查之目的是在求實數，但在行銷研究的運用上，仍須將實數經過分析、比較之後方能產生有助於行銷決策之資訊，故調查資料的整理作業，必須考慮如何將兩種、或兩種以上的相關資料，分別相互對照、比較，期以瞭解各種數量間之關係，而比率 (Ratio) 是瞭解上述之關係的工具。如以表 12–15 之資料為例，銷售額欄之資料僅能顯示 A 與 B 兩種產品的銷售實況，無法比較銷售成果，故必須與其他有關資料對照後，方能相互比較，此種有關資料之對照，則須運用到比率。比率之計算，可依目的之不同，歸納為下列三種不同之方式：

表 12–15

商品別	銷售額	比率	推銷員	比率
A	$300,000	0.428	13 人	0.394
B	$400,000	0.572	20 人	0.606
合計	$700,000	1.000	33 人	1.000

1. 構成比率

構成某一特定現象之各個部分 (Unit) 的數值對該整體數值之比稱為構成比率，它是以百分比之形式作為數值，目的是比較各部分對整體之關係。如於總銷售額中，A 產品的銷售額對總銷售額之比、或 B 產品的銷售額對總銷售額之比。

2. 關係比率

某一特定現象之數值與另一特定現象數值之比稱為關係比率，目的是比較兩種不同之現象、或同一現象於不同時期之關係。在運用上，須考慮到兩種不同現象間之相關關係，否則關係比率將不會產生任何比較上的意義。例如推銷員人數與銷售額之比。

3. 指 數

　　於表示某特定現象之一群數字中，以其中之單一數、或若干數之平均數為 100 所算出之比率稱為指數 (Index)。如前年之銷售額 $100,000、今年為 $150,000，前年之行銷費用 $30,000、今年是 $48,000，就銷售額與行銷費用之相對變動而言，銷售額的指數是 150.0、行銷費用的指數是 160.0，即行銷費用的增加率高於銷售額的增加率。在行銷研究之運用上，指數用於時間數列之比較、或多種現象變動之比較，其類型計有單獨指數與綜合指數兩種。

　　比率雖然可作為比較、或瞭解某一或某些特定現象之工具，但在使用與計算上，應注意下列之事項：

(1)分子與分母對比率解釋之影響：由於比率是兩種、或兩種以上之相關變數的比較，故對比率之解釋不得只顧及到單一變數。如以庫存回轉率為例，其比率是庫存額與銷售額之比較，比較變數涉及到銷售功能與庫管功能，故若庫存回轉率低，則應分別由兩方面來解釋：①可能是銷售效率低而影響到回轉率，②可能是採購問題、或保管方式不妥而發生庫存積壓、或破損等之庫存管理問題。

(2)比率的數目：比較兩種或兩種以上特定現象是比率之主要功能，單一比率僅能顯示現象，並無具有管理上之意義，故須考慮到比率的數目。如以推銷員的離職率為例，離職率僅能顯示推銷員的流動狀況，而無法使管理者瞭解何種年資的推銷員之流通性最高。

(3)須考慮實數的大小：比率之運用須考慮實數的大小，否則會影響比率運用之價值。例如雖然同樣是 80%，但其中之一是 10,000 之 8,000，而另一是 50 之 40。前述之兩種情況，在管理上具有完全不同之意義，即前者之運用價值高於後者。

(4)須考慮變數的特性：為使具有比較之意義，比率的計算必須考慮變數之同質性，否則會失去比較之真相，甚至導入錯誤之判斷。如以表 12–16 液晶電視之普及率分析為例，A 地區較之 B 地區大，但若以潛在購買戶數來計算比率，則 B 地區反而較之 A 地區大，故 A 地區應比 B 地區具有開拓之價值。

表 12–16

地區別	液晶電視持有數	總家庭數	具有購買能力之家庭數	持有率	具有購買能力戶之普及率
A	54,000	114,000	87,000	47.4%	62.0%
B	62,000	177,000	95,000	35.0%	65.0%

Summary 摘 要

　　簡化資料、探討母數特性供決策參考用是調查資料整理之目的，其項目包括審核、符碼化與歸類、列表、代表值、及比率等。

　　消除調查資料之錯誤、或矛盾是審核之目的，須循現場審核、集中審核之步驟進行，前者由實地調查之負責人負責，後者由指定之專人負責。

　　符碼化是指為使調查資料容易整理起見，將問題答案以數字、或號碼表示之一種整理資料之方法，設定答案符號表是符碼化之必要工作。將資料分別歸入於應屬之類別稱為歸類，歸類須考慮到周延與相斥原則。

　　將已歸類之資料以表格方式表示稱為列表，列表之類型有單項表與交叉表兩種，前者用於發覺調查資料蘊涵之特性，而後者則在瞭解自變數與因變數間之關係。

　　以單一簡單量數來測定特定群體的「分配中心位置」量數稱為代表值，其類型有平均數、中位數、及眾數。平均數是指平均值，即樣本合計數除樣本數之商，其類型包括算術平均數、幾何平均數與調和平均數。中位數是指數值分配範圍之中央數值，而眾數則指出現頻度最多之數值。差異是指特定群體的「分配中心位置」量數彼此間之相差、離異、或散佈之情形。差異數量數大，表示各數值分散程度大、或散佈之範圍廣，反之，則表示各數值之集中度高、變動範圍狹。

　　將兩種、或兩種以上的相關資料，分別相互對照、比較，期以瞭解各種數量間之關係的工具稱為比率，其類型有構成比率、關係比率、及指數。

Review Exercises

①現場審核之核對項目有幾?試列舉之。

②何謂符碼化?試舉例說明之。

③單項表與交叉表有何不同?試說明之。

④何謂代表值?其類型有幾?

⑤試述使用比率應注意之事項。

第13章
資料分析㈠——單變數統計推估與檢定

　　早期的行銷研究，於資料整理及表格化之後，就從事資料的分析與解釋，統計的領域屬於敘述統計，但敘述統計僅適用於普查資料，若採用抽樣資料則須經過推估、或檢定之步驟，才能定下調查結論。例如於無人為誤差之假設下，經由普查得知臺北市支持民進黨的公民占75%，則此75%便可成為調查的結論。但普查耗資甚多，若改用抽樣調查，則無法對上述之75%馬上定下結論，必須經過統計推估來推估其信賴區間是在70至74%之間、或是在68至76%之間，因為抽樣調查會有抽樣誤差存在，故不能確知剛好就是75%。

　　本章就統計推估與檢定之有關問題，先行探討單變數統計推估與檢定，至於多變數統計推估與檢定之問題，則迨下一章探究。

釋例　如何推估調查結果？

　　某調查機構之「全臺旅遊調查」隨機抽取9,219位成年人為樣本，調查出5,218位曾經旅遊過，占樣本的56.6%。但由於它是由隨機抽取出來之樣本的代表值，故此一調查結果可能會有偏差，無法真正估計母體情況，僅能估計母體的真正情況「大約」是56.6%，故須運用信賴區間將「大約」具體化；即需運用樣本統計量來推估母體參數。

　　信賴區間、或信賴水準 (Confidence Interval) 的運用，包括有99%信賴區間、95%信賴區間、及69%信賴區間等三項。如以95%信賴區間 (95% Confidence Interval) 為例，它是意味從樣本數據計算出來的一個區間，保證在所有之樣本中，有95%之機率會將真正的母體參數包含在區間之中。如上述之例，於曾經旅遊過樣本占56.6%之情況下，95%信賴區間之真正的母體參數包含在57.6%與55.88%區間之中。

13.1　數字系統、量表與統計分析的關係

運用統計必先將現實事物「數量化」，「數量化」須用到「量表」與「數字」，故於調查資料分析之前，行銷研究人員一定要確實掌握數字系統的特性，否則會將調查結果導入錯誤之境界。

數字，如 0、1、2、3、4、5、……，本質上，具有四種不同之特性，①各自獨立性：1 就是 1、2 就是 2，兩者各有所指，②順序性：3 > 2 > 1，數字之間有大小的關係，③等差性：9 - 8 = 7 - 6，其相互間之差異皆相等，④等比性：10 ÷ 5 = 8 ÷ 4，它們之間的比是相等。在幼年時期，學習這四種特性是循序漸進，即先認識及書寫這些數字，再瞭解數字的大小，接著練習加法與除法，最後才開始運算乘法、除法、平方與根號。如以打電話為例，幼童只要分辨數字就會打電話，若使用傳統式電話機撥號，則會比年長者慢，此乃因幼童僅習得數字的「各自獨立」，並未學習「順序大小」的特性。

行銷研究須使用不同的量表蒐集不同類型的資料，故在進行分析時須要依照量表特性，選擇適當的統計工具，決不可斷章取義，以免造成調查結論的不可靠。量表可分為類別 (Nominal)、順位 (Ordinal)、等距 (Internal)、及等比 (Rational) 等四種，其特性前已詳述，不再重複。

13.2　統計推估與統計檢定之意義

調查資料經過整理之後，緊接著便是如何運用這些資料來解決遭受到之行銷問題。由於行銷研究受到人力、財力、時間等之因素的限制，故直接資料的蒐集大多不能針對事實作全面性的調查，只能抽查事實全體中的部分；即抽樣調查的方式進行。就抽樣調查的特質而言，其調查之樣本只不過是母體的一小部分，故若要用抽查得來的部分資料來推測母體特性擬定行銷策略，則必須考慮調查資料的可靠性 (Reliability) 與顯著性 (Significant) 的問題。可靠性之大小是指樣本統計量與母數兩者間之差，它可利用平均數的表標準差來測定。至於顯著性則指樣本統

計量與母數間之差異是否超過機率誤差的可能範圍，如果超過，則認為差異顯著。

　　統計推論是指根據抽樣分配 (Sampling Distribution) 理論，以樣本統計量去推論母數。由於是以局部推論全部，推論結果含有不確定性，故須以統計的用辭表示其信賴的程度。一般而言，統計分析方式計有統計推估 (Estimation) 與假設檢定 (Test of Hypotheses) 等兩種。凡根據樣本量估計母數稱為統計推估；反之，若先假設母數的特性，再根據樣本統計量來檢定母數的假設謂之假設檢定。

13.3　統計推估

13.3.1　點推估

　　由母數中隨機抽取 n 個樣本，以樣本統計量的數值作為母數的估計值，此統計量的數值就是母數的點計。例如某公司為瞭解消費者飲用罐裝運動飲料的罐數，隨機抽樣調查 10 名消費者，消費罐數分別是每週 12、7、5、4、8、9、11、6、7、及 7 等罐數。由於母體的平均是未知，故必須加以估計，估計的方法是將 10 位被調查者的週消費罐數加總之後，除 10 求得樣本統計量為 6.9 罐，以 6.9 罐這一點來估計母體平均就是點推估 (Point Estimation)。

　　計算樣本統計量的公式稱為估計式 (Estimator)，根據估計式求得之數值謂之估計值 (Estimate)。一個優良的估計式應具備不偏性、一致性、有效性、及充分性等四大特性。統計上，常用的樣本平均數是母體平均數的優良估計點，樣本比例數是母體比例數的優良估計量。僅由樣本計算的點估計 $\hat{\theta}$ 作為母數 θ 的估計值，但不論採取那一種估計式，總不免含有抽樣誤差，故應利用精度 (Precision) 測定誤差。至於測定誤差，則必須根據 $\hat{\theta}$ 抽樣分配的標準誤將點估計化為區間估計，即所謂之區隔推估。

13.3.2　區間推估

　　所謂區間推估是指根據抽樣分配原理，由樣本統計量來估計母體之母數的上下限範圍，也即母數可能存在於某一範圍內之信賴區間 (Confidence Interval)。信賴區間之寬窄除了受樣本統計量之標準誤的影響外，還受到調查者要求之信賴水準 (Confidence Level) 的左右。

　　信賴區間是指根據點估計值加減若干標準誤定出的區間，如樣本統計量的分配接近於常態分配，則母數包含在此區間的機率可依樣本統計量標準誤的加減倍數而定。換言之，在以全體的樣本統計量的平均數為中心之情況下，樣本統計量與母數之差，在一個統計量標準誤範圍內者約占 68.27%、在兩個統計量標準誤範圍內者約占 95.4%、在三個統計量標準誤範圍內者約占 99.73%，故若於母體內抽取一組樣本，其樣本統計量與母數間之差，等於或大於一個樣本統計量的標準誤的機率約為 31.73%、等於或大於兩個樣本統計量的標準誤的機率約為 5.00%、等於或大於三個樣本統計量的標準誤的機率接近於零。在行銷研究的運用上，行銷研究人員可以預先設定母數可能存在於某一範圍之信賴區間的機率，即信賴水準，作為限定信賴區間的依據。在既定之信賴水準下，樣本統計量之標準越小，抽樣調查之可靠性越高。以下是區間推估之公式：

$$\hat{\theta} - K\sigma_{\hat{\theta}} \leq \theta \leq \hat{\theta} + K\sigma_{\hat{\theta}}$$

上述之公式中，

$\hat{\theta}$: 樣本統計量的點估計值

θ: 母數

$K\sigma_{\hat{\theta}}$: 樣本統計量之標準誤

K: 信賴係數 (Confidence Multiple)

表 13-1　信賴係數表

信賴水準	信賴係數
0.6827	1.00
0.9000	1.64
0.9500	1.96
0.9545	2.00
0.9800	2.33
0.9900	2.58
0.9973	3.00

　　就類別而言，區間推估可區分為：①等比或等距量表資料的區間推估，②順位量表資料的區間推估，及③類別量表資料的區間推估等三大項，茲分別探討如下。

一、等比或等距量表資料的區間推估

1.單組樣本算術平均數之區間推估

　　利用樣本的平均數來推估母體平均數之區間範圍謂之單組樣本算術平均數之區間推估，計算公式如下：

$$\bar{x} - K\sigma_{\bar{x}} \leq \mu \leq \bar{x} + K\sigma_{\bar{x}}$$

公式中：

$\bar{x}$：樣本平均數【點值估計 (Point Value Estimate)】

$\sigma_{\bar{x}}$：樣本平均數之標準誤

　　　母體若是常態、或非常態但樣本數較大，則 $\bar{x}$ 的抽樣分配為常態、或近於常態，其 $\sigma_{\bar{x}} = \dfrac{\sigma}{\sqrt{n}}$。如果 σ 未知，則可根據過去之經驗、或樣本的標準誤估計，將 $\sigma_{\bar{x}}$ 的公式改為 $\sigma_{\bar{x}} = \dfrac{\hat{S}}{\sqrt{n}}$

K：信賴係數

　　　$\bar{x} \pm 1$ 倍數的 $\sigma_{\bar{x}}$，則 μ 包含在此區間之機率為 68.27%。若 $\bar{x} \pm 1.96$ 倍數的 $\sigma_{\bar{x}}$，則 μ 包含在此區間之機率為 95.00%

根據上述之公式，舉例說明如下：

舉例如下：

由某觀光地區隨機抽取 500 名觀光客為樣本，算出平均每人之觀光費用為 900 元，標準誤為 80 元。求在 95.00% 之信賴水準內之觀光客支出之平均觀光費。

解：

$$\because n = 500$$

$$\bar{x} = 900$$

$$\sigma = 80$$

$$K = 1.96$$

$$\sigma_{\bar{x}} = \frac{\sigma}{\sqrt{n}}$$

$$= \frac{80}{\sqrt{500}} = 3.58$$

$\therefore$ 95.00% 的信賴區間為：

$$[900 - (1.96 \times 3.58)] \leq 900 \leq [900 + (1.96 \times 3.58)]$$

$$893 \leq 900 \leq 907$$

根據前述之公式檢定結果，觀光客支付之觀光費用介於最低 893 元與最高 907 元之間，其估計錯誤之機率為 5.00%。

2. 兩組樣本算術平均數差之區間推估

由兩組樣本數超過 30 以上之獨立的隨機樣本中，推估該兩組樣本平均差的區間稱為兩組樣本算術平均數差之區間推估 (Estimating the Difference between Two Mean)。針對兩個不同之時間、或地區之特定現象之調查，如 2004 年與 2005 年之某一特定產品的平均消費量、或某一特定時間內之北區與南區之乳品銷售量等，而須將此一特定現象加以比較，則應採用本方法予以估計，計算公式如下：

$$\Delta \bar{x} \pm K \sigma \Delta \bar{x}$$

公式中：

$\Delta \bar{x}$: 兩組樣本算術平均數差 $(\Delta \bar{x} = \bar{x}_1 - \bar{x}_2)$

$\sigma\Delta\bar{x}$：兩組樣本算術平均數標準誤之和

$$\sigma\Delta\bar{x} = \sqrt{\frac{\sigma_1^2}{n_1} + \frac{\sigma_2^2}{n_2}}$$

K：信賴係數

舉例如下：

表 13-2　乳品日平均消費額

單位：元

地區別	樣本數	平均消費額	標準誤
北區	50	32	4
南區	65	30	4

根據表 13-2 的調查資料，95.00% 的信賴區間內，北區與南區的乳品日平均消費額區間為：

$n_1 = 50$

$n_2 = 65$

$\bar{x}_1 = 32$

$\bar{x}_2 = 30$

$\sigma_1 = 4$

$\sigma_2 = 4$

$\Delta\bar{x} = \bar{x}_1 - \bar{x}_2 = 2$

$\sigma\Delta\bar{x} = \sqrt{\dfrac{16}{50} + \dfrac{16}{65}} = 0.752$

$K = 1.96$

$\therefore$ 95.00% 的信賴區間為：

$[2 - (1.96 \times 0.752)] \leq 2 \leq [2 + (1.96 \times 0.752)]$

$0.526 \leq 2 \leq 3.474$

由上述公式計算得知，北區與南區乳品平均消費額的差，最高為 3.474 元、最低為 0.526 元，其估計錯誤的機率為 5%。

二、順位量表資料的區間推估

順位量表資料 (Ordinal Data) 是指表示各類別間之順序關係的資料，如對某一特定商品的偏好程度順序。由於量表的集中值是以中位數表示，故順位尺度資料的區間推估應採中位數的推估，以下是順位量表資料的區間推估之有關類型：

1.單組樣本的中位數：符號檢定法

當樣本數介於 5 與 15 之間，則可採取符號檢定法，其方式是直接利用 r 附表、或二項分配附表，決定位次 r，然後再決定 Lr 與 Ur 的位次。

舉例如下：

為瞭解顧客對推銷員服務之滿意度，以 100 分的評核量表，隨機抽選 10 位顧客，得知如下之資料：

15、80、75、51、63、55、71、80、42、31。在 98.00% 之信賴度下，中位數之信賴區間的求法是：

⑴排序：

15、31、42、51、55、63、71、75、80、80

⑵查 r 表：

$n = 10$、$1 - \alpha = 0.98$，查表 13–3，得 $r = 2$

故中位數 n 之 98.00% 信賴區間為：$31 \leq n \leq 75$

表 13–3　母體中位數 n 區間估計位次 r 表

r n	1	2	3	4
5	0.938			
6	0.969			
7	0.984			
8	0.992	0.930		
9	0.996	0.961		
10	0.998	0.979		
11	0.999	0.988	0.935	
12	1.000	0.994	0.961	
13	1.000	0.997	0.978	0.908
14	1.000	0.998	0.987	0.943
15	1.000	0.999	0.993	0.965

當樣本量大於 15，即 $n > 15$，則由下列公式求 r：

$$r' = \frac{1}{2}[n + 1 - Z(1 - \frac{\sigma}{2})\sqrt{n}]$$

n：樣本數

$Z(1 - \frac{\sigma}{2})$：t 值

舉例如下：

抽取 80 位顧客，其平均所得的次數分配如下：

所得層	$9,999 以下	$10,000 ～19,999	$20,000 ～29,999	$30,000 ～39,999	$40,000 ～49,999	$50,000 以上
人數	3	34	16	15	10	2

針對上述之資料，所得中位數 n 之 95.00% 信賴區間的求法為：

$n = 80$、$1 - \alpha = 0.95$，代入公式

$$r' = \frac{1}{2}[80 + 1 - (1.96)\sqrt{80}]$$

$r' = 31.7$，即 $r = 32$，故中位數 n 之 95.00% 的信賴區間為：

($10,000～$19,999) ≤ n ≤ ($20,000～$29,999)

2.雙組獨立樣本之母體中位數差之區間推估

利用曼─惠氏 (Mann-Whitney) 檢定法（U 檢定），舉例說明如下：

舉例如下：

隨機抽取 11 位男顧客及 10 位女顧客，利用順位量表調查對公司品牌之印象度，最不滿意為 0 分、最滿意為 100 分，分別求得下列之資料：

表 13-4

性別	得分別
男性	76 81 84 85 85 85 88 90 91 92 99
女性	64 64 72 74 76 77 82 84 89 96

在 95.00% 的信賴區間下男女顧客對品牌印象度之中位數差為：

步驟 1：劃分出 m（男）與 w（女）之全部差數。

w \ m	76	81	84	85	85	85	88	90	91	92	99
64	12	17	20	21	21	21	24	26	27	28	35
64	12	17	20	21	21	21	24	26	27	28	35
72	4	9	12	13	13	13	16	18	19	20	27
74	2	7	10	11	11	11	14	16	17	18	25
76	0	5	8	9	9	9	12	14	15	16	23
77	−1	4	7	8	8	8	11	13	14	15	22
82	−6	−1	2	3	3	3	6	8	9	10	17
84	−8	−3	0	1	1	1	4	6	7	8	15
89	−13	−8	−5	−4	−4	−4	−1	1	2	3	10
96	−20	−15	−12	−11	−11	−11	−8	−6	−5	−4	3

步驟 2：$n_1 = 11$、$n_2 = 10$、$\alpha = 0.05$，查 Mann-Whitney U 值檢定表得：

$Wa = 26$

步驟 3：位次。

表 13–5 利用曼一惠氏 (Mann-Whitney)U 值檢定表

單尾檢定 = .025 雙尾檢定 = .05

n_1 \ n_2	9	10	11	12	13	14	15	16	17	18	19	20
1												
2	0	0	0	1	1	1	1	1	2	2	2	2
3	2	3	3	4	4	5	5	6	6	7	7	8
4	4	5	6	7	8	9	10	11	11	12	13	13
5	7	8	9	11	12	13	14	15	17	18	19	20
6	10	11	13	14	16	17	19	21	22	24	25	27
7	12	14	16	18	20	22	24	26	28	30	32	34
8	15	17	19	22	24	26	29	31	34	36	38	41
9	17	20	23	26	28	31	34	37	39	42	45	48
10	20	23	26	29	33	36	39	42	45	48	52	55
11	23	26	30	33	37	40	44	47	51	55	58	62
12	26	29	33	37	41	45	49	53	57	61	65	69
13	28	33	37	41	45	50	54	59	63	67	72	76
14	31	36	40	45	50	55	59	64	67	74	78	83
15	34	39	44	49	54	59	64	70	75	80	85	90
16	37	42	47	53	59	64	70	75	81	86	92	98
17	39	45	51	57	63	67	75	81	87	93	99	105
18	42	48	55	61	67	74	80	86	93	99	106	112
19	45	52	58	65	72	78	85	92	99	106	113	119
20	48	55	62	69	76	83	90	98	105	112	119	127

資料來源: 取自 D. Auble, "Extended Tables for the Mann-Whitney Statistic," Table 5, *Bulletin of the Institute of Educational Research of Indiana University* (1953).

$$d = Wa + 1 = 26 + 1 = 27$$

第 27 大 = $Ud = 17$

第 27 小 = $Ld = 1$

步驟 4: 男女印象之中位數差之 95.00% 的信賴區間。

$$1 \leq m - w \leq 17$$

3.雙組相關樣本之母體中位數差之區間推估

基本上，此法與第一種方法相似，主要差別僅在於先求兩組樣本的相關樣本值差，然後依大樣本、或小樣本求得推估之區間，過程中仍然使用二項分配之概念。

舉例如下：

隨機抽取 10 位消費者，測試觀看廣告影片對產品的瞭解程度，以 100 點順位量表得到之兩組資料如下：

表 13–6　產品的瞭解程度評量表

消費者	1	2	3	4	5	6	7	8	9	10
觀看前	52	48	36	63	45	54	66	68	70	47
觀看後	48	59	53	76	49	68	79	80	81	66

在 95.00% 信賴區間下，觀看前後印象之改變情況為：

(1)排序：

　　−4、4、11、11、12、13、13、14、17、19

(2)查表：

　　查二項分配 $n = 10$、$\pi = \dfrac{1}{2}$

　　$P(X = 0) + P(X = 1) + P(X = 9) + P(X = 10) = 0.0216$

　　$\therefore Y - X$ 的中位數介於第二和第八之間

　　結論：$11 < m_{y-x} < 4$

三、類別量表資料的區間推估

類別量表資料僅供分類，不做排序，故編排於前者未必比後者好，如最佳品牌印象率、產品市場占有率等皆屬於此類。茲以單樣本與兩組樣本為例，予以說明。

1.單組比例數信賴區間推估

除了平均數之外，也可將樣本之某項屬性 (Attribute) 的百分比作為推估母體

中該項屬性之百分比的基礎，此種推估方式稱為單組比例數信賴區間推估 (Estimation of a Proportion)，計算公式如下：

$$\hat{P} - K\sigma_{\hat{p}} \leq P \leq \hat{P} + K\sigma_{\hat{p}}$$

上述之公式中

$\hat{P}$: 樣本百分比

P: 母體百分比

$\sigma_{\hat{p}}$: 樣本百分比標準誤

因為母體百分比通常未知，計算標準誤時，以樣本百分比替代，即

$$\sigma_{\hat{p}} = \sqrt{\frac{P(1-\hat{P})}{N}}$$

K: 信賴係數

$\hat{P} \pm 1$ 倍數的 $\sigma_{\hat{p}}$，則 P 包含在此區間的機率為 68.27%，若 $\hat{P} \pm 1.96$ 倍數的 $\sigma_{\hat{p}}$，則 P 包含在此區間的機率為 95.00%

舉例如下：

由某一城市隨機抽取 400 戶家庭，其中有電腦者占 301 戶，求在 95.00% 信賴區間之電腦之普及率。

$$P = \frac{310}{400} = 77.5\%$$

$$\sigma_{\hat{p}} = \sqrt{\frac{0.775 \times 0.225}{400}} = 0.0208$$

$\therefore$ 95.00% 的信賴區間為：$0.775 - (1.96 \times 0.0208) < P < 0.775 + (1.96 \times 0.0208)$

　　　　　$0.734 < P < 0.816$

根據推估結果，該城市電腦普及率最高為 81.6%、最低為 73.4%，其估計錯誤的機率為 5.00%。

2.雙組樣本比例差之數信賴區間推估

由兩組獨立的隨機樣本中推估該兩組樣本之某項屬性的百分比間之差成為雙組樣本比例差之數信賴區間推估 (Estimating the Difference between Two Proportion)。當調查兩個不同時間、或兩個不同地區之特定屬性，如 A 與 B 地區之電腦普及率等等，而須將此特定屬性加以比較之情況下，得運用此一推估方法，計算公式如下：

$$\Delta P \pm k\sigma\Delta P$$

公式中

ΔP：兩組樣本百分比之差 $(\Delta P = P_1 - P_2)$

$\sigma\Delta P$：兩組樣本百分比標準誤之和

$$\sigma\Delta P = \sqrt{\frac{P_1(1-P_1)}{n_1} + \frac{P_2(1-P_2)}{n_2}}$$

K：信賴係數

舉例如下：

表 13–7 是某一特定期間之 A 與 B 兩個地區之個人電腦普及率調查結果報告。假定不經過雙組樣本比例差之數信賴區間推估，可能會下定 B 地區較之 A 地區高出 33.1% 之判斷，但若經過區間推估，則會有如下之情況出現。

表 13–7　個人電腦普及率表

地區別	樣本數（戶）	個人電腦持有戶	普及率
A	450	200	44.4%
B	400	310	77.5%

根據公式，將表 13–7 個人電腦普及率調查資料推估如下：

$$\Delta P = 0.775 - 0.444 = 0.331$$

$$\sigma\Delta P = \sqrt{\frac{(0.444)(1-0.444)}{45} + \frac{(0.775)(1-0.775)}{400}} = 0.0314$$

$$K = 1.96$$

$$K\sigma\Delta P = 0.0615$$

$$\therefore 0.2695 \leq \Delta P \leq 0.3925$$

由上述公式計算結果，結論是：A 及 B 兩地區之個人電腦普及率的差，最高

為 39.25%、最低為 26.95%，其估計錯誤的機率為 5%。此所探討之比例差檢定之問題，也可運用於等比、或等距量表資料。

13.4 單變數的假設檢定

由樣本的統計量來檢定母體的假設謂之假設檢定 (Test of Hypotheses)、或顯著性檢定。具體言之，所謂假設檢定是先給母數的一個假定的數值，即假設 (Hypothesis)，然後根據樣本資料求得之統計量與假設母數之差加以檢定，看看假設是否可以接受，如果差異不超過所定之機率誤差的可能範圍，則接受假設，反之，如果超出所定之範圍，認為其差異顯著，則否定假設。對母數提出的假設謂之虛無假設 (Null Hypotheses)，以 H_0 表示之。與虛無假設相對的稱為對立假設 (Alternative Hypotheses)，以 H_1 表示。至於樣本統計量與假設母數的數值間之差異到底要多大，才能推翻虛無假設，就此問題，則有賴於行銷研究人員的判斷，但在通常情況下，係採用百分之五、或百分之一的顯著水準。假設檢定須循一定程序進行，其步驟如下：

⑴建立假設：即設定虛無假設與對立假設。

⑵決定顯著性水準：以 σ 表示之，據以推翻虛無假設之機率。σ 越小，則假設被接受之機率越大，反之，則越小。

⑶選用適當的統計值，並根據樣本數及統計值的屬性，將樣本的統計值轉化為 Z、t、χ^2、U、H、或 F 值等。

⑷決定接受領域與推翻領域的界限值。

⑸隨機抽取樣本，並計算樣本統計量及標準誤。

⑹檢定假設。若求得之樣本統計值包含於接受領域中，則接受虛無假設，若包含於推翻領域中，則推翻虛無假設。

假設檢定的方法可分為母數統計檢定 (Parametric Test) 與非母數統計檢定 (Non-parametric Test) 兩種。在資料分析、或推估之際，若對樣本統計量之母體的分配已有一定的假設，如常態分配、t 分配或 F 分配、或量表為等距量表或等比量表，則使用之假設檢定方法應採用母數檢定。若樣本資料之分析或推估，勿須對

母數值的分配給予一定的假設，但量表為類別量表或順位量表、及小樣本時，則應採用非母數檢定作為假設檢定之工具。等比或等距量表的資料，一般用母數統計，而無母數統計則應用於順位、或類別量表。茲分別舉述如下。

13.4.1 等比或等距量表資料的假設檢定

當統計數值的母體已有一定的假設，如常態分配、或 t 分配，則應用母數統計檢定。根據樣本數的大小，假設檢定的方法也不一樣。凡樣本數大於 30，應利用 Z 檢定法，若樣本數小於 30，則應採用 t 檢定法。以下就母數統計檢定之類別，以 Z 檢定法說明如下：

1.單組樣本平均數的檢定 (Hypothesis Test of a Mean)

由樣本的平均數來檢定調查母體平均數之檢定稱為單組樣本平均數的檢定，其檢定程序為：

⑴設定假設。

⑵顯著性水準之選擇。

⑶樣本算術平均數標準化：

$$Z = \frac{\bar{x} - \mu}{\frac{\sigma}{\sqrt{n}}} \text{ 或 } t = \frac{\bar{x} - \mu}{\frac{\sigma}{\sqrt{n}}}$$

⑷假設檢定：在顯著性水準 0.05 下，若

$\mu \neq \mu_0, \ Z > 1.96 \text{ 或 } Z < -1.96$

$\mu > \mu_0, \ Z > 1.65$

$\mu < \mu_0, \ Z < -1.65$

則否定 H_0。

舉例如下：

設若泡麵的平均消費量每週超過一箱,則甲公司願意傾全力去推展泡麵業務,反之,若低於一箱,則打算退出泡麵市場。針對 150 戶家庭進行抽樣調查的結果,

獲得之資料是週平均消費量為 1.2 箱。假定母體的標準誤是 0.13 箱，則檢定程序是：

(1)設定假設：

　　H_0：$\mu \leq 1$ 箱，如 H_0 被接受，退出市場。

　　H_1：$\mu > 1$ 箱，如 H_1 被接受，推展市場。

(2)顯著性水準之選定：$\alpha = 0.05$。

(3)樣本算術平均數標準化：

$$Z = \frac{\bar{x} - \mu_0}{\sigma_{\bar{x}}}$$

(4)判定準則：如 $Z \geq 1.65$ 否定 H_0，$Z \leq 1.65$，接受 H_0。

(5)計算：

　　$n = 150$、$\sigma = 0.13$、$\bar{x} = 1.2$、$\mu_0 = 1$

　　$\sigma_{\bar{x}} = \dfrac{0.13}{\sqrt{150}} = 0.0106$

　　$Z = \dfrac{\bar{x} - \mu_0}{\sigma_{\bar{x}}} = \dfrac{1.2 - 1}{0.0106}$

　　　$= 18.87$

(6)判定：$Z > 1.65$，否定 H_0，即接受週平均消費量大於一箱，推展泡麵市場。

2.單組樣本比例數的檢定 (Hypothesis Test of a Proportion)

凡由樣本的比例數檢定調查母體比例數的假設謂之單組樣本比例數的檢定，檢定程序是：

(1)設定假設。

(2)顯著性水準之選定。

(3)樣本比例標準化：

$$Z = \frac{\dfrac{x}{n} - p_0}{\sqrt{\dfrac{p_0(1 - p_0)}{n}}}$$

(4)假設檢定：

在顯著性水準 0.05 下，如果：

$P \neq P_0$，$Z > 1.96$ 或 $Z < -1.96$

$P > P_0$，$Z > 1.65$

$P < P_0$，$Z < -1.65$

則否定 H_0。

舉例如下：

乙食品公司宣稱其麥片之市場普及率為 30%，甲公司認為乙食品公司所稱若屬事實，則願意經銷乙食品公司之麥片。經由 920 戶家庭的隨機抽樣調查結果，發現有 230 戶家庭，即 25% 的家庭使用乙食品公司之麥片。就上述之調查結果而言，其檢定程序如下：

(1) H_0：$P \geq 0.30$，如 H_0 被接受，經銷麥片。

　　H_1：$P < 0.30$，如 H_1 被接受，拒絕經銷麥片。

(2) 顯著性水準：$\alpha = 0.05$。

(3) 將樣本比例標準化：

$$Z = \frac{\frac{x}{n} - P_0}{\sqrt{\frac{P_0(1 - P_0)}{n}}}$$

(4) 判定準則：如 $Z < -1.65$，則否定 H_0，接受 H_1。

(5) 計算：

$n = 920$、$x = 230$、$P_0 = 0.30$

$$Z = \frac{\frac{230}{920} - 0.30}{\sqrt{\frac{0.30(1 - 0.30)}{920}}}$$

$$= -3.311$$

(6) 判定：$Z < -1.65$，否定 H_0，即接受普及率 25%，不願意經銷乙食品公司之麥片。

3.兩組樣本兩平均差的檢定 (Testing Difference between Means)——兩獨立樣本

若欲檢定兩樣本間之算術平均差有無真正差異存在，則可運用本方法檢定。例如某一特定商品在甲地區與乙地區之平均銷售量的比較、或兩個不同地區之所得比較等之問題，皆可運用兩組樣本兩平均差的檢定，檢定程序為：

⑴設定假設 H_0。

⑵選擇顯著性水準。

⑶兩組樣本兩平均差之標準化。

$$Z = \frac{\overline{x}_1 + \overline{x}_2}{\sqrt{\dfrac{\sigma_1^2}{n_1} + \dfrac{\sigma_2^2}{n_2}}}$$

⑷假設檢定。在顯著性水準 0.05 下，如果是：

$\mu_1 \neq \mu_2, \ Z > 1.96 \ 或 \ Z < -1.96$

$\mu_1 > \mu_2, \ Z > 1.65$

$\mu_1 < \mu_2, \ Z < -1.65$

則否定 H_0。

舉例如下：

隨機抽取甲地區 200 人、乙地區 250 人調查泡麵的消費量，結果是甲地區之週平均消費量為 2.5 包、標準誤為 0.4 包，乙地區為 3.2 包、標準誤為 0.6 包。若就上述問題檢定甲地區與乙地區之泡麵週平均消費量是否有差異，則其檢定程序如下：

⑴H_0：$\mu_1 = \mu_2$、H_1：$\mu_1 \neq \mu_2$。

⑵顯著性水準：$\alpha = 0.05$。

⑶兩樣本間之算術平均數之差的標準化：

$$Z = \frac{\overline{x}_1 + \overline{x}_2}{\sqrt{\dfrac{\sigma_1^2}{n_1} + \dfrac{\sigma_2^2}{n_2}}}$$

(4)判定準則：如 $Z > 1.96$ 或 $Z < -1.96$，則否定 H_0。

(5)計算：

$$n_1 = 200 、 n_2 = 250$$

$$\bar{x}_1 = 2.5 、 \bar{x}_2 = 3.2$$

$$\sigma_1 = 0.4 、 \sigma_2 = 0.6$$

$$Z = \frac{(2.5 - 3.2)}{\sqrt{\frac{(0.4)^2}{200} + \frac{(0.6)^2}{250}}} = -14.80$$

(6)判定：$Z < -1.96$，否定假設 H_0，即認為甲、乙地區之泡麵週平均消費量有差異。

4.兩組樣本平均數差的檢定——兩相關樣本（配對樣本）

當抽取的兩組樣本之間，若有某種相關關係存在，則須採用另一種檢定方式方能正確，即兩組樣本平均數差的檢定，茲舉例說明如下：

舉例如下：

隨機抽取六種不同類型之零售機構，調查一週內之百事可樂與可口可樂的銷量，調查結果如表 13–8。若就上述問題檢定可口可樂銷售量是否大於百事可樂，則其檢定程序如下：

表 13–8　零售機構別及品牌別銷售量統計表

零售機別	可口可樂 (x_1)	百事可樂 (x_2)	d
1	131	112	19
2	83	77	6
3	65	59	6
4	112	104	8
5	51	49	2
6	57	62	-5
合計	499	463	36

(1) H_0： $D = x_1 - x_2 \leq 0$。

H_1： $D > 0$。

(2)顯著性水準： $\alpha = 0.05$ 時， $t^* = 2.015$。

(3)計算：

$$\bar{d} = \sum_{i=1}^{6} \frac{d_i}{6} = 6$$

$$S_d = \sqrt{\sum_{i=1}^{n} \frac{(d_i - \bar{d})^2}{n-1}} = \sqrt{\frac{310}{5}} = 7.87$$

$$\hat{\sigma} = \frac{S_d}{\sqrt{n}} = \frac{7.87}{2.45} = 3.21$$

(4)棄卻域：

$$棄卻域 = 0 + 2.015(3.21) = 6.47 > 6$$

∴接受 H_0。

(5)結論：可口可樂的銷售量並未顯著多於百事可樂。

5.兩組樣本比例差的檢定 (Testing Difference between Proportions)

若欲檢定兩組樣本之比例數差有無真正差異存在，則可運用本方法檢定。例如甲、乙兩地區個人電腦普及率的比較、或是兩個不同地區之某特定電視收視率的比較等之比例數之比較的問題，須運用兩組樣本比例的檢定，檢定程序如下：

(1)設定假設 H_0。

(2)選擇顯著性水準。

(3)兩組樣本比例數之差的標準化。

$$Z = \frac{\dfrac{\bar{x}_1}{n_1} - \dfrac{\bar{x}_2}{n_2}}{\sqrt{\hat{P}(1 - \hat{P})(\dfrac{1}{n_1} + \dfrac{1}{n_2})}}$$

(4)假設檢定。在顯著性水準 0.05 下，如果是：

$P \neq P_0, \quad Z > 1.96 \text{ 或 } Z < -1.96$

$P > P_0, \quad Z > 1.65$

$P < P_0, \quad Z < -1.65$

則否定 H_0。

舉例如下：

隨機抽取甲地區 200 戶，乙地區 300 戶之家庭調查數位相機之持有概況，調查結果為甲地區之持有率是 59.0%、乙地區之持有率是 55.0%，在此情況下，是否足以證明甲地區之數位相機持有率高於乙地區? 有關上述問題之檢定程序如下：

(1) H_0：$P = P_0$、H_1：$P \neq P_0$。

(2) 顯著性水準：$\alpha = 0.05$。

(3) 兩組樣本比例數之差的標準化。

(4) 判定準則：如 $Z > 1.96$ 或 $Z < -1.96$，則否定 H_0。

(5) 計算：

$$n_1 = 200、\quad n_2 = 300、\quad x_1 = 118、\quad x_2 = 165$$

$$P = \frac{200(0.59) + 300(0.55)}{200 + 300} = 0.56$$

$$Z = \frac{\dfrac{118}{200} - \dfrac{165}{300}}{\sqrt{0.566(1 - 0.566)(\dfrac{1}{200} + \dfrac{1}{300})}} = \frac{0.59 - 0.55}{0.045} = 0.889$$

(6) 判定：$Z < 1.96$，否定假設 H_0，即認為甲地區之數位相機之持有率並不高於乙地區。

6. 多組樣本平均數差異檢定——變異數分析 (Analysis of Variance)

當兩個獨立性變數分別為類別量表 (Nominal Scale) 與等距量表 (Interval Scale)，如「教育程度」、「電視劇喜愛度」，而須比較此兩種獨立變數間是否具有某種關係存在、或於實驗法 (Experimental Design) 中，比較各個實驗方式是否有差異存在，則須運用變異數分析作為檢定工具。

變異數分析是指因變數在不同自變數內變異程度與因變數在同一自變數內變異程度之比率所形成的 F 分配 (F-Distribution)，當 F 值達到顯著程度，就顯示因變數在不同自變數之間有顯著的差異性，故在行銷研究上又稱為 F 分配表 (F-Distribution Table) 之變異數 (Variance) 檢定。一般而言，變異數分析可分為單因子變異數分析 (One-way Analysis of Variance)、雙因子變異數分析 (Two-way Analysis of Variance)、及多因子變異數分析 (N-way Analysis of Variance) 等三種。由於多因子變異數分析的計算過程過於複雜，本節僅將單因子變異數分析與雙因子變異數分析概述如下：

⑴單因子變異數分析 (One-way Analysis of Variance)：是指一個自變數與一個因變數之分析。例如不同的地區是否會造成不同的銷售量、或不同之年齡是否會形成對電視節目喜愛程度的差異等等。有關單因子變異數分析之運算方式，以下列之例子說明：

舉例如下：

表 13–9　教育程度與電視影片喜好度差異表

教育程度	大學	高中	國中
喜好程度	7	3	5
	6	4	5
	7	4	4
	3	3	5
	4	2	5
	6	1	0
合計	33	17	24
平均	$\bar{x}_1 = 5.5$	$\bar{x}_2 = 2.8$	$\bar{x}_3 = 4.0$

表 13–9 是依不同之教育程度對電視影片喜好度 (喜好度以 7 等分態度量表衡量，7 為最喜歡、0 為最不喜歡) 編製之態度差異表。根據表 13–9 之資料，單因子變異數分析之運算步驟如下：

①每項資料平方合計數的計算，即求 $\sum\sum X_{ij}^2$：

$$\sum\sum X_{ij}^2 = 7^2 + 6^2 + 7^2 + 3^2 + 4^2 + 6^2 + 3^2 + 4^2 + 4^2 + 3^2 + 2^2 + 1^2 + 5^2 + 5^2 + 4^2 + 5^2 + 5^2$$
$$= 366$$

②每項資料之合計，即求 $\sum\sum X_{ij}$：

$$\sum\sum X_{ij} = 7 + 6 + 7 + 3 + 4 + 6 + 3 + 4 + 4 + 3 + 2 + 1 + 5 + 5 + 4 + 5 + 5 = 74$$

③總變異數之計算，即求 TSS：

$$TSS = \sum\sum X_{ij}^2 - \frac{(\sum\sum X_{ij})^2}{N}$$

$$= 366 - \frac{74^2}{18}$$

$$= 61.8$$

④各組間總和平方之總和的計算，即求 $\sum\frac{(\sum X_{ij})^2}{n_j}$：

$$\sum\frac{\sum(X_{ij})^2}{n_j} = \frac{(7+6+7+3+4+6)^2}{6} + \frac{(3+4+4+3+2+1)^2}{6} + \frac{(5+5+4+5+5)^2}{6}$$

$$= 325.7$$

⑤組間變異數之計算，即求 BSS：

$$BSS = \sum\frac{\sum(X_{ij})^2}{n_j} - \frac{(\sum\sum X_{ij})^2}{N}$$

$$= 325.7 - \frac{74^2}{18}$$

$$= 21.5$$

⑥組內變異數之計算，即求 WSS：

$$WSS = \sum\sum X_{ij}^2 - \sum\frac{\sum(X_{ij})^2}{n_j}$$

$$= 366 - 325.7$$

$$= 40.3$$

⑦總自由度之計算，即求 TDF：

$$TDF = N - 1$$

$$= 18 - 1$$

$$= 17$$

⑧組內自由度之計算，即求 BDF：

$$BDF = J - 1$$

$$= 3 - 1 = 2$$

⑨組間自由度之計算，即求 WDF：

$$WDF = N - J$$
$$= 18 - 3 = 15$$

⑩組間平均變異數之計算，即求 BMS：

$$BMS = \frac{BSS}{BDF} = \frac{21.5}{2}$$
$$= 10.75$$

⑪組內平均變異數之計算，即求 WMS：

$$WMS = \frac{WSS}{WDF} = \frac{40.3}{15}$$
$$= 2.687$$

⑫ F 值的計算：

$$F = \frac{BMS}{WMS} = \frac{10.75}{2.687}$$
$$= 4.001$$

⑬判定：查 F 分配表得知，當 $\alpha = 0.05$（誤差為 5%）、自由度為 2 及 15

（F_2、F_{15}），得 $F_d = 3.68$。

由於 $F > F_d$，即在百分之五的顯著水準下，組間變異具有顯著性；質言之，教育程度之差異，可以造成對電視影片喜好度的差異。

表 13–10　單因子變異數分析表

變異來源	變異數	自由度	平均變異數	F 值
BSS	21.5	2	10.750	4.001
WSS	40.3	15	2.687	
TSS	61.8	17		

舉例如下：

表 13–11　地區別銷售額差異表

地區別	銷售金額					合計	平均
甲	121	118	119	123	120	601	120.2
乙	118	117	121			356	118.7
丙	124	123	122	125		494	123.5

根據表 13–11 資料，單因子變異數之運算步驟為：

①每項資料平方合計數的計算，即求 $\sum\sum X_{ij}^2$：

$$\sum\sum X_{ij}^2 = (121)^2 + (118)^2 + (119)^2 + (123)^2 + (120)^2 + (118)^2 + (117)^2 + (121)^2 + (124)^2$$
$$+ (123)^2 + (122)^2 + (125)^2 = 175,523$$

②每項資料之合計，即求 $\sum\sum X_{ij}$：

$$\sum\sum X_{ij} = 121 + 118 + 119 + 123 + 120 + 118 + 117 + 121 + 124 + 123 + 122 + 125$$
$$= 1,451$$

③總變異數之計算，即求 TSS：

$$TSS = \sum\sum X_{ij}^2 - \frac{(\sum\sum X_{ij})^2}{N}$$
$$= 175,523 - \frac{(1,451)^2}{12}$$
$$= 72.92$$

④各組間總和平方之總和的計算，即求 $\sum\frac{(\sum X_{ij})^2}{n_j}$：

$$\sum\frac{(\sum X_{ij})^2}{n_j} = \frac{(121 + 118 + 119 + 123 + 120)^2}{5} + \frac{(118 + 117 + 121)^2}{3} +$$
$$\frac{(124 + 123 + 122 + 125)^2}{4}$$
$$= 175,494.5$$

⑤組間變異數之計算，即求 BSS：

$$BSS = \sum \frac{\sum(X_{ij})^2}{n_j} - \frac{(\sum\sum X_{ij})^2}{N}$$

$$= 175{,}494.50 - 175{,}450.08 = 44.42$$

⑥組內變異數之計算，即求 *WSS*：

$$WSS = \sum\sum X_{ij}^2 - \sum \frac{(\sum X_{ij})^2}{n_j}$$

$$= 175{,}523 - 175{,}494.50 = 28.5$$

⑦總自由度之計算，即求 *TDF*：

$$TDF = N - 1$$
$$= 12 - 1$$
$$= 11$$

⑧組內自由度之計算，即求 *BDF*：

$$BDF = J - 1$$
$$= 3 - 1$$
$$= 2$$

⑨組間自由度之計算，即求 *WDF*：

$$WDF = N - J$$
$$= 12 - 3 = 9$$

⑩組間平均變異數之計算，即求 *BMS*：

$$BMS = \frac{BSS}{BDF} = \frac{44.42}{2} = 22.21$$

⑪組內平均變異數之計算，即求 *WMS*：

$$WMS = \frac{WSS}{WDF} = \frac{28.5}{9} = 3.17$$

⑫ *F* 值的計算：

$$F = \frac{BMS}{WMS} = \frac{22.21}{3.17} = 7.01$$

⑬判定：查 F 分配表得知，當 $\alpha = 0.05$（誤差為 5%）、自由度為 2 及 9（F_2、F_9），得 $F_d = 4.26$，由於 $F > F_d$，即在百分之五的顯著水準下，組間變異具有顯著性；質言之，地區別之差異，會影響商品之銷售量。

表 13–12　單因子變異數分析表

變異來源	變異數	自由度	平均變異數	F 值
BSS	44.42	2	22.21	7.01
WSS	28.50	9	3.17	
TSS	72.92	11		

(2)雙因子變異數分析：兩個自變數與一個因變數的變異數分析稱為雙因子變異數分析 (Two-way Analysis of Variance)。例如利用實驗設計測試不同之廣告物對銷售量的影響，將銷售地區按兩種標準加以分類，然後分別提供不同之廣告物，藉以檢定不同的廣告物對銷售量是否有顯著影響謂之雙因子變異數分析。雙因子變異數分析不僅須分析每一自變數（A 與 B）單獨對因變數 (C) 之影響，同時還得分析兩者對因變數發生之作用。有關運算過程，以下列之例子說明：

舉例如下：

利用實驗設計測定地區別的銷售量及經銷機構是否會受到廣告之影響，調查結果如表 13–13。

表 13–13　地區別及經銷機構別銷售表

經銷機構別　地區別	百貨公司	超商	雜貨店	超市	合計
甲	118	118	119	121	476
乙	112	116	110	110	448
丙	121	116	119	120	476
合計	351	350	348	351	1,400

根據表 13–13 資料，雙因子變異數分析之運算步驟如下：

①求 $\dfrac{(\sum\limits_{j}\sum\limits_{k}\sum\limits_{i}X_{ijk})^2}{N}$：

$\because \sum\sum\sum X_{ijk} = 1,400 \text{、} N = 12$

$$\dfrac{(\sum\limits_{j}\sum\limits_{k}\sum\limits_{i}X_{ijk})^2}{N} = \dfrac{1,960,000}{12}$$
$$= 163,333.33$$

②求 TSS：

$$TSS = (118)^2 + (112)^2 + (121)^2 + (118)^2 + (116)^2 + (116)^2 + (119)^2 + (110)^2 + (119)^2$$
$$+ (121)^2 + (110)^2 + (120)^2 - 163,333.33$$
$$= 174.67$$

③求 RSS：

$$RSS = \dfrac{(476)^2 + (448)^2 + (476)^2}{4} - 163,333.33$$
$$= 130.67$$

④求 CSS：

$$CSS = \dfrac{(351)^2 + (350)^2 + (348)^2 + (351)^2}{3} - 163,333.33$$
$$= 2.00$$

⑤求 ISS：

$$ISS = TSS - RSS - CSS$$
$$= 174.67 - 130.67 - 2.00$$
$$= 42.00$$

⑥求 TDF：

$$TDF = N - 1$$
$$= 12 - 1 = 11$$

⑦求 *RDF*：

$$RDF = 3 - 1 = 2$$

⑧求 *CDF*：

$$CDF = 4 - 1 = 3$$

⑨求 *IDF*：

$$IDF = (3 - 1)(4 - 1) = 6$$

⑩求 *RMS*：

$$RMS = \frac{RSS}{RDF} = \frac{130.67}{2} = 65.34$$

⑪求 *CMS*：

$$CMS = \frac{CSS}{CDF} = \frac{2.00}{3} = 0.67$$

⑫求 *IMS*：

$$IMS = \frac{ISS}{IDF} = \frac{42}{6} = 7$$

⑬求 *RF*：

$$RF = \frac{65.34}{7} = 9.33$$

⑭求 *CF*：

$$CF = \frac{0.67}{7} = 0.096$$

⑮判定：查 *F* 分配表得知：a. 當 $\alpha = 0.05$（誤差為 5%）、自由度為 2 及 6（F_2、F_6），得 F_r 值為 4.7。b. 當 $\alpha = 0.05$（誤差為 5%）、自由度為 3 及 6（F_2、F_6），得 F_c 值為 4.7。由於：a. $RF > F_r$，換言之，地區別銷售量受到

廣告的影響。b. $CF < F_c$，即在百分之五的顯著水準下，列間變異無顯著性；質言之，經銷機構別之銷售量不受廣告的影響。

表 13–14　雙因子變異數分析表

變異來源	變異數	自由度	平均變異數	F 值
RSS	130.67	2	65.34	9.330
CSS	2.00	3	0.67	0.096
ISS	42.00	6	7.00	
TSS	174.67	11		

舉例如下：

表 13–15　年級別與性別對電視影片評估點數表

性別 ＼ 年級別	一年級	二年級	三年級	合計
男	5、3、1	5、3、2、3、1、2、5	1、1、2、0	34
女	2、0	2、0、4、1、3、3、2、1	5、4、3、3、5	38
合計	11	37	24	72

評估方式採用 7 分制之評比表 (Seven Point Evaluation)，0 代表最沒有價值、6 代表最有價值。根據表 13–15 之調查資料，分別計算平均數，並將其彙集於表 13–16。

表 13–16

性別 ＼ 年級別	一年級	二年級	三年級	行平均數總合
男	3	3	1	7
女	1	2	4	7
列平均數總合	4	5	5	14

根據表 13–15 及表 13–16 資料，雙因子變異數之運算，可利用下列公式計算：

表 13–17　雙因子變異數分析公式表

來源	總變異數	自由度	平均變異數	F 值
行 RSS	$\dfrac{\sum\limits_{j}(\sum\limits_{k}\sum\limits_{i}X_{ijk})^2}{Cn}-\dfrac{(\sum\limits_{j}\sum\limits_{k}\sum\limits_{i}X_{ijk})^2}{N}$	$R-1$	$\dfrac{RSS}{(R-1)}$	$RF=\dfrac{RMS}{WMS}$
列 CSS	$\dfrac{\sum\limits_{j}(\sum\limits_{k}\sum\limits_{i}X_{ijk})^2}{Rn}-\dfrac{(\sum\limits_{j}\sum\limits_{k}\sum\limits_{i}X_{ijk})^2}{N}$	$C-1$	$\dfrac{CSS}{(C-1)}$	$CF=\dfrac{CMS}{WMS}$
交叉 ISS	$\dfrac{\sum\limits_{j}\sum\limits_{k}(\sum\limits_{i}X_{ijk})^2}{n}-\dfrac{\sum\limits_{j}(\sum\limits_{k}\sum\limits_{i}X_{ijk})^2}{Cn}$ $\dfrac{\sum\limits_{k}(\sum\limits_{j}\sum\limits_{i}X_{ijk})^2}{Rn}+\dfrac{(\sum\limits_{j}\sum\limits_{k}\sum\limits_{i}X_{ijk})^2}{N}$	$(R-1)$ $(C-1)$	$\dfrac{ISS}{(R-1)(C-1)}$	$IF=\dfrac{IMS}{WMS}$
誤差 WSS	$\sum\limits_{j}\sum\limits_{k}\sum\limits_{i}X_{ijk}^2-\dfrac{\sum\limits_{j}\sum\limits_{k}(\sum\limits_{i}X_{ijk})^2}{N}$	$N-RC$	$\dfrac{WSS}{(N-RC)}$	
總計 TSS	$\sum\limits_{j}\sum\limits_{k}\sum\limits_{i}X_{ijk}^2-\dfrac{(\sum\limits_{j}\sum\limits_{k}\sum\limits_{i}X_{ijk})^2}{N}$	$N-1$		

①求 RSS：

$$RSS=\frac{(3+3+1)^2+(1+2+4)^2}{3}-\frac{(3+3+1+1+2+4)^2}{6}=32.67-32.67=0$$

②求 CSS：

$$CSS=\frac{(3+1)^2+(3+2)^2+(1+4)^2}{2}-\frac{(3+3+1+1+2+4)^2}{6}=33-32.67=0.33$$

③求 ISS：

$$ISS=\frac{(3)^2+(3)^2+(1)^2+(1)^2+(2)^2+(4)^2}{1}-0-0.33-\frac{(3+3+1+1+2+4)^2}{6}$$
$$=40-0-0.33-32.6=7.07$$

④求 WSS：

$$WSS=[(5)^2+(3)^2+(1)^2+(5)^2+(3)^2+(3)^2+(1)^2+(2)^2+(1)^2+(2)^2+(5)^2+(1)^2$$
$$+(2)^2+(1)^2+(0)^2+(2)^2+(0)^2+(2)^2+(0)^2+(1)^2+(3)^2+(4)^2+(2)^2+(1)^2$$

$$+ (3)^2 + (5)^2 + (3)^2 + (4)^2 + (5)^2 + (3)^2] - (\frac{9^2}{3} + \frac{21^2}{7} + \frac{4^2}{4} + \frac{2^2}{2} + \frac{16^2}{8} + \frac{20^2}{5})$$
$$= 250 - 208 = 42$$

⑤求 $WSS(ADJ)$：

$$WSS(ADJ) = 42 \times [\frac{(\frac{1}{3} + \frac{1}{7} + \frac{1}{4} + \frac{1}{2} + \frac{1}{8} + \frac{1}{5})}{6}]$$
$$= 10.85$$

表 13–18　年級別與性別對電視影片反應變異數分析表

變異來源	變異數	自由度	平均變異數	F 值	顯著度
RSS	0.00	1	0.00	0.00	
CSS	0.33	2	0.17	0.35	
ISS	7.07	2	3.50	7.42	*
WSS	10.85	23	0.47		

⑥判定：查 F 分配表得知：a. 當 $\alpha = 0.05$（誤差為 5%）、自由度為 1 及 2（F_1、F_2），得 F_r 值為 18.5，由於 $RF < F_r$，即在百分之五的顯著性水準下，性別與電視影片之喜好度並無直接關係。b. 當 $\alpha = 0.05$（誤差為 5%）、自由度為 2 及 2（F_2、F_2），得 $F_c = 19.0$，由於 $CF < F_c$，即在百分之五的顯著性水準下，年級與電視影片之喜好度並無直接關係。c. 當 $\alpha = 0.05$（誤差為 5%）、自由度為 2 及 23（F_2、F_{23}），得 $F_i = 3.4$，由於 $IF > F_i$，即在百分之五的顯著性水準下，性別與年級等兩者相互與電視影片喜好度有關係，即高年級的女生及低年級的男生對電視影片的評估高，低年級的女生及高年級的男生對電視影片的評估低。

表 13–19　F 分配的百分點 $F_{0.05}$（略表）

U_2 \ U_1	1	2	3	4	5	6	7	8	9	10	12	15	20
1	161.4	199.5	215.7	224.6	230.2	234.0	238.8	236.9	240.5	241.9	243.9	245.9	248.0
2	18.5	19.0	19.2	19.2	19.3	19.3	19.4	19.4	19.4	19.4	19.4	19.4	19.6
3	10.1	9.6	9.3	9.1	9.0	8.9	8.9	8.8	8.8	8.8	8.7	8.7	8.6
4	7.7	6.9	6.6	6.4	6.3	6.2	6.1	6.0	6.0	6.0	5.9	5.9	5.8
5	6.6	5.8	5.4	5.2	5.1	5.0	4.9	4.8	4.8	4.7	4.7	4.6	4.5
6	5.9	5.1	4.7	4.5	4.4	4.3	4.2	4.2	4.1	4.1	4.0	3.9	3.8
7	5.6	4.7	4.3	4.1	4.0	3.9	3.8	3.7	3.7	3.6	3.6	3.5	3.4
8	5.3	4.5	4.1	3.8	3.7	3.6	3.5	3.4	3.4	3.4	3.3	3.2	3.1
9	5.1	4.3	3.9	3.6	3.5	3.4	3.3	3.2	3.2	3.1	3.1	3.0	2.9
10	4.9	4.1	3.7	3.5	3.3	3.2	3.1	3.1	3.0	3.0	2.9	2.8	2.7
12	4.7	3.9	3.5	3.3	3.1	3.0	2.9	2.8	2.8	2.8	2.7	2.6	2.5
15	4.5	3.7	3.3	3.1	2.9	2.8	2.7	2.6	2.6	2.5	2.4	2.4	2.3
20	4.3	3.5	3.1	2.9	2.7	2.6	2.5	2.5	2.4	2.4	2.3	2.2	2.1
23	4.2	3.4	3.0	2.7	2.6	2.5	2.4	2.3	2.3	2.2	2.2	2.1	2.0

表 13–20　F 分配的百分點 $F_{0.01}$（略表）

V_2 \ V_1	1	2	3	4	5	6	7	8	9	10	12	15	20
1	405.2	499.5	540.3	562.5	576.4	585.9	592.8	598.1	602.2	605.6	610.6	615.7	620.9
2	98.5	99.0	99.2	99.2	99.3	99.4	99.4	99.4	99.4	99.4	99.4	99.4	99.4
3	34.1	30.8	29.5	28.7	28.7	27.9	27.7	27.7	27.5	27.3	27.0	26.9	26.7
4	21.2	18.0	16.7	16.0	15.5	15.2	15.0	14.8	14.7	14.5	14.4	14.2	14.0
5	16.3	13.3	12.1	11.4	11.0	10.7	10.5	10.3	10.2	10.1	9.9	9.7	9.6
6	13.7	10.0	9.8	9.2	8.8	8.5	8.3	8.1	8.0	7.9	7.7	7.6	7.4
7	12.2	9.6	9.5	7.9	7.5	7.2	7.0	6.8	6.7	6.6	6.5	6.3	6.2
8	11.3	8.7	7.6	7.0	6.6	6.4	6.3	6.2	5.9	5.8	5.7	5.5	5.4
9	10.6	8.0	7.0	6.4	6.1	5.8	5.6	5.5	5.4	5.3	5.1	4.9	4.8
10	10.0	7.6	6.6	6.0	5.6	5.4	5.2	5.1	4.9	4.9	4.7	4.6	4.4
12	9.3	6.9	5.9	5.4	5.1	4.8	4.6	4.5	4.4	4.4	4.4	4.0	3.8
15	8.7	6.7	5.7	5.2	4.9	4.6	4.4	4.3	4.1	4.1	3.7	3.5	3.4
20	8.1	6.5	5.6	5.0	4.7	4.5	4.3	4.1	4.0	3.9	3.5	3.1	2.9
23	7.8	5.6	4.7	4.2	3.9	3.7	3.5	3.4	3.2	3.2	3.0	2.9	2.7

變異數分析之實施，必須注意下列之假設：

⑴實驗單位是隨機抽取。

⑵量表是等距，且母體是常態分配。

⑶實驗結果具有可靠性。

⑷測試群體的變異數相等。

13.4.2　順位量表資料的假設檢定

順位量表資料是指具有大小順序之特性的資料，如非常喜歡、喜歡、不喜歡等之偏好方面的態度資料，假設檢定是採用母數統計方法。以下是一般採用之順位量表資料的假設檢定方法：

1.單組樣本之檢定 (Kolmogorov-Smirnov One-sample Test)

簡稱 K–S 檢定法，用於樣本統計量分配 (Distribution of Observed Value) 與「特定母體母數分配」(Some Specified Theoretical Distribution) 間之比較檢定與適合度檢定❶，如使用 A 品牌之樣本年齡結構與 A 品牌全體使用者之年齡結構的比較。以下是 K–S 檢定法之步驟；

舉例如下：

為瞭解客戶對店面佈置的滿意度，利用順位量表隨機抽查 200 名顧客，調查結果如表 13–21。假定全體顧客之滿意程度的比例結構與調查結果的比例結構相配合，廠商願意修改店面佈置，就表 13–21 之調查結果而言，K–S 檢定法之程序如下：

表 13–21　店面佈置的滿意度評估表

評估別	非常喜歡	喜歡	不喜歡	根本不喜歡	合計
人數	80	60	40	20	200

⑴設定假設：

H_0：調查結果之比例結構與全體顧客之比例結構相配合。

❶Luck and Rubin, *Marketing Research*, 7th edition. Prentice Hall, 1987, p.440.

H_1：調查結果之比例結構與全體顧客之比例結構不相配合。

(2)顯著性水準：$\alpha = 0.05$。

(3)計算檢定統計量：$D = Max|F_o(\text{x}) - S_n(\text{x})|$。

表 13–22

項目 ＼ 評估別	非常喜歡	喜歡	不喜歡	根本不喜歡
人數 = f	80	60	40	20
顧客分配比例結構累計數 = $F_o(x)$	0.25	0.5	0.75	1.00
樣本分配比例結構累計數 = $S_n(x)$	0.40	0.70	0.90	1.00
$|F_o(x) - S_n(x)|$	0.15	0.20	0.15	0.00

(4)找出最大的檢定統計量：

$$D = Max|F_o(x) - S_n(x)| = 0.20$$

(5)求臨界值 D：

$$當 \alpha = 0.05、\ 臨界值\ D(0.025、200) = \frac{1.36}{\sqrt{200}} = 0.096$$

(6)判定：

$$\because D = Max|F_o(x) - S_n(x)|$$
$$= 0.20 > 0.096$$

故拒絕 H_0，即調查結果，比例結構可能不與全體顧客的比例結構相配合。

2.兩組獨立樣本之檢定

(1)中位數檢定 (Median Test)：欲檢定兩組獨立樣本的順位資料之集中趨勢是否相同，則可採用中位數檢定法，其方法是將兩組的變量，由小至大混合排列，求該混合組之中位數，即混合中位數 (Combined Median)，再將兩組原本的變數與該混合組的中位數比較，高於該中位數者置於一組，低於該

中位數者另置一組，共計分為四組，然後再計算 χ^2 值，並將 χ^2 值與顯著性水準 α 比較。以下是中位數檢定之步驟：

舉例如下：

某商店為瞭解顧客對服務態度之滿意程度，利用 10 分位順位量表，針對男女各 10 位實施隨機抽樣調查，調查結果如表 13–23。欲瞭解男女兩性購買者的態度有無差異，採中位數檢定法檢定，檢定步驟如下：

表 13–23 服務態度評估表

性別	滿意度									
男	2	3	3	4	5	6	7	7	8	9
女	4	5	5	6	7	8	8	9	9	10

①設定假設：

　H_0：男女無異。

　H_1：男女有異。

②顯著性水準： $\alpha = 0.05$。

③計算混合中位數：

　a. 混合排列：

2、3、3、4、4、5、5、5、6、6、7、7、7、8、8、8、9、9、9、10

　b. 混合中數：

$$\frac{6+7}{2} = 6.5$$

④編聯立表：

表 13–24

項目　　性別	女	男
大於混合中位數	a＝6	b＝4
小於混合中位數	c＝4	d＝6

⑤計算 χ^2 值 (Calculate the Test Statistic)：

$$\chi^2 = \frac{n(|ad - bc| - \frac{n}{2})^2}{(a+b)(c+d)(a+c)(b+d)}$$

$$\chi^2 = \frac{20(|(6)(6) - (4)(4)| - \frac{10}{2})^2}{(10)(10)(10)(10)} = 0.45$$

⑥判定：查 χ^2 檢定表，當 $\alpha = 0.05$、$\chi^2(0.95, 1) = 3.84$，$\chi^2 = 0.45 < \chi^2(0.95, 1)$，故接受 H_0，即男女顧客之態度無差異。

⑵Mann-Whitney U Test：如果兩組獨立樣本的資料是屬於「直的」順位資料 (Truly Ordinal Data)，若欲檢定該兩組獨立樣本的等級 (Rank) 有無差異，則可採用 Mann-Whitney U Test，檢定步驟如下。

舉例如下：

為瞭解兩組不同教育程度的消費者對某一特定產品的品牌評估，利用順位量表對 30 位消費者實施態度的偏好調查，調查結果如表 13–25。根據調查資料利用 Mann-Whitney U Test 予以檢定，其步驟是：

表 13–25　產品品牌評估表

組別															
大學	27	12	7	29	3	2	14	10	8	1	25	15	18	4	23
高中	21	19	13	30	9	28	20	17	26	22	5	24	6	11	16

①設定假設：

H_0：兩組的消費者在偏好評估的等級上並無差異。

H_1：兩組的消費者在偏好評估的等級上有差異。

②顯著性水準：$\alpha = 0.05$。

③計算檢定統計量：

$$U_1 = n_1 n_2 + \frac{n_1(n_1 + 1)}{2} - R_1$$

$$U_2 = n_1 n_2 - U_1$$

$$n_1 = 15 \text{、} R_1 = 198 \text{、} n_2 = 15 \text{、} R_2 = 267$$

$$U_1 = (15)(15) + \frac{15(15 + 1)}{2} - 198$$

$$= 147$$

$$U_2 = (15)(15) - 147$$

$$= 78$$

④判定：因為 $U_2 < U_1$，故 $U_2 = U = 78$，查 U 值檢定表 ($\alpha = 0.05$、$n_1 = 15$、$n_2 = 15$)，$U^* = 64$ (查表 13–5)，因 $U = 78 > U^* = 64$，故接受 H_0，否定 H_1，即認為兩組不同的消費者對品質的偏好並無差異。質言之，大學學歷與高中學歷之消費者，對品質的偏好無顯著性差別。

⑶ Sign Test or Wilcoxon Test：當順位資料來自於兩組有關的相似樣本，為測定此兩種樣本間之統計值是否有差異，則須應用 Wilcoxon Test 作為工具。基本上，Wilcoxon Test 與符號檢定法 (Sign Test) 相似，所不同的是前者除了考慮差別方向（正或負）外，還得考慮差別的實際數值，而後者僅注重差別方向。在行銷研究的運用上，它適合於 "Pretest-Posttest Situation"，即針對相同的特定現象，在不同的環境中，分別調查兩次。至於調查資料之特性，除了順位資料外，也適用於等距或等比資料 (Interval or Ratio Data)。

以下是 Wilcoxon Test 之步驟：

舉例如下：

為瞭解消費者對廣告的評估，對 10 位被調查者於廣告出現前與廣告出現後，分別進行兩次測試，前後兩次評估點數如表 13–26。

表 13–26　廣告效果評估表

被調查者	點數		差別值	正等級排列	負等級排列
	廣告前	廣告後			
1	82	87	5	6.5	
2	81	84	3	4	
3	89	84	−5		6.5
4	74	76	2	2.5	
5	68	78	10	9	
6	80	81	1	1	
7	77	79	2	2.5	
8	66	81	15	10	
9	77	81	4	5	
10	75	82	7	8	

$T = 6.5$

①設定假設：

　　H_0：廣告對消費者態度的影響並不顯著。

　　H_1：廣告對消費者態度具有影響力。

②顯著性水準：$\alpha = 0.05$、$n = 10$。

③計算檢定統計量：查 "Critical Values of T in Wilcoxon Sign Rank Test" 表。在 $\alpha = 0.05$、$n = 10$ 之情況下，理論值，$T^* = 10$，由於 $T = 6.5$、$T < T^*$，故否定 H_0，接受 H_1，即廣告對消費者態度具有影響力。

13.5　獨立性變數的檢定——卡方檢定

所謂獨立性是指兩變數間並無關聯性存在，當兩個獨立性變數均為類別量表 (Nominal Scale)，如性別與電視接觸度、或地區別與特定品牌之銷售量等等，而需要比較兩種獨立變數之間是否具有某種關係存在，則須應用卡方檢定 (Chi-square Test) 來檢定該兩組樣本間之次數分配是否有顯著性的差異存在，然後才能下定結論。

卡方檢定法為英國之 K. Peason 教授所創，基本之檢定模式如下：

$$\chi^2 = \sum \frac{(F_0 - F_e)^2}{F_e}$$

F_0：觀察數

F_e：理論數

由樣本求得之 χ^2，在顯著性水準 α 之下，若：

(1) $\chi^2 > \chi^2_\alpha$，表示差異顯著，放棄假設。

(2) $\chi^2 \le \chi^2_\alpha$，表示差異不顯著，承認假設。

卡方檢定法之運用，須注意下列兩大事項：

(1) 樣本數不得少於 50。

(2) 各組次數不應少於 5。若小於 5，可合併。

舉例如下：

某廣告公司為想檢定男女觀眾對某一特定節目的收視情形，隨機抽選男女 120 名調查，調查結果如表 13–27。

根據表 13–27 資料得知，男性較女性喜歡該一特定電視節目；質言之，該一特定電視節目之接觸與男女兩變數間，形成不獨立的現象。為求慎重起見，可利用上述之公式予以檢定，其過程如下：

表 13–27　男女別電視節目接觸概況表

性別＼回答別	看	不看	合計	構成比
男	55	20	75	62.5%
女	15	30	45	37.5%
合計	70	50	120	100.0%

(1) 收視別構成比率之計算：

看：$\frac{70}{120} = 58.3\%$，不看：$\frac{50}{120} = 41.7\%$。

(2) 計算 χ^2：χ^2 計算值 $= 10.26$

計算方法見表 13–28。

表 13–28　χ^2 值計算表

回答別 χ^2 值 性別	看			不看			合計
	F_0	F_e	$\dfrac{(F_0-F_e)^2}{F_e}$	F_0	F_e	$\dfrac{(F_0-F_e)^2}{F_e}$	
男	55	44	2.75	20	31	3.90	6.65
女	15	26	4.65	30	19	6.36	11.01
合計	70	70	7.40	50	50	10.26	17.66

(3)判定：

　　①若 χ^2 計算值 $> \chi_\alpha^2$ 值，表示差異顯著，放棄假設。

　　②若 χ^2 計算值 $\le \chi_\alpha^2$ 值，表示差異不顯著，承認假設。

　　根據表 13–28 資料，自由度為 $(2-1)(2-1)=1$。查 χ^2 表，在 $\alpha=0.01$、自由度 $=1$ 之情況下，$\chi_\alpha^2=6.635$。由於 $\chi^2 > \chi_\alpha^2$（$17.66 > 6.635$），表示差異顯著放棄假設，即男女別與特定電視節目之收視有關。

　　至於上述之兩變數間之關係程度如何，即性別與特定節目間之關係程度，則可利用影響係數 (Coefficient of Contingency) 來測定，計算公式如下：

$$C = \sqrt{\frac{\chi^2}{\chi^2 + N}}$$

　　影響係數簡稱 C，它是指自變數可以解釋因變數變異程度的百分率。自變數可以解釋對因變數的變異程度越大，兩者間的關係就越密切，自變數對因變數的影響力也越大。根據表 13–28 分析結果，將其代入公式，求得之 C 值為：

$$C = \sqrt{\frac{6.635}{6.635 + 120}} = 0.2289$$

　　質言之，自變數，即接觸特定節目，可以解釋 22.89% 的因變數，即性別之變異程度。由於 C 值通常以 0.16 為最低，故其解釋程度相當高。

表 13–29　χ^2 檢定表

n \ α	.10	.05	.01
1	2.706	3.841	6.635
2	4.605	5.991	9.210
3	6.251	7.815	11.635
4	7.779	9.488	13.277
5	9.236	11.070	15.086
6	10.645	12.592	16.812
7	12.017	14.067	18.475
8	13.362	15.507	20.090
9	14.684	16.919	21.666
10	15.987	18.307	23.209
11	17.275	19.675	24.725
12	18.549	21.026	26.217
13	19.812	22.362	27.688
14	21.064	23.685	29.141
15	22.307	24.996	30.578
16	23.542	26.296	32.000
17	24.769	27.587	33.409
18	25.989	28.869	34.805
19	27.204	30.144	36.191
20	28.412	31.410	37.566

Summary 摘　要

　　由於抽樣調查是由局部（樣本統計量）來推論全體（母數），推論的結果含有不確定性，故須利用機率之用辭來表示其信賴的程度，即所謂之統計推論。統計推論方式計有：①根據樣本統計量估計母數，及②根據樣本統計量檢定對母數的假設等兩類型，前者稱為統計推估，而後者謂之假設檢定。

　　統計推估可區分點推估與區間推估兩類型，以樣本的統計量的數值作為母數的估計值，此樣本的統計量的數值就是母數的點推估。至於區間推估是指由樣本的統計量來估計母數之上下限範圍，區間推估可根據數字系統區分

為等比或等距量表資料的區間推估、順位量表資料的區間推估、及類別量表資料的區間推估。

　　假設檢定的方法可分為母數統計檢定與非母數統計檢定兩種。數字系統為等比或等距量表資料，所使用之假設檢定的方法應為母數統計檢定。至於數字系統屬於順位量表資料、類別量表資料、或小樣本，則須採用非母數統計檢定。

課　後　評　量　*Review Exercises*

①試論統計推論之必要性。

②點推估與區間推估有何不同？試說明之。

③試述假設檢定之意義及其步驟。

④母數統計檢定與非母數統計檢定有何不同？試說明之。

⑤單因子變異數分析與雙因子變異數分析有何不同？試說明之。

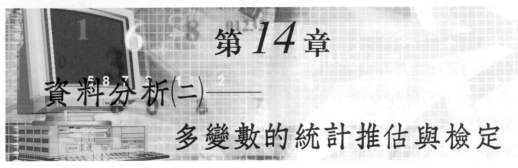

第 *14* 章

資料分析㈡──多變數的統計推估與檢定

多變數分析是指以三個、或三個以上之變數為基礎而從事之預測、判別、歸類、或整合。根據分析目的之不同,多變數分析計有:多元迴歸分析、判別分析、自動互動檢視分析、因子分析、分群分析、及聯合分析等。

針對上述之問題,本章分別以各相依性分析與互相依性分析予以探討。

釋例 多變數分析

假定影響銷售量之變數除了廣告之外,還包括促銷、推銷員數、及價格等之變數。在這些影響銷售量之變數中,行銷研究人員無法一一分析銷售量與廣告之關係、銷售量與推銷員數、及價格間之關係,而是全面性的探討各種自變數對因變數之影響程度,藉由對關鍵性自變數的掌握,擬定改善自變數之依據,則須運用多變數分析作為工具。

根據分析目的之不同,多變數分析計有:多元迴歸分析、判別分析、自動互動檢視分析、因子分析、分群分析、及聯合分析等。上述之例,銷售量是因變數,廣告、促銷、推銷員數、及價格是自變數,為評估自變數對因變數之影響,則須利用多變數分析之多元線迴歸分析作為工具。

14.1　多變數資料與多變數分析

多變數資料與多變數分析 (Multivariate Data and Multivariate Analysis),就變數 (Variable) 之觀點而言,行銷管理面臨的問題、或關心的現象,如銷售量、廣告效果、市場占有率、或消費者偏好等謂之因變數,而影響因變數之各種因素稱為自變數。如以廣告效果之調查為例,影響廣告效果的各種因素,如廣告媒體、廣

告文案、廣告時機等謂之自變數，因為這些因素會影響到廣告效果。

　　探討各種不同之自變數對因變數的影響程度是資料分析之主要目的，即藉由對關鍵性自變數的掌握，作為擬定問題改善對策的依據。在調查資料分析之過程中，原則上，應先經由探討各個變數間是否具有顯著性 (Significant) 檢定之過程，並將影響變數確認之後，方能作更進一步地分析影響問題的變數。問題分析須考慮到影響變數的特性與數量，當分析變數的數目若僅限於一個自變數與一個因變數，可利用交叉分析、相關分析、或迴歸分析，但分析變數之數目若因三個、或三個以上，而構成了 P 次元的相互關係，則須運用判別分析 (Discrimination Analysis)、多元迴歸分析 (Multiple Regression Analysis)、自動互動檢視分析 (Automatic Interaction Detector 或 AID)、因子分析 (Factor Analysis)、分群分析 (Cluster Analysis)、或聯合分析 (Conjoint Analysis) 等之多變數分析 (Multivarite Analysis) 為工具，探討各個變數間之關係，並將其結果以圖形表示。質言之，當資料分析面臨 K 個自變數與 n 個因變數，而這些變數之間又互為相依，在此情況下，應放棄分離且單一的立場，而須以整體性之觀點來考慮這些變數，如購買行為受到人文變數、所得變數、社會變數等之自變數的相互影響，而無法利用單一之自變數說明對購買行為的影響程度，此種以整體性分析 (Simultaneous Analysis) 之觀點來探討自變數與因變數、或自變數間之相互關係的資料稱為多變數分析。相較於單變數分析，多變數分析之應用，會遭受到下列之三大問題：

⑴多變數分析涉及到資料的大量處理、及複雜且深奧的數學等之問題，雖然是利用電腦作為分析工具，但也會因次元的繁多，使之在實務上之運用受到相當大的限制。

⑵雖然統計圖形在資料分析中扮演很重要的角色，但對多變數分析而言，它卻不容易使一般人能藉著圖形來對調查獲得具體、簡易、及真實之印象，解釋調查結果。

⑶P 次元圖形空間中之點線，不像直線上之點線具有一定的次序，故對閱讀者而言，不容易使之瞭解問題的本質及資料包含之內容。

　　有關多變數分析的工具，Waltrer B. Wentz 教授將其分為下列兩大類別 ❶：

❶Wentz, *Marketing Research*: *Management, Method and Cases*, 2nd edition. Harpen and Row, 1979, p.428.

⑴各相依性分析：當分析是以預測某特定現象為目標，而利用自變數 (Independent Variables) 預測、或解釋之變數為分析的中心，則此種多變數分析稱為各相依性分析 (Analysis of Dependent)。如以銷售量之預測為例，銷售量是自變數，由於銷售量之增減會受到其他之因變數的影響，故要實施銷售預測時，往往會選用廣告、價格、推銷員、促銷、經銷店等作為自變數，分析各個自變數對銷售量影響之程度；即何種自變數對銷售量會產生遞增、何種自變數對銷售量會產生遞減。

　　各相依性分析可依自變數與因變數之數目之多寡、量表類別之不同、及應用之目的之不同，而有①多元迴歸分析 (Multiple Regression Analysis)，②判別分析 (Discrimination Analysis)，及③自動互動檢視分析（Automatic Interaction Detector 或 AID）等三種不同之分析方式。

⑵互相依性分析：不以分析某些變數、或變數群體之相互影響關係為重點，而是針對所有之自變數間對某一特定現象的反應類型，將自變數加以歸類的分析方法稱為互相依性分析 (Analysis of Interdependence)。主要之分析方法有：①因子分析 (Factor Analysis)，②分群分析 (Cluster Analysis)，及③聯合分析 (Conjoint Analysis) 等三種。

14.2　各相依性分析

14.2.1　多元迴歸分析

　　瞭解各種變數相互影響的大小，俾能根據某一自變數之已知數值來預測未來之其他變數的數值是多元迴歸分析之目的。換言之，依自變數的已知數值來推測未知之因變數值的資料分析工具稱為迴歸分析。依分析變數項目之多寡，迴歸分析區分為簡單直線迴歸分析 (Simple Liner Regression) 與多元迴歸分析 (Multiple Regression Analysis) 兩種。當須要以兩個或兩個以上的自變數來推估因變數之值，則須利用多元迴歸分析。例如銷售會受到廣告、價格、所得、教育程度等之因素

的影響，由於上述之任一變數皆會影響到銷售量之變化，故如果自變數與因變數之間呈線性關係，則可利用已知資料求因變數與各個自變數之間的相互關係，求出多元迴歸方程式，於預測時只須將廣告、價格、所得、及教育程度等之有關估計值代入於多元迴歸方程式，即可求得銷售之預測數值，此種分析方法謂之多元迴歸分析。至於資料之特性，自變數與因變數皆應為順位尺度、或等距尺度。

　　就理論觀點而言，多元迴歸分析與簡單直線迴歸分析的原理相同，可說是簡單直線迴歸分析的擴充。由於多元迴歸方程式的計算非常繁雜，故實際上的運用須利用電腦，計算模式如下：

$$Y' = b_0 + b_1 x_1 + b_2 x_2 + b_3 x_3 + \cdots + b_{n-1} x_{n-1} + b_n x_n$$

Y'：因變數之觀查值。

b_0、b_1、b_2、b_3、$\cdots$、b_{n-1}、b_n：迴歸係數。

x_1、x_2、x_3、$\cdots$、x_{n-1}、x_n：自變數觀察值。

$$Y = y - \bar{y}$$
$$\bar{x}_1 = x_1 - \bar{x}_1$$
$$\bar{x}_2 = x_2 - \bar{x}_2$$
$$b_1 = \frac{(\sum y x_1)(\sum x_2)^2 - (\sum y x_2)(\sum x_1 x_2)}{(\sum x_1)^2 (\sum x_2)^2 - (\sum x_1 x_2)^2}$$
$$b_2 = \frac{(\sum y x_2)(\sum x_1)^2 - (\sum y x_1)(\sum x_1 x_2)}{(\sum x_1)^2 (\sum x_2)^2 - (\sum x_1 x_2)^2}$$
$$b_0 = \bar{Y} - b_1 \bar{x}_1 - b_2 \bar{x}_2$$

　　以上是兩個自變數之多元迴歸方程式。有關多元迴歸分析的方法，可由下列例子說明❷。

1.資料彙總表編製

---

❷東雲辰雄、宮沢永光，〈第二章　實際編　需要預測〉，《マーケティング概論 12 章：理論と實際》，誠元堂新光社，第 19 頁。

表 14–1 建築材料預估之有關資料彙總表

年度	建築材料銷售額（百萬）	國民所得（兆）	建築執照數
1996	619	37	800
1997	484	29	484
1998	666	17	760
1999	180	9	340
2000	361	15	420
2001	917	45	1,548
2002	720	40	960
2003	1,208	61	1,472
2004	374	12	472
2005	744	25	1,044

2. 多元迴歸分析基礎資料彙總表之編製

多元迴歸分析之有關作業項目包括：①偏判定係數 R^2 之計算，② F 檢定，③ 迴歸方程式設定，及④信賴區間推估等四項。為方便計算起見，於代入公式計算前，可編製分析用基礎資料表。

表 14–2 多元迴歸分析基礎資料彙總表

年度	建材銷售額（百萬）(y)	國民所得（兆）(x_1)	建築執照數(x_2)	$Y = (y-\bar{y})$	$\bar{x}_1 = (x_1-\bar{x}_1)$	$\bar{x}_2 = (x_2-\bar{x}_2)$	$Y\bar{x}_1$	$Y\bar{x}_2$	$\bar{x}_1\bar{x}_2$	$\bar{x}_1^2$	$\bar{x}_2^2$
1996	619	37	800	−8.3	8	−30	−66.4	249	−240	64	900
1997	484	29	484	−143.3	0	346	0	49,581.8	0	0	119,716
1998	666	17	760	38.7	−12	−70	−464.4	−2,709	840	144	4,900
1999	180	9	340	−447.3	−20	−490	8,946	219,177	9,800	400	240,100
2000	361	15	420	−266.3	−14	−410	3,728.2	109,183	5,740	196	68,100
2001	917	45	1,548	289.7	16	718	4,635.2	208,004.6	11,488	256	515,524
2002	720	40	960	92.7	11	130	1,019.7	12,051	1,430	121	16,900
2003	1,208	61	1,472	580.7	32	642	18,582.4	372,809.4	20,544	1,024	412,164
2004	374	12	472	−253.3	−17	−358	4,306.1	90,681.4	6,086	289	128,164
2005	744	25	1,044	116.7	−4	214	−466.8	24,973.8	−856	16	45,796
合計	$\sum y$	$\sum x_1$	$\sum x_2$				$\sum Y\bar{x}_1$	$\sum Y\bar{x}_2$	$\sum \bar{x}_1\bar{x}_2$	$\sum \bar{x}_1^2$	$\sum \bar{x}_2^2$
	6,273	290	8,300				40,220	1,084,002	54,832	2,510	1,552,264
平均	$\bar{y} = 627.3$	$\bar{x}_1 = 29$	$\bar{x}_2 = 830$								

3.偏判定係數 R^2 之計算

欲瞭解自變數對因變數的影響程度，可利用偏判定係數 R^2 (The Coefficient of Determination R^2) 來判斷，計算方式，可依表 14–2 資料，循下列步驟計算:

(1)計算 y、x_1、及 x_2 之標準差:

$$S_y = \sqrt{\frac{1}{n-1}\sum(y-\bar{y})^2} = 298.2$$

$$S_{x_1} = \sqrt{\frac{1}{n-1}\sum(x_1-\bar{x}_1)^2} = 16.7$$

$$S_{x_2} = \sqrt{\frac{1}{n-1}\sum(x_2-\bar{x}_2)^2} = 428.5$$

(2)相關係數之計算:

$$r_{y_1} = \frac{\sum(y-\bar{x})(x_1-x_2)}{(n-1)(S_y)(S_x)} = 0.897$$

$$r_{y_2} = \frac{\sum(y-\bar{y})(x_1-x_2)}{(n-1)(S_y)(S_{x_2})} = 0.943$$

$$r_{1.2} = \frac{\sum(x_1-\bar{x}_1)(x_2-\bar{x}_2)}{(n-1)(S_{x_1}S_{x_2})} = 0.85$$

(3)偏相關係數之計算 (Calculation of Partial Correlation Coefficient):

$$r_{y_{1.2}} = \frac{r_{y_1} - r_{y_2}r_{1.2}}{\sqrt{1-r_{y_1}^2}\sqrt{1-r_{1.2}^2}}$$

$$= \frac{0.897 - (0.943)(0.85)}{\sqrt{1-(0.897)^2}\sqrt{1-(0.85)^2}}$$

$$= 0.55$$

$$r_{y_{2.1}} = \frac{r_{y_2} - r_{y_1}r_{1.2}}{\sqrt{1-r_{y_1}^2}\sqrt{1-r_{1.2}^2}}$$

$$= \frac{0.943 - (0.897)(0.85)}{\sqrt{1-(0.897)^2}\sqrt{1-(0.85)^2}}$$

$$= 0.77$$

(4)計算 a、$b_{1.2}$、及 $b_{2.1}$ 之相關係數:

$$b_{1.2} = \frac{S_y}{S_{x_1}} \times [\frac{r_{y_1} - r_{y_2}r_{1.2}}{1 - r_{1.2}^2}]$$

$$= \frac{298.2}{16.7} \times [\frac{0.897 - (0.943)(0.85)}{1 - (0.85)^2}]$$

$$= 6.12$$

$$b_{2.1} = \frac{S_y}{S_{x_2}} \times [\frac{r_{y_2} - r_{y_1}r_{1.2}}{1 - r_{1.2}^2}]$$

$$= \frac{298.2}{428.5} \times [\frac{0.943 - (0.897)(0.85)}{1 - (0.85)^2}]$$

$$= 0.453$$

$$a = \bar{y} - b_{1.2}\bar{x}_1 - b_{2.1}\bar{x}_2$$

$$= 627.3 - (6.12)(29) - (0.453)(830)$$

$$= 73.83$$

(5)求偏判定係數 $R_{y_{1.2}}^2$：

$$R_{y_{1.2}}^2 = \frac{r_{y_1}^2 + r_{y_2}^2 - 2r_{y_1}r_{y_2}r_{1.2}}{1 - r_{1.2}^2}$$

$$= \frac{(0.897)^2 + (0.943)^2 - 2(0.897)(0.943)(0.85)}{1 - (0.85)^2}$$

$$= 0.92$$

依偏判定係數值得知，$R_{y_{1.2}}^2 = 0.92$，即表示建材消費量受到國民所得及建築執照之影響程度高達 92%，僅有 8% 受到其他自變數的影響。至於建材銷售量與國民所得及建築執照等兩自變數間之相關程度，則可用 R 表示：

$$R = \sqrt{0.92} = 0.96$$

4. F 檢定

多元迴歸分析在行銷管理上之應用，除了須瞭解因變數受自變數影響之程度外，還得檢定因變數（建材銷售）與自變數（國民所得與建築執照）之間的關係是否具有統計意義，若有，方能進一步地加以分析，若無，則應放棄。有關 F 檢定的計算，可由下列之公式計算：

$$F = \frac{\dfrac{R^2}{(K-1)}}{\dfrac{(1-R^2)}{n-K}}$$

R^2: 偏判定係數

n: 觀察值

K: 變數項目

$$F = \frac{\dfrac{0.92}{(3-1)}}{\dfrac{(1-0.92)}{(10-3)}} = \frac{0.46}{0.0114} = 40.25$$

分子自由度 $(K-1)$ 為 2，分母自由度 $(n-K)$ 為 7。在 $\alpha = 0.05$ 之情況下，查表的臨界值 $F^*_{(2.7)} = 4.74$。由於 $F > F^*$，應排斥 H_0、接受 H_1，即在百分之五的顯著性水準下，建材銷售量與國民所得與建築執照數之間具有顯著性統計關係。換言之，建材消費量會受到國民所得與建築執照數的影響。

5. 自變數的預估

利用建立之多元迴歸方程式，將已知之自變數的值代入，即可求得自變數的預測值。以下是自變數預估之程序：

建立多元迴歸方程式

$$Y_c = a + b_1 x_1 + b_2 x_2$$

根據判定係數 R^2 之計算資料得知：

$b_1 = 6.12$

$b_2 = 0.453$

$a = 73.83$

故 $Y_c = 73.83 + 6.12 x_1 + 0.453 x_2$

當 $x_1 = 37$

　　$x_2 = 800$

則 $Y_c = 73.83 + 6.12(37) + 0.453(800)$

　　　$= 662.67$

即預估建築銷售額 (Y_c) 為 662.67 萬元。

6. 迴歸方程式的估計標準誤與信賴區間的預計

　　由於利用調查樣本求得之迴歸方程式中的迴歸係數 b_1 及 b_2 作為母體迴歸係數 β_1 及 β 之估計值，其樣本與母體間會有差異存在，故必須估計迴歸方程式的可靠程度，估計方法可利用估計標準誤的大小來衡量。若估計標準誤越小，估計結果的可靠程度越高，反之，則越小。

　　⑴標準誤之計算：

$$S_{y_{1.2}} = \sqrt{\frac{\sum\limits_{i=1}^{n}(y - y_p)^2}{n - K}}$$

$S_{y_{1.2}}$：標準誤

y_p：預估值

y：實計值

n：樣本數

K：變數數目

　　代入公式，求得之標準誤為：

$$S_{y_{1.2}} = \sqrt{\frac{63,320.92}{10 - 3}}$$
$$= 95.10$$

　　⑵信賴區間推估：在信賴限度 95% 之下，國民所得為 37 兆、房屋建築執照數為 800 張，則建築材料之銷售量為：

$662.67 - (1.96 \times 95.10) \leq Y_e \leq 662.67 + (1.96 \times 95.10)$

$476.27 \leq Y_e \leq 849.07$

14.2.2　判別分析

　　行銷活動遭受到之問題中，有些是須將某一特定個體 (Objective) 加以劃分為

類群，並比較及探討各類群 (Group) 的特有性質之後，方能對行銷問題的解決有所幫助。例如產品的輕型消費者與重型消費者、本品牌的消費者與競爭品牌的消費者、忠實購買者與非忠實購買者、或是產品的常用者、正常用者、及少用者等。根據行銷管理上的要求，將某特定個體加以適當的歸類，並依有關特性 (Attribute) 判別各群的特性，以作為行銷決策依據的多變數資料的分析法稱為判別分析 (Discriminant Analysis)。換言之，它是針對任一未知歸屬的個體，按該個體特有性質，探討究竟應該歸屬於何種群體之歸類分析，而用來判定個體歸屬之數量法，就是所謂之判別函數 (Discrimination Function)。應用上，判別分析限於因變數為類別尺度，自變數為等距尺度之情況下適用。例如某一廠商欲區分潛在購買者是否可能成為「購買者」、或「非購買者」，假定影響的因素是家庭收入、職業、教育程度、及年齡，則因變數是「購買者」及「非購買者」，自變數為家庭收入、職業、教育程度、及年齡。

為了要將潛在購買者區分為「購買者」與「非購買者」之兩個組群，行銷研究人員須先蒐集有關影響因素之資料，然後代入下列之判別函數方程式，計算各類消費者的判別值 (Discriminant Score) Y_1，根據蒐集資料求出之判別臨界值 (Critical Value) Y_c，作為判別組群歸類之依據。茲以兩分類 (Two Group) 為例，將判別分析計算過程略述如下 ❸：

$$Y_i = C_1X_{1i} + C_2X_{2i} + C_3X_{3i} + \cdots + C_nX_{ni}$$

Y_i：第 i 個消費者之判別值

X_{ji}：第 i 個消費者之判別變數 j 的數值

C_j：第 j 個判別變數之比重 (Weight)、或判別係數 (Discriminant Coefficient)

1.判別分析用基礎資料之彙總

---

❸Luck and Rubin, *Marketing Research*, 7th edition. Prentice Hall, 1987, p.527.

表 14-3　個人用電腦態度彙總表

被調查者	年齡別	態度別
1	25	+
2	56	−
3	37	+
4	22	+
5	48	+
6	63	−
7	27	+
8	56	−
9	21	+
10	54	−
11	41	−
12	50	−
13	35	−
14	46	−
15	23	+
16	32	+
17	21	+
18	45	−
19	64	−
20	42	+

2.計算正反兩群體年齡平均值之差

$$D(x) = X_u - X_f$$

$D(x)$：群體平均值之差

X_u：反面平均值

X_f：正面平均值

$$D(x) = 51 - 29.8$$
$$= 21.2$$

3.計算兩群體之離差 W^2 (The Within-group Sum of Squared Deviations, W^2)

$$W^2 = \frac{\sum\limits_{j=a}^{b} X_j^2 - \sum\limits_{j=a}^{b} (X_j)^2}{n}$$

j: 各群體組之被調查者人數

a: 第一類群組

b: 第二類群組

表 14–4　兩群體之離差 W^2 計算表

X_f（正面）	X^2	X_u（反面）	X^2
25	625	56	3,136
37	1,369	63	3,969
22	484	56	3,136
48	2,304	54	2,916
27	729	41	1,681
21	441	50	2,500
23	529	35	1,225
32	1,024	46	2,116
21	441	45	2,025
42	1,764	64	4,096
$(\sum X_f)^2 = 88,804$	$\sum X^2 = 9,710$	$(\sum X_u)^2 = 260,100$	$\sum X^2 = 26,800$

$$W^2 = 9,710 - \frac{(298)^2}{10} + 26,800 - \frac{(510)^2}{10}$$

$$= 1,619.6$$

4.計算 D^2 (Mahalanobis D^2)

$$D^2 = \frac{(n_1 + n_2 - 2)[D(x)]^2}{W^2}$$

D^2: 兩群體特性平均值之差異

n_1: 第一群體組之被調查者人數

n_2: 第二群體組之被調查者人數

$$D^2 = \frac{18(21.2)^2}{1,619.6}$$

$$= 4.995$$

5.將 D^2 轉換為 F 值

$$F = \frac{D^2(n_1 n_2)}{n_1 + n_2}$$

$$F = \frac{4.995 \times (10)(10)}{10 + 10}$$

$$= 24.97$$

分子自由度為 1

分母自由度為 18

查 F 分配表，在顯著水準 $\alpha = 0.01$、$F^*_{(1, 18)} = 8.29$。由於 $F = 24.97 > F^*$，應拒斥 H_0，接受 H_1，即在百分之一的顯著水準下，兩群體組間之差異具有意義。

6. 計算判別函數值 D^* (Discriminant Function, D^*)

$$D^* = A_x$$

$$A_x = \frac{D(x)}{W^2}$$

$$\therefore D^* = \frac{21.2}{1,619.6}$$

$$= 0.01309$$

7. 計算群體組別之臨界判別值 (Discriminant Score)

$$D^* \,（正面）\, = 0.01309(29.8)$$

$$\therefore \overline{Y}_b = 0.390$$

$$D^* \,（反面）\, = 0.01309(51)$$

$$\therefore \overline{Y}_{nb} = 0.668$$

8. 潛在客戶群體之判別

　　欲判斷任何一位潛在客戶究竟應屬於「正面態度組」或「反面態度組」，只須將潛在客戶對個人用電腦（特定個體）的特性之分數，代入判別函數方程式即可求得該潛在客戶之判別值 Y_i。

若 $Y_i > \overline{Y}_b$，則該潛在客戶歸入於「正面態度組」

$Y_i < \overline{Y}_{nb}$，則該潛在客戶歸入於「反面態度組」

Y_i 介於 $\overline{Y}_b$ 與 $\overline{Y}_{nb}$ 之間，則應以兩組臨界判別值之差來決定組別

如以表 14–3 之第三位被調查者而言，其判別值為：

$$Y_i = C_1 X_{1i} + C_2 X_{2i} + C_3 X_{3i} + \cdots + C_n X_{ni}$$
$$Y_3 = 37 \times 0.01309$$
$$\quad = 0.4843$$
$$\overline{Y}_b = 0.390$$
$$\overline{Y}_{nb} = 0.668$$
$$\left| \overline{Y}_b - Y_3 \right| = 0.0943$$
$$\left| \overline{Y}_{nb} - Y_3 \right| = 0.1837$$

由於較接近 $\overline{Y}_b$，故該潛在客戶歸入於「正面態度組」。

14.2.3　自動互動檢視分析

分析變數中，一個是自變數，兩個或兩個以上為因變數，而因變數是屬於順位或等距尺度化資料，自變數為類別尺度化資料，於此情況下，若欲求自變數對因變數之影響程度，則須利用自動互動檢視分析（Automatic Interaction Detector 或 AID）作為分析工具。例如產品的使用量分別受到年齡別、性別、及所得別等因素之影響，為求尋求對因變數影響最大之自變數的特性，可將整個母群體的樣本，以兩元分割 (Binary Splits) 方式，找出影響最大之自變數。

自動互動檢視分析法又稱為 AID 法。基本上，它是利用逐步檢視方式 (Step-wise Procedure Technique) 分析各個自變數對某一個因變數的影響，分析方式是將樣本以兩元分割方式，即將樣本分割為兩組，利用單因子變異分析，以組間變異 (BSS) 之顯著性作為檢視最佳預測變數之依據，其預測模式如下：

$$BSS = n_1 \overline{Y}_1^2 + n_2 \overline{Y}_2^2 - (n_1 + n_2) \overline{Y}^2$$

BSS：組間變異

$\overline{Y}$：母群體之平均

$\overline{Y}_1$ 及 $\overline{Y}_2$：分割後之兩組樣本的平均值

n_1 及 n_2：分割後之兩組樣本的樣本數

　　當組間差異 $(n_1\overline{Y}_1^2 + n_2\overline{Y}_2^2 + \cdots + n_n\overline{Y}_n^2)$ 之值為最大時，則表示找出一個最佳分割方式。質言之，所謂「最佳」是指經過分割後，組間變異 (Between Group Variation) 最大。茲以例子，將自動互動檢視分析之步驟略述如下：

　　某一家電公司為了要瞭解廣告及其他有關之溝通訊息是否會影響購買者對家電產品的購買決策、及購買者對各種不同訊息的接觸概況，以作為廣告媒體選擇依據，由家電購買者中抽選 653 名作為調查對象。有關調查之變數是：①因變數：被調查者對廣告物及其他溝通訊息的接觸度，②自變數：家電價格、選擇之品牌數、教育程度、家長年齡、家庭所得、小孩人數等之二十五種不同之自變數。針對上述之項目，自動互動檢視分析之步驟為 [4]：

1.計算訊息接觸之平均數

表 14–5　訊息接觸次數分配表

$n = 653$

訊息接觸次數	家電購買者
0	14%
1	30%
2	26%
3	18%
4	12%
5	0
合計	100%
平均	1.83 次

　　平均數計算之目的是藉由平均數作為將整個樣本分割為兩個組群之依據，分割是以高於及低於平均數的方式區分，即以 1.83 次為基礎，利用兩元分割方式將樣本分割為高於 1.83 次之組群與低於 1.83 次之組群等兩組。

2.基礎分析 (Basic Analysis)

　　由於家電購買者對訊息的接觸頻度，受到家電價格等之二十五種不同的自變數的影響，故須利用基礎分析來確定影響最大的變數。

　　基礎分析是利用單因子變異數分析為工具，分別求出各個自變數對因變數之

---

[4] Boyd, Westfall and Stasch, *Marketing Research: Text and Cases*, 5th edition. Irwin, 1981, p.498.

組間變異，並依其顯著性作為檢視最佳自變數之依據，至於檢視方式可利用表 14–6 來檢視。

表 14–6　自變數別彙總表

自變數	兩元分割	各組之訊息接受平均值
家長年齡	45 歲以上及 45 歲以下	1.98 次 / 1.62 次
家電價格	$200 以上及 $200 以下	1.95 次 / 1.68 次
家長教育程度	高中以上及高中以下	2.13 次 / 1.61 次

3.選擇最佳的自變數

經由表 14–6 自變數別彙總表得知，「家長教育程度」之高與低，對訊息接受的平均值分別為 2.13 次與 1.61 次，高於總平均值 1.83 次，故可將其選為對訊息接受頻度影響最佳的自變數。最佳的自變數選擇之後，須將分割後之兩組樣本的每一組當作原始樣本，利用基本分析再繼續進行分割作業，以尋另外之最佳自變數，直至「令人滿意」為止。所謂「令人滿意」是指❺：

⑴組內之樣本數太小，以至於無法再分割。

⑵每一組內之組間變異無顯著性。

4.繪製自動互動檢視樹 (AID Tree)

利用 AID 分析將 25 個自變數經過三層次之分割，將原始樣本分割為 8 個不同的組群，即 B11、B12、B21、B22、A22、A21、A12、及 A11 等。在這 8 組不同之組群中，A11 組對傳播訊息之接觸頻度最高，計有 2.9 次；B11 組最低，計有 0.87 次。由於 A11 組具有：①在購買數量上，購買量超出一個以上，②於購買之初，其選擇之品牌超出一個以上，及③家長教育程度高於高中程度等特性，故家電廠商若是要求增大傳播訊息的接受次數，則可選擇具有 A11 組群特性之對象作為廣告訴求對象。

---

❺Lehmann, *Marketing Research and Analysis*. Irwin, 1979, p.524.

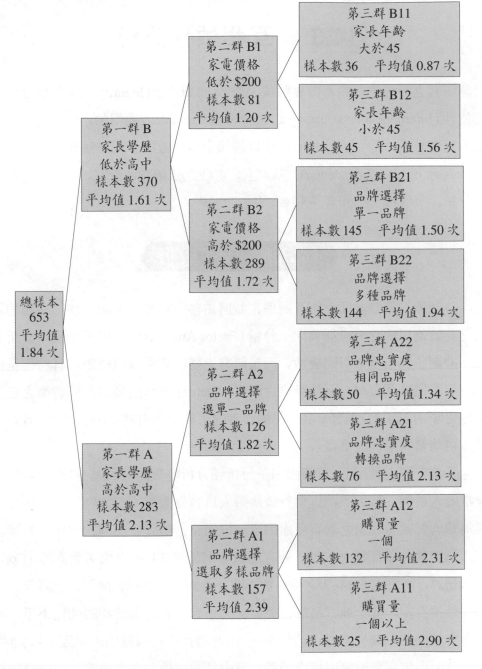

圖 14-1　自動互動檢視樹圖

14.3　互相依性分析

　　將所有之分析變數視為自變數或因變數，以確定 (Identifying) 各個變數間之互相依性 (Interdependence among a Number of Variables) 為目的，並以對某一特定現象的反應類型，分別將分析變數加以歸類之多變數的分析方法稱為互相依性分析 (Analysis of Interdependence)。基本上，主要之分析方法計有：①因子分析，②分群分析，及③聯合分析等三種❻。

14.3.1　因子分析

　　同時測量一組變數間之相互關係，並將這些變數加以歸類，使每一類均具有相同之特質為目的之分析稱為因子分析 (Factor Analysis)。在因子分析中分析之變數並不被劃分為自變數與因變數，而是所有之變數皆視為自變數，其特性是屬於順位或等距尺度化資料。至於所謂之因子 (Factor) 則指由具有共同特徵之自變數所劃分之類別，因子之推斷，多少與調查者的主觀看法有關；不同之分析者對同一因子，可能會有不同之解釋。

　　在行銷管理之運用上，可藉由因子分析使分析變數的數目減少；即將相同特質的變數歸入於同一類因子，以供行銷決策人員容易瞭解問題之特質。例如為了要瞭解消費者對數位相機之購買考慮因素，以價格、色彩、品牌、耐用、外型、大小等六個變數作為測量之依據。假定調查結果是表 14–8 之相關數矩陣 (Correlation Matrix)，則可由表 14–8 之相關數矩陣表中顯示，價格、耐用、色彩等三者間的相關性很高。除此之外，品牌、外型、大小等三者之間的相關性也不低，至於其他之變數間的相關性則很小。顯然地，由此調查中可以找出兩個因子；即價格、色彩、及耐用等三個變數形成之因子，及由品牌、外型、大小等三個自變數組成之另一因子，此種以較少之因子來代表較多之變數，而又能很清楚地顯示問題特性是因子分析之主要特色。有關因子分析的方法，基本上，可循下列之三大步驟

---

❻Lehmann, *Marketing Research and Analysis.* Irwin, 1979, p.576.

進行:

1.計算相關係數 (Calculation of Correlations)

　　計算各個自變數相互間的相關係數，並將其列於相關矩陣 (Correlation Matrix) 是因子分析之第一步驟。分析用之自變數應為順位或等距尺度化之資料。相關係數之數目為 C_2^n 個，n 為自變數的數量，若自變數有六個，則應計算之相關係數之數目為十五個。由於分析基礎是自變數與自變數間的相互係數，故稱為 R 型因子分析 (R-type Factor Analysis)。

　　假定以測試某一特定零售店的商店形象為例，利用十分制之評比量表，以五個評估變數對 15 位被調查者實施調查，有關調查資料之彙總及計算之各個自變數間之相關矩陣表如下:

表 14-7　評估彙總表

被調查者 自變數	A	B	C	D	E	F	G	H	I	J	K	L	M	N	O
1	9	4	0	2	6	3	4	8	4	2	1	6	6	2	9
2	6	6	0	2	9	8	5	6	4	8	2	9	7	1	7
3	9	2	5	0	8	5	6	8	0	4	6	7	1	7	9
4	2	6	0	9	3	4	3	2	8	5	0	3	7	1	2
5	2	7	0	9	3	7	6	2	8	7	0	5	8	1	1

表 14-8　相關矩陣表

自變數 自變數	1	2	3	4	5
1	1.00	0.61	0.47	-0.2	-0.1
2		1.00	0.73	0.19	0.32
3			1.00	-0.83	-0.77
4				1.00	0.93
5					1.00

2.因子抽取 (Extraction of Initial Factors)

　　由相關矩陣中找出形成線性組合之自變數為因子抽取之主要目的。假定自變數為 X_1、X_2、及 X_3 等三項，若其相互間具有某程度之相關性，則可將這三個變數

視為一個因子；即所謂之因子抽取。抽取之方法是利用線性組合 (Liner Combination) 模式，對各個調查對象給予一個因子分數 (Factor Score)。雖然有很多的線性組合模式可資運用，但最常用的僅有主成分分析法 (Principal Component Analysis) 與主要因素法 (Method of Principal Factor) 兩種。在行銷研究之運用上，大多以前者作為分析之工具。以下是主成分分析法之模式：

$$F = b_1X_1 + b_2X_2 + b_3X_3 + \cdots + b_mX_m$$

由於每一個調查對象並不只限於一個因子分數，故因子抽取須利用電腦分析，如 SAS 電腦程式。表 14–9 是經由 SAS 程式分析之各個調查對象之因子分數。

表 14–9　對象別因子分數彙總表

被調查者		A	B	C	D	E	F	G	H	I	J	K	L	M	N	O
因子分數	因子 1	−0.97	1.02	−0.69	1.52	−0.80	0.35	0.06	−0.76	1.54	−0.48	−0.88	−0.22	1.48	−0.98	−1.13
	因子 2	0.79	−0.18	−2.20	−0.22	1.35	0.53	0.06	0.42	−0.44	0.58	−1.55	0.95	−0.10	−0.89	0.92

3.因子權數、公因子變異數、及變異數百分率

各自變數與各因子之間相關程度的大小稱為因子權數 (Factor Loading)，它是以相關係數表示。如果自變數有 n 個，因子有 m 個，則因子權數之數目為 $n \times m$ 個。因子權數之計算可利用 SAS 電腦程式分析即可求得。因子權數越大，表示自變數與因子間之關係越強；越接近於零，其相互之關係越弱。根據因子權數，行銷研究人員可將具有相近之因子權數的各個自變數歸入於一個共同因子，並對所抽取出來之因子作主觀性的解釋。

公因子變異數 (Communality h^2) 是由每個自變數之因子權數加以平方後相加而得，它是用來表示各共同因子對某一自變數解釋的百分率。例如由於因子一與因子二公因子變異數 (Communality h^2) 對自變數 1 之變異為 0.57，對自變數 3 之變異為 0.99，故因子二對自變數 3 之解釋能力強於自變數 1。

由各個因子權數的平方相加即可求得各因子的平方和，將平方和除以自變數之數目，則可求得變異數百分率 (Percentage of Total Variance)。在因子分析之應

用上，變異數百分率越高，則表示該因子能代表所有之自變數的程度越高。由表 14–10 之資料中，因子一之變異數百分率為 54%、因子二為 30%，即表示因子一能解釋五個自變數之變異成分達到 54%，而因子二僅達 30%。

表 14–10　因子權數矩陣

自變數	因子權數		公因子變異數
	因子一	因子二	
1	−0.24	0.72	0.57
2	0.06	0.87	0.75
3	−0.94	0.33	0.99
4	0.94	0.21	0.92
5	0.93	0.26	0.93
平方和	2.699	1.496	4.195
變異數百分率	54%	30%	84%

4.共同因子的推斷

　　由於共同因子的推斷純為個人主觀的判斷，故其結論往往因人而異。根據表 14–11 因子權數矩陣之資料，在因子一權數值中，自變數 4、5 之值為 0.94 及 0.93，顯然較之其他變數值大，故可推斷此兩個自變數具有共同特徵，可歸入於第一個共同因子。在因子二中，變數 1 及 2 之因子權數值各為 0.72 及 0.87，由於權數值較其他自變數大，故可將其歸入於第二個共同因子。根據上述資料，行銷研究人員則可依其主觀之看法，對第一個共同因子及第二個共同因子，分別加以比較與解釋。

14.3.2　分群分析

　　客觀地將特定現象或事物內之相似者歸納為一群體 (Cluster)，使同一集群皆具有相同之特性，但群體與群體間卻有顯著性的差異之歸類方法稱為分群分析 (Cluster Analysis)。例如將某一特定產品之市場,依構成該市場之人文特性為變數,區隔為各種不同之區隔化市場 (Market Segment)，使各個區隔化市場具有相似之人文特性。在不減少自變數之條件下，將自變數依其相似特性加以類別化是分群

分析之主要特性，相形之下，因子分析則以減少自變數的方式作為類別化之手段。在行銷研究之應用上，分群分析之變數應為自變數，變數特性屬於順位或等距尺度化之資料。除此之外，本質上，分群分析並不是一種純統計技術，不一定須運用到分配理論 (Distribution Theory)、或顯著性檢定 (Significance Test)，故往往不能由樣本來推估母體。以下是分群分析之步驟❼：

1.選擇有關之變數

分析的變數應為自變數。自變數的選擇應考慮到調查目的，如此歸類出來的集群 (Cluster)，對行銷決策才具有管理上的意義。一般而言，自變數的選擇應經過假設設定之階段後，方能配合調查目的之要求。質言之，行銷研究人員須將企業面臨之行銷問題，分析問題癥結，並針對問題癥結之解決，設定各種可能的假設項目；即所謂之影響變數，經過對這些有關變數，一一加以過濾之後，選出與調查目的之有關變數作為分群分析之用。若以市場區隔之調查為例，分析變數之選擇應先考慮到何種因素會影響到產品之需求，如年齡、所得、職業、或企業本身之銷售額、推銷員人數等。

2.蒐集資料

由於分群分析之資料必須具有順位尺度或等距尺度之特性，故變數資料的蒐集，應利用量表方式蒐集，如語意差別量表、接近量表 (Adjacent Scale)、遙遠量表 (Remote Scale)、或等級量表。

3.相似程度之測定 (Similarity Measure) 與歸類 (Grouping)

分群分析是利用調查樣本間之相似程度作為樣本歸類的依據。有關兩樣本間之相似程度的測定，可利用關聯係數 (Association Coefficient)、或距離作為測試工具。當兩個樣本間的關係數越大，則表示樣本越相似，相似的則歸納為一類。至於距離測定的方法則將樣本視為空間的一點，兩樣本間的距離越短，表示越相似，應將其歸納為一類。

分群分析之方法，雖然有系統分群法 (Hierarchical Clustering Method)、與非系統分群法 (Non-Hierarchical Clustering Method) 兩大類，但以系統分群法最為常用。

系統分群法是一種連續的合併過程，首先它須測定各個樣本間之關係數或距

❼Brown, *Marketing Research*: *A Structure for Decision Making*. McGraw-Hill, 1980, p.491.

離，並依關係數值的大小或距離的遠近，將樣本分別歸類，然後再重新計算各個樣本間的關係或距離，並將係數值最大或距離最近的樣本合併而成為另一新類，如此重複合併歸類，直到所有樣本皆合併成為一類為止，最後將分析結果以聚類圖表示。在行銷研究之應用上，系統分群法計有最短距離法、最遠距離法、中間距離法、及重心法等四種不同的方法。茲以最短距離法為例，將相似程度測試及歸類程序 (Grouping Procedures) 說明如下：

(1)相似程度之測定：假定欲區隔某一特定產品的市場特性，採用 9 分位制之等比量表，以所得 (X_1)、及教育程度 (X_2) 為變數，針對五位被調查者實施調查，調查結果彙總於表 14–11。

表 14–11　消費者特性評估表(一)

樣本別 ＼ 自變數別	X_1	X_2
A	1	1
B	1	2
C	6	3
D	8	2
E	8	0

相似程度的測定是依據類與類間的等距離等於兩類樣本間最短的距離為原則，測定之模式如下：

$$d_{ij}^2 = \sqrt{(X_{iv} - X_{jv})^2 (X_{iu} - X_{ju})^2}$$

d_{ij}^2：樣本 i 與樣本 j 間之距離

X_{iv}：樣本 i 對變數 v 之距離

X_{jv}：樣本 j 對變數 v 之距離

X_{iu}：樣本 i 對變數 u 之距離

X_{ju}：樣本 j 對變數 u 之距離

根據上述之相似度測定公式，初步求出如下之距離平方矩陣 D_1，如表 14–12。舉例如下：

A 與 B 之距離平方計算。

$$d_{AB} = \sqrt{(1-1)^2(1-2)^2} = 1.0$$

即 A 與 B 之距離為 1.0

表 14–12　距離平方矩陣 D_1

樣本別	A	B	C	D	合計
A	0	1.0	5.4	7.1	7.1
B	1.0	0	5.1	7.0	7.3
C	5.4	5.1	0	2.2	3.6
D	7.1	7.0	2.2	0	2
E	7.1	7.3	3.6	2	0

(2)歸類：選擇最短的距離，並將其歸為一類謂之歸類。根據表 14–12 資料顯示，在距離平方矩陣 D_1 中，A 與 B 之間的距離最短，$d_{AB} = 1$，故應先將 A 與 B 合併為另一新類，以 A_1 代表，並重新計算每一類與 A_1 之距離。至於 A_1 之值，則以平均值 (Average Linkage) 為基準，計算方式如下：

$$X_1 = \frac{1+1}{2} = 1$$

$$X_2 = \frac{1+2}{2} = 1.5$$

表 14–13　消費者特性評估表㈡

自變數別 D_1 樣本別	X_1	X_2
A_1	1.0	1.5
C	6.0	3.0
D	8.0	2.0
E	8.0	0

利用相似度測定模式，重新計算每一類與 A_1 之距離，再按最小距離另歸新類，並利用測定模式重新計算每一類與新類 A_2 之距離，藉由此種連續性之合併與歸類，直到所有之樣本合併為一類為止。

表 14-14　距離平方矩陣 D_2

樣本別	A_1	C	D	E
A_1	0	5.2	7.0	7.1
C	5.2	0	2.2	3.6
D	7.0	2.2	0	2.0
E	7.1	3.6	2.0	0

　　由表 14-14 資料顯示，在距離平方矩陣 D_2 中，C 與 D 間的距離最短，即 $d_{CD} = 2.2$，應將 C 與 D 合併為另一新類，以 A_2 代表之，並計算 A_2 之平均值及每一類與 A_2 之距離，計算結果如表 14-15 及表 14-16。

表 14-15　消費者特性評估表㈢

樣本別 ＼ 自變數	X_1	X_2
A_1	1.0	1.5
A_2	7.0	2.5
E	8.0	0

表 14-16　距離平方矩陣 D_3

樣本別	A_1	E	A_2
A_1	0	7.1	6.1
E	7.1	0	2.7
A_2	6.1	2.7	0

　　由表 14-16 得知 A_2 與 E 間之距離最短；即 $d_{A_2E} = 2.7$，應將 A_2 與 E 合併為另一新類，以 A_3 代表之，並計算 A_3 之平均值及每一類與 A_3 之距離，計算結果如下表：

表 14-17　消費者特性評估表㈣

樣本別 ＼ 自變數	X_1	X_2
A_1	1.0	1.5
A_3	7.5	1.3

表 14-18　距離平方矩陣 D_4

樣本別	A_1	A_3
A_1	0	6.5
A_3	6.5	0

4.聚類圖之繪製

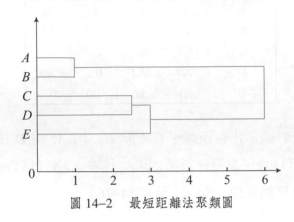

圖 14–2　最短距離法聚類圖

根據聚類圖可將構成市場之消費者劃分為兩大群。第一群包括 A 與 B，此群具有高所得與高教育程度。第二群包括 C 與 D，此一群體具有較低所得與較低教育程度。

14.3.3　聯合分析

聯合分析 (Conjoint Analysis) 是指以測定兩種或兩種以上之不同的自變數對某特定之「聯合影響」(Joint Influence)、及「個別影響」為目的之多變數分析技術。如以香煙的屬性調查為例，假定香煙的屬性包括有：①包裝（軟殼、硬殼），②長度 (80 mm、100 mm、120 mm)，③口味（淡、濃），及④香味（薄荷、非薄荷）等四種，而每種屬性又按其特性細分為不同之等級，總共計有二十四種不同的屬性。在這不同之屬性中，到底那一種屬性最能被消費者接受，且在四大類型的屬性中，何種組合方式被接受之程度為最高之有關產品屬性的聯合效能及個別效能之瞭解，則運用到聯合分析。在行銷研究之應用上，聯合分析被用於產品開發及產品改良等之用。

就分析變數之特性而言，聯合分析的變數是被調查者對產品屬性的偏好或評估的程度，資料之特性是屬於順位尺度或等級尺度，分析模式如下：

$$U = a_i x_i + a_j x_j + \cdots + b_k y_k + b_e y_e + \cdots + c_m z_m + \cdots$$

U: 屬水準效用值 (Utility)

a、b、c: 效用值函數

x、y、z: 屬性別

　　屬性效用資料之蒐集方式，主要的雖有兩因素法 (Two-attributes Simulation or The Trade-off Approach) 與整體輪廓法 (The Full Profile Approach) 兩種，但大多以前者作為分析之工具。兩因素法是指被調查者每次只對一組屬性中之各評估水準的不同組合加以評估，排列出偏好度或接受度之順序後，再繼續評估另一組屬性。由於評估的組合數為 C_2^n，組合數目很多，故其分析須利用 MONA-NOVA (Montonic Analysis of Variance) 效用函數值模式之電腦程式。茲以產品設計為例，將聯合分析之實施步驟略述如下：

1.設定產品屬性 (Attribute)

　　某一卡車製造廠商設定裝載容量與汽油耗用量兩種屬性作為消費者評估卡車之變數。裝載容量之屬性中包括有三個水準 (level)：7～10、11～14、15～18 平方英呎，汽油耗用量則包含 11～15、16～20、21～25、26～30 公升／里等四種水準，總共計有十二種不同之屬性水準組合，見表 14–19。

表 14–19　卡車屬性組合

屬性＼水準	水準	汽油耗用量（公升／里）			
		11～15	16～20	21～25	26～30
容積	7～10				
	11～14				
	15～18				

2.資料蒐證與分析

　　採取兩因素法，調查問卷由順位回答之問題構成。表 14–20 是某一被調查者對卡車屬性評估之彙總表。

表 14-20　A 被調查者評估表

屬性	水準	汽油耗用量（公升／里）			
屬性 水準		11～15	16～20	21～25	26～30
	7～10	12	10	6	3
容積	11～14	11	9	5	2
	15～18	8	7	4	1

將表 14-20 之各調查對象對卡車屬性之評估值輸入 MONA-NOVA 電腦程式，求得各屬性之效用值。

表 14-21　卡車屬性水準效用值矩陣表

屬性	水準	效用值	汽油耗用量（公升／里）			
			11～15	16～20	21～25	26～30
屬性	水準	效用值	0.5	0.9	1.2	1.7
	7～10	0.9	1.4	1.8	2.1	2.6
容積	11～14	1.0	1.5	1.9	2.2	2.7
	15～18	1.1	1.6	2.0	2.2	2.9

3.產品屬性評估

由表 14-21 之卡車屬性水準效用值矩陣得知：

⑴耗油量以每公里 26～30 公升之成分效用值為最高，21～25 次之，16～20 居三，11～15 第四。此乃表示在耗油量方面，越省油，越容易被消費者接受。

⑵裝載容積方面，以 15～18 平方英呎之成分效用值 1.1 為最高，11～14 平方英呎之 1.0 居次，7～10 平方英呎之 0.9 第三。此現象也表示裝載容積越大，越能被消費者接受。

⑶耗油量之成分效用值之水準間的差距為 0.5～1.7，即 1.2。裝載容積間之差距為 0.9～1.1，即 0.2。此乃表示於耗油量與裝載容積之兩種屬性中，消費者較重視耗油量。

⑷聯合效用值以 2.9 為最高，此乃表示卡車屬性之組合應以耗油量每公里 26～30 公升，裝載容積 15～18 平方英呎之卡車最能被消費者接受。其次是

耗油量每公里 26～30 公升，裝載容積 11～14 平方英呎之卡車。再次為耗油量每公里 26～30 公升，裝載容積 7～10 平方英呎之卡車。最不能被接受之卡車特性為耗油量每公里 11～15 公升，裝載容積 7～10 平方英呎。

Summary 摘要

　　分析變數的數目為三個或三個以上之 P 次元的相互關係之分析稱為多變數分析，計有各相依性分析與互相依性分析兩大類別。

　　當分析是以預測、或預知某特定現象（因變數）為目標，而以自變數預測、或解釋之變數為分析的中心，則此種多變數分析稱為各相依性分析，分析方式有①多元線迴歸分別，②判別分析，③自動互動檢視分析，及④實驗設計等。

　　不以分析某些變數、或變數群間之相互影響關係為重點，而是針對所有之自變數間對某一特定現象的反應類型，將自變數加以歸類之分析方法謂之互相依性分析，分析方式有①因子分析，②分群分析，③聯合分析等。

課後評量　*Review Exercises*

　　①何謂多變數分析？試舉例說明之。

　　②各相依性分析與互相依性分析有何不同？試說明之。

　　③何謂迴歸分析？其類型有幾？

　　④試論判別分析在行銷上之運用。

　　⑤因子分析與分群分析有何不同？試說明之。

第五篇

行銷研究報告

第15章
行銷研究報告

　　將行銷研究之結果、發覺之事實、或現象對有關人員提出之書面報告稱為研究報告(Research Report)，有效的行銷研究報告必須備有溝通(Communication)之功能。溝通是指特定訊息對特定對象的傳遞、及特定訊息對特定對象引發的刺激，故行銷研究報告除了須顧及到內容的正確性及邏輯性之外，還得具有刺激有關人員採取行動之功能。

　　針對以上之論點，本章分別以行銷研究報告之類型、行銷研究報告之構成內容、及統計圖表等項目，予以探討。

釋例 行銷研究書面報告之要領

　　一篇具有溝通功能之行銷研究報告，應具備之要領計有：
(1)應利用主標題與副標題來表達報告內容。
　　主標題：分期付款市場類型
　　副標題：現有市場
　　　　　　　潛在市場
(2)使用現在式。
　　「經卡方檢定，『現有市場』與職業有關；係由公營企業員工及藍領階級所
　　構成，主要市場偏向於 23～30 歲年齡層。」
(3)採用主動語氣。
　　主動語氣：「公營企業員工及藍領階級願意利用分期付款購買家電產品。」
　　被動語氣：「利用分期付款購買家電產品是公營企業員工及藍領階級所願
　　　　　　　意的。」
(4)利用表格與統計圖。

分期付款市場規模推估表

類型		樣本數	比率 (%)
現有市場		59	5.9
潛在市場	A	219	21.9
	B	252	25.2
合計		530	53.0
總樣本數		1,000	

分期付款市場規模構成表

市場 53.0%	現有市場 5.90%	
	潛在市場 47.1%	
	A 21.9%	B 25.2%
非市場 47.0%		
合計 100.0%		

15.1　行銷研究報告之種類

依提供對象之不同，行銷研究報告可區分為下列三大類型❶。

15.1.1　專門性報告

此一類型之行銷研究報告是以行銷部門之專業人員為對象，報告內容在於強調行銷研究過程之邏輯性與可靠性。由於專門性報告 (Professional Report) 兼具基本研究報告及應用研究報告之性質，故報告內容應詳細敘述整個行銷研究之過程及有關作業項目，使決策人員由 "Why"、"What"、"When"、"Where"、"Who"、及 "How" 之層面，對行銷研究專案作通盤性的瞭解與評估。以下是一篇典型的專門性行銷研究報告之構成項目：

❶Luck and Rubin, *Marketing Research*, 7ᵗʰ edition. Prentice Hall, 1987, p.567.

1.文獻探討

　　行銷研究問題的假設須根據有關之理論來設定，故在專門性行銷研究報告中，應詳細列舉設定假設之有關論文。如以某大學之「學生價值觀」之調查專案為例，其論文探討之項目包括：①一般學者對價值觀所下之定義與理論基礎的設定，及②根據理論設定之假設，例如根據理論的探討。依文化價值的觀點，將學生劃分為：①理論型，②經濟型，③審美型，④社會型，⑤政治型，及⑥宗教型等六種不同型態之文化價值觀。

2.研究報告與方法

　　(1)研究對象：「本研究以全校日間部學生為對象」。

　　(2)樣本選定：例如「以××學年度學生名冊之學生為母群體，並加以編號，利用亂數表抽取百分之十為樣本，但因某些樣本個體 (Sampling Unit) 已不在學校、或當天未能接受調查，經資料整理審核後，實得有效問卷為 780 份。樣本數為母群體的百分之九點五。樣本特性之分配表如下：

表 15-1　男女別構成比

性別	男	女	合計
樣本數	390	437	827
百分比 (%)	47.1	52.9	100.0

表 15-2　學院別構成比

學院別	外語	理工	管理	法學	文學	合計
樣本數	118	150	110	212	237	827
百分比 (%)	14.3	18.1	13.3	25.6	28.7	100.0

表 15-3　年級別構成比

年級	一	二	三	四	合計
樣本數	241	196	194	196	827
百分比 (%)	29.2	23.7	23.3	23.7	100.0

3.研究工具

　　(1)調查問卷設計內容：例如「調查問卷共有 69 題，五大部分：①個人基本資

料，②人生意義，③休閒活動，④社會參與態度，⑤價值觀類型」。

(2)尺度表的建立。

4.資料分析方法

(1)例如「本研究的量表是以 Likert 量表測度，量度方法首先依量表的各個指標內容正向或負向決定給分方法。正向指標者，回答非常同意 4 分、同意 3 分、不同意 2 分、非常不同意 1 分。負向指標者回答非常同意 1 分、同意 2 分、不同意 3 分、非常不同意 4 分。經整理後，計算各樣本個體的量表總分，並將各量表的全距分為五級，看看樣本個體之分數應屬於那一個等級」。

(2)統計分析方法：例如「本研究結果是利用兩種統計方法來分析，分析範圍如下」。

①敘述統計：此類方法之分析項目計有：

　a. 樣本基本資料的分配。

　b. 量表中各指標的分配型態。

　　　對於上述之二分配型態的敘述，本研究利用百分比、平均數、標準差、變異數之統計方法。

②推論統計：此類方法主要用來測定兩變項間之相關程度及顯著水準，使用方法有： Chi-square Test、Gamma Test。

5.研究結果描述

研究結果的描述項目包括：

(1)自變項的樣本特徵。

(2)量表中各指標的樣本反應。

(3)三量表的樣本反應。

(4)自變項與三量表之關聯性分析。

6.研究結果的分析與探討

分析與探討項目計有：

(1)自變項樣本特徵之探討。

(2)樣本對量表及指標反應探討。

(3)自變項與三量表關聯性之分析探討。

7.參考資料

(1)例如林文達，〈我們需要積極進取的大學生角色〉，《仙人掌雜誌》，第一卷第四號，仙人掌雜誌社，66 年 11 月。

(2)例如蔡文輝，《社會學理論》，三民書局，68 年 10 月。

15.1.2　內部高級主管之報告

由於企業內部之高級主管並非皆具有行銷研究之專業知識，同時他所需要的是行銷研究獲得之最後結果，故提供給內部高級主管的行銷研究報告內容，著重於研究的結果。報告中之有關技術性、專業性的用語須盡量避免，應採用簡單、明瞭的辭句、配合報表及圖形。此外，資料之編排必須考慮到閱讀者之興趣。一篇能引起高級主管興趣的行銷研究報告，通常應將閱讀者最感到興趣之資料編排於前頭；即結論與結果排列於報告之前端，研究過程、分析方法、及其他附屬資料編排於報告之後端。以下是報告內容之構成項目與順序：

(1)行銷研究之理由與目的。

(2)調查發掘之問題。

(3)建議事項。

(4)研究過程之敘述及主持人。

(5)證明第二項及第三項所須之詳細資料。

(6)附錄：問卷、統計資料、抽樣設計、分析方法等。

15.1.3　外部報告

此類型之行銷研究報告，一般多被刊登於廣告代理商、行銷研究機構、或學校團體等出版之專業性刊物或期刊。由於閱讀對象之水準參差不齊，故登載於外部報告之有關資料及內容的編排，宜以簡潔為原則。換言之，研究結果及建議之事項雖然也應列入報告，但太專業性的說明，應盡量避免。

15.2 行銷研究報告之構成內容

編製行銷研究報告之前，行銷研究人員應先考慮研究目的與閱讀者之特性，然後再決定報告之內容及有關之項目。在一般情況下，行銷研究報告之構成內容計有：標題頁、序言、目錄、調查設計概要、調查結果分析、結語、建議事項，及附錄。

15.2.1 標題頁

構成標題頁 (The Title Page) 之必要項目計有：①研究題目，如「觀光旅客意見調查報告」，②編製日期，如「××××年×月×日」，③主辦單位，如「私立輔仁大學商學院」，及④委託單位，如「交通部觀光局」等之四項。所有登載於標題頁上之文字必須大寫，項目與項目間須間隔。至於項目之編排，原則上，研究題目應置放於標題頁之中間部位。

15.2.2 序 言

行銷研究報告之序言，應包括行銷研究之理由、研究之背景、範疇、目的、及對參與之研究者、或協助研究作業之個人或機構之致謝詞，使研究報告的閱讀者能由序言中，具體獲知整個研究概況。如以「觀光旅客消費及動向調查」為例，其調查報告之序言如下：

「××××年，觀光旅客及動向調查係輔仁大學在觀光局委託下進行，調查期間自××××年1月1日至同年12月31日止，為期一年。

委託合約簽訂後，本院立即組合四位研究員負責本調查計畫之執行，調查計畫進行當中，由企管系市場研究小組協助資料之整理與查核。

本報告除中英文摘要之外，共分五大部分。第一、二部分簡述調查設計及方法，第三部分為調查結果，第四部分為結論，最後為附錄。舉凡一切有關之交叉

表均列在附錄之內。

　　本調查之所以能順利完成，必須感謝觀光局的全力支持，尤其是企劃組平組長及周副組長在數次諮商中所提供的意見。此外企劃組賴小姐隨時提供最新資料以供參考，也特別在此致謝。當然輔仁大學商學院觀光小組訪問員之辛勞也一併致謝。

輔仁大學商學院觀光調查小組　識」

15.2.3　目　錄

　　調查報告中，目錄 (Table of Contents) 應編排在序言之後，它是將報告之本文、附錄、索引、以及有關之附表及圖表，由開始頁數的號碼依序且合乎邏輯的列表。如以前述之觀光調查為例，其目錄包括下列各項：

1. 序　言
2. 調查設計概要
   - (1)調查目的。
   - (2)調查項目。
   - (3)調查對象。
   - (4)調查地點。
   - (5)調查方法與抽樣設計。
   - (6)訪問員甄選與督導。
   - (7)整理及編製方法。
   - (8)調查時間。
   - (9)問卷設計。
3. 調查結果分析
4. 結　語
5. 建議事項
6. 附　錄
   - (1)平均每人每天消費額及其區間推估公式。
   - (2)旅客國籍表。
   - (3)旅客年齡表。
   - (4)旅客性別表。
   - (5)旅客職業表。
   - (6)旅客教育程度表。
   - (7)旅客來臺目的表。
   - (8)旅客來臺次數表。
   - (9)旅客停留期間表。
   - (10)旅客伴同家屬表。

(11)旅客來臺動機表。　　　　　　　(12)旅客旅行方式表。

(13)旅客消費支出內容表。　　　　　(14)旅客旅遊動向表。

(15)調查問卷。

6. 圖表目錄

　　(1)旅遊地區動向圖。

　　(2)旅遊地區人數統計表。

15.2.4　調查設計概要

　　將行銷研究之過程詳細述明，使報告之閱讀者、或應用者能全盤性的瞭解與評估行銷研究之結果是調查設計概要之主要功用。一般而言，調查設計概要之構成項目計有：

1. 調查目的

　　例如「瞭解觀光旅客之觀感，供國際宣傳推廣參考」。

2. 調查項目

　　例如：

　　(1)旅客基本資料：國籍、性別、年齡、教育程度、職業。

　　(2)旅客對飯店、旅行社、導遊、名勝古蹟、餐飲、購物、交通、服務態度等之觀感與意見。

3. 調查對象

　　例如「桃園國際機場出境旅客，但不包括：①臺灣居民，②在臺居留 24 小時內與超過 60 天之外籍人士及僑民」。

4. 調查地點

　　例如「桃園國際機場」。

5. 調查方法及抽樣設計

　　例如：

　　(1)樣本數：「於特定之時期、地點就具備被調查條件之出境旅客抽取一百個單位樣本數」。

⑵抽樣步驟：

①採比例分層抽樣法，按月別分為十二個時間層，以前三年之觀光旅客人數資料，決定抽取樣本比例數，求每月之樣本數，其公式為：

$$月別樣本數 = 1,000 \times \frac{月別觀光人數}{總觀光人數}$$

②依前三年之各月國籍別資料，決定各月國籍別樣本數。

③於每個時間層內，分別以一、三、五、日，及二、四、六為調查日期，每兩週交替調查日期，連續四週。

④每日預計抽樣數：按飛機離境時間與班次比例分配，分日、夜兩段，由訪問員輪換訪問。

⑶抽取樣本方法：

①根據桃園國際機場班機離境時間表，將每日班機依時間序列編號，每日由這些號碼中，以不放回方式隨機抽取 6 個號碼，並以每個號碼代表之班次，分別作為訪問員抽查之起點。

②訪問員於該起點班次前一小時，到達該航空公司櫃臺訂位處 (Check In)，利用亂數表抽取正在辦理手續之旅客為訪問對象，若該旅客不符合調查對象之資格，則依次順延一位，直到符合條件為止。

③每隔 30 分鐘訪問一位旅客，即選定訪問對象之後算起，30 分鐘後更換訪問對象。

④若前列編號隨機抽到最末班次、或次末班次，為求調查時間之充裕，分別提前 2 或 1 班次作為工作之起點。

6.訪問員的甄選與督導

例如：

⑴徵選外語（英、日）流暢，態度認真，且修習過行銷學、或社會學之學生擔任，並經試訪考核之後任用。

⑵訪問員控制辦法（督導辦法另定）：

①主辦單位經常派員至現場督導、考核。

②訪問員在實施訪問時，如遇到特殊事件，應隨時報告主辦單位，以謀改進。

③每月於調查結束後，主辦單位應召集全體訪問員共同檢討問題與改善。

7.整理及編製方法

(1)整理方法：

①人工整理：

a. 目的：查核與剔除不全之問卷，並於完整問卷上編號，準備送交電腦室處理。

b. 人員：由本校企管系市場研究小組負責。

c. 方法：

(a)收回之問卷由市場研究小組分類；即每一訪問員的問卷分別放置於一處，以便查核各訪問員的成效。

(b)研究小組查看各問卷上之數字是否矛盾及答案之子題是否答全，若有不全，要求訪問員就該項目依記憶填全、或將該問卷作廢。

(c)利用計算機將費用欄中之日幣、臺幣等換算成為美金。

(d)研究小組再作最後審核，負責於完整之問卷上蓋章，並於登記簿上記錄該日收回之日文、英文、及中文之問卷。

(e)在可用之問卷填入電腦代號，以利電腦作業。

②電腦處理：經過人工處理後之問卷於次月初送交本校電腦中心處理分析，存入磁碟片，於該季調查結束後編製表格。

(2)編製方法：

①每季次月上旬提出季工作進度與調查結果摘要，簡單分析該季訪問的結果，並與母體資料比較，避免抽樣發生偏差。

②正式報告內容分析項目：

a. 旅客基本資料分析。

b. 旅客意見分析。

8.調查時間

自西元×××年1月1日至12月31日。

9.問卷設計

　　如附錄。（通常將問卷置於附錄，以供參考）

15.2.5　調查結果分析

　　行銷研究是以事先設計之假設作為求證問題癥結的依據，故調查報告須利用調查項目分別說明求證結果。說明方式可利用文字、圖形、或表格等交互應用方式來敘述。以下是前述觀光調查之部分結果分析：

　　「(4)對臺灣公路交通之改進意見」

　　由表 15-4 得知，觀光旅客認為臺灣公路交通之安全性最需要改善者占 34.3%，其次是便利性占 27.3%，認為收費需要改善者僅占 2.1%。

表 15-4　改善項目表

改善項目	人數	百分比(%)
便利	273	27.3
安全	343	34.3
收費	21	2.1
無意見	189	18.9
其他	139	13.9
無回答	35	3.5
合計	1,000	100.0

資料來源：××××年觀光調查資料。

　　認為便利須要改善者，以交通擁擠占最大比率，達 35.16%，其次是城市中心交通秩序雜亂占 34.07%，再次是斑馬線安全性差占 10.99%。改善項目如表 15-5。

表 15–5　「便利性」改善項目表

改善項目	人數	百分比 (%)
交通混亂	99	34.07
斑馬線安全性差	30	10.99
交通號誌不當	14	5.13
交通擁擠	96	35.16
司機不懂英文	10	3.66
車次太少	10	3.66
其他	20	7.33
合計	273	100.00

資料來源：××××年觀光調查資料。

　　認為「安全」須要改善者，以計程車危險駕駛占之比率最高，達 29.15%，其次是車輛未禮讓行人占 27.7%，不遵守交通規則居三，占 19.24%，詳見表 15–6。

表 15–6　「交通安全」改進項目表

項目別	人數	百分比 (%)
計程車危險駕駛	100	29.15
車輛未禮讓行人	95	27.70
不遵守交通規則	66	19.24
路狹、危險	14	4.09
機車太多	28	8.16
車速太快	40	11.66
合計	343	100.00

資料來源：××××年觀光調查資料。

15.2.6　結　語

　　行銷研究之結果，應依研究目的將分析之研究項目加以彙總、或比較，使研究報告之閱讀者能很清楚地瞭解研究結果，正確的掌握重點。例如「由統計資料顯示，公司產品的普及率相當高，而且通路的設計亦十分健全，但若詳細分析，則可知道造成高普及率之原因中，批發商的功勞居重大地位。換言之，公司之所

以能達成高普及率，多半是批發商促成。經由批發商經銷，固然有許多優點，但也難免會產生不良後果，可謂利弊參半」。

15.2.7　建議事項

行銷研究之結果，應由行銷研究人員將所發覺之事實，依個人立場，擬定改善、或運用方案，以供有關人員參考。例如「……我們都知道只有顧客才能告訴公司應該作什麼、以及應該如何去作，故建立一套完善的制度，將所有的顧客納入系統化管理乃是公司提升經營水準的有效途徑之一，而「客戶卡」與「信用卡」的設置，正是建立該系統之一項基本且必要之工作」。

15.2.8　附　錄

除了須附調查問卷之外，在可能的情況下，亦應附上調查設計、抽樣方法、調查名冊、分析方法、或電腦處理等之資料，例如：

1.平均每人每天消費額之推估計算公式

D_{ij}：第 i 國籍，第 j 問卷的消費額

A_{ij}：第 i 國籍，第 j 問卷的停留天數

B_{ij}：第 i 國籍，第 j 問卷的人數

假設 $i = 1$、2、3，分別代表 1 = 歐美、2 = 日本、3 = 華僑。設 $\bar{x}_{1k}, \bar{x}_{2k}, \bar{x}_{3k}$ 為第 k 月國籍別每人每天平均消費額。按公式 n_{1k}、n_{2k}、n_{3k} 為第 k 月國籍別樣本數。

$$\bar{x}_{1k} = \frac{\sum\limits_{j}^{n_{1k}} D_{1j}}{\sum\limits_{j}^{n_{1k}} A_{1j} B_{1j}}$$

$$\bar{x}_{2k} = \frac{\sum\limits_{j}^{n_{2k}} D_{2j}}{\sum\limits_{j}^{n_{2k}} A_{2j} B_{2j}}$$

$$\overline{x}_{3k} = \frac{\sum\limits_{j}^{n_{3k}} D_{3j}}{\sum\limits_{j}^{n_{3k}} A_{3j} B_{3j}}$$

則 $\dfrac{(n_{1k}\overline{x}_{1k} + n_{2k}\overline{x}_{2k} + n_{3k}\overline{x}_{3k})}{M_k}$ 為月別每人每天消費額。

$$M_k = n_{1k} + n_{2k} + n_{3k}$$

全年每人每天平均消費額之推估式為：

$$\overline{x} = \frac{\sum M_k X_k}{n}, \quad 其中 \ n = \sum M_k$$

2. 月別國籍別消費額推算式

$$T_{ik} = \overline{x} \times A_{ik} \times B_{ik}$$

$k = 1、2、\cdots、12$，表示月別

i：表示國籍別

A_{ik}：母群體各國籍各月別平均停留天數

B_{ik}：母群體各國籍各月別觀光人數

3. 95% 信賴度區間推估公式

$$\sigma_{\overline{x}}^2 = \frac{1}{N_n} \sum_{k=1}^{h} N_k \frac{N_k - M_k}{N_k - 1} \sigma_k^2$$

其中 σ_k^2 代表各層（月）別觀察值之變異數，h 為層數，k 代表月份，N 代表母群體個數。

σ_k^2 之無偏推估式為： $\hat{\sigma}_k^2 = \dfrac{\sum\limits_{j=1}^{n_k}(X_{jk} - \overline{x}_k)^2}{M_k - 1}$

$\overline{x}_k$：各層別每人每天平均消費額

X_{jk}：第 k 月第 j 張問卷每人每天平均消費額

故 $\sigma_{\overline{x}}^2$ 之推估式為：

$$\hat{\sigma}_{\bar{x}}^2 = \frac{1}{N_n} \sum_{k=1}^{h} N_n \frac{N_k - M_k}{N_k - 1} \times \hat{\sigma}_k^2$$

故在 95% 信賴度下，μ 之區間推估式為：

$$\bar{x} - 1.96\hat{\sigma}_{\bar{x}} < \mu < \bar{x} + 1.96\hat{\sigma}_{\bar{x}}$$

15.3　統計圖表

報告是達成管理目標之必要手段。藉由有效的報告與溝通，方能使有關人員發掘問題、評估問題、及改善問題。行銷研究的報告，大抵可分為書面報告 (Written Form)、口頭報告 (Oral Communication)、及圖表報告 (Graphic Media) 等三種。利用書面報告以文字說明調查結果，往往因篇長累贅，不易使閱讀者把握重點。口頭報告雖然較簡潔，且可產生雙向溝通之效果，但因報告者口才、談吐等因素，仍然無法達到條分縷析的境界，不如運用圖形報告來得具體扼要，使閱讀者可立即獲得深刻的印象。

所謂統計圖表是指將樣本的統計量，即經由抽樣調查求得之母體特性，以點、線、面、體之具體圖形，圖示於紙上，使閱讀者於一瞥之間，即可獲得綜合深刻之印象。與其他之兩種報告相比較，統計圖表的報告方式，具有下列四大特色：

(1)於極短時間內立即獲得明確綜合之概念。

(2)便於多種複雜現象之相互比較。

(3)可針對某種特定現象作進一步的探討。

(4)對閱讀者具有刺激之作用。

在類別方面，依報告目的之不同，可將統計圖表劃分為結構圖表、比較圖表、歷史圖表、次數圖表、相關圖表、及統計地圖等六種不同之圖表，茲將其特性及主要用途，分別略述如下。

15.3.1　統計圖表之種類

1.結構圖表

結構圖表又稱為構成圖表，它是以表示構成某一特定現象之各個要素的組合、或概況之圖形，如銷售收入構成圖。有關圖形之選用，原則上，可依報告目的之不同而異。

表 15-7　結構圖表與報告目的

目的	圖形
(1)特定時點之構成概況 　　例：銷售構成圖	圓形圖、條形圖
(2)時間數列之構成變化 　　例：年度別銷售構成圖	條形圖、歷史線圖
(3)特定時點構成項目之比較 　　例：推銷員銷售構成圖	條形圖

2.比較圖表

於特定期間內比較兩種以上之統計量的圖表，如地區別銷售量、推銷員別銷售達成率等等。條形圖、雷達圖等皆為比較圖表常用之圖形。

3.歷史圖表

表示特定現象於某一段期間內之變動情況的圖形，即時間數列變動的圖形謂之歷史圖表，它是由時間與數量（額）等兩種不同的變數構成，如月別銷售量增減圖，主要之圖形有條形圖與線圖等兩種。在尺度的運用上，依數量（額）的變化特性，即變化傾向及變化程度之不同，數量（額）變數的尺度可分為算術尺度、指數尺度、與對數尺度等三種，前者是用以表示變化傾向，而後兩者則被用以作為表示變化程度之用，故在線圖之類別上，歷史圖表可利用算術線圖、指數線圖、及對數線圖等三種不同之線圖。

4.次數圖表

表示兩種不同變數的分配狀態之圖形稱為次數圖表，如所得別與家庭戶數的

分配狀態。次數圖表可利用算術線圖、或柏拉圖 (Pareto) 表示。

5.相關圖表

表示不同變數間之相互關係的圖形謂之相關圖，如訪問次數與銷售額間之關係。除了散佈圖之外，方形圖也是被用於作為表示相關關係之一種圖形。

6.統計地圖

表示某一特定現象在各地域間之分配狀況的圖形稱為統計地圖。基本上，它是以單點地圖與密點圖表表示之。

表 15-8　統計圖表與圖形類別核對表

圖形別＼圖表別		比較圖表	歷史圖表	結構圖表	次數圖表	相關圖表	統計地圖
線圖	算術線圖						
	指數線圖						
	對數線圖						
	距限線圖						
	帶紋線圖						
	比率線圖						
	扇狀線圖						
	柏拉圖						
條形圖	單式條形						
	複式條形						
	分段條形						
	左右平排						
	上下垂直						
面積圖	圓形圖						
	三角形圖						
	方形圖						
統計地圖	單點地圖						
	密點地圖						

15.3.2　統計圖形

1.線圖 (Line Chart)

歷史圖表及次數圖表可利用線圖來表示，前者稱為歷史線圖，後者謂之次數

線圖。

(1)歷史線圖：時間數列變動之比較，可運用歷史線圖來表示。歷史線圖是以相互垂直之縱軸與橫軸為骨幹，橫軸表示時間、縱軸表示調查統計事項之數值。根據縱尺度之分割標準，可分為算術尺度圖與單對數尺度圖等兩種。前者是用來表示增加或減少之絕對數量相等，其目的著重於某變量的絕對數在時間上之增減變化。至於後者則以相等之距離表示增加或減少之比率相等，換言之，50 與 100 之比、100 與 200 之比、200 與 400 之比、400 與 800 之比等皆相等，而後一數值皆較前一數值增加一倍，其目的在於比較兩時期之增加或減少比率。

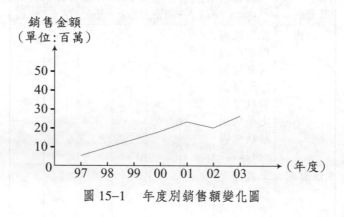

圖 15-1　年度別銷售額變化圖

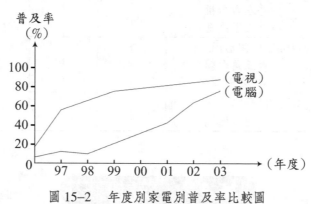

圖 15-2　年度別家電別普及率比較圖

(2)次數線圖：將調查資料編成分組次數表，然後再根據分組次數表資料繪成之圖稱為次數線圖。

表 15–9　　××年度觀光旅客來臺次數分配表

次數別	人數 (%)
第一次	46.1
第二次	16.2
第三次	10.1
第四次	5.2
第五次及以上	22.3
合計	100.0
樣本數	3,147

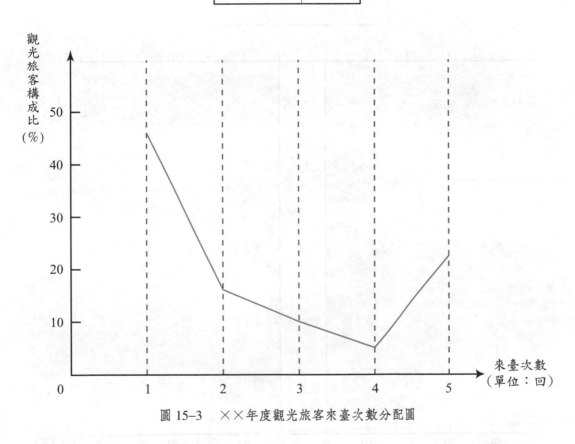

圖 15–3　　××年度觀光旅客來臺次數分配圖

2. 長條圖

　　以若干平行長條的長短表示數量之多寡，並將其作為比較依據之圖形謂之長條圖 (Bar Diagram)。在通常情況下，凡類別尺度之調查資料，如年齡、性別、職業、所得等等，皆可利用長條圖表示。

　　例如：

表 15–10　××年美國及日本觀光旅客來臺次數分配表

次數別	國籍別	
	日本(%)	美國(%)
第一次	41.1	55.3
第二次	17.6	15.5
第三次	12.2	7.5
第四次	6.2	4.0
第五次及以上	22.7	17.5
合計	100.0	100.0
樣本數	1,430	645

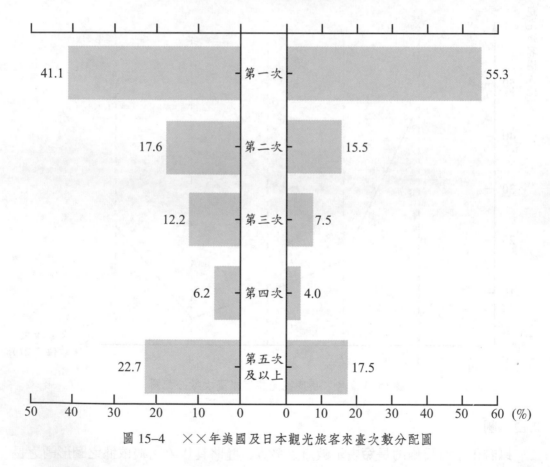

圖 15–4　××年美國及日本觀光旅客來臺次數分配圖

例如：

表 15–11　××年日本觀光旅客來臺次數比較表

次數別	年度別		增減率(%)
	××年(%)	YY年(%)	
第一次	40.7	41.1	−0.9
第二次	18.5	17.6	+5.1
第三次	9.8	12.2	−19.6
第四次	6.2	6.2	
第五次及以上	24.8	22.7	+9.3
合計	100.0	100.0	
樣本數	1,569	1,430	

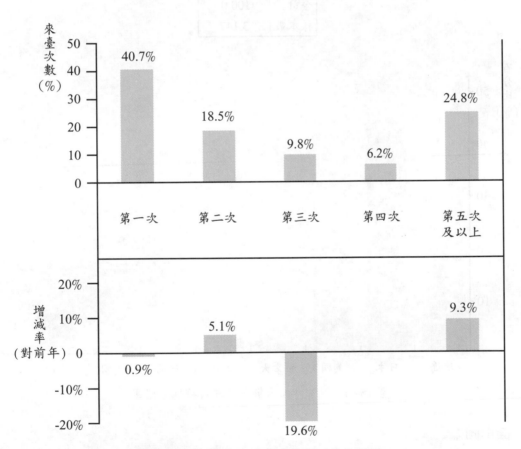

圖 15–5　日本觀光客來臺次數及其比較圖

例如：

表 15-12 ××年來臺觀光旅客國籍別分析表

國籍	百分比 (%)
華僑	17.8
日本	45.4
美國	20.4
加拿大	1.4
澳洲	2.7
英國	2.5
德國	2.4
其他	7.4
合計	100.0
樣本數	3,147

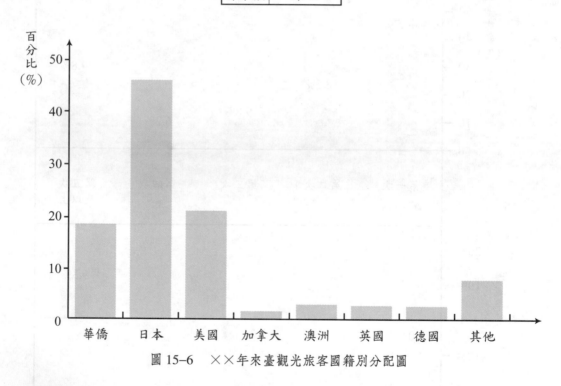

圖 15-6 ××年來臺觀光旅客國籍別分配圖

3.圓形圖

為最常見的統計圖形之一。圓形圖 (Pie Chart) 是以圓形的面積代表某一特定事實之全體，然後再按事實各部的大小，將圓形面積分為若干扇形，以代表各個事實的數量，即表示某一特定事實的構成特質，繪製之步驟如下：

(1)求各個事實在全體事實中所占之百分比。

(2)以各百分比乘 360 度，求各個事實在全體事實中所應占之度數。

(3)點定各個事實應占之度數點。

(4)由圓之中心點起，依照點定之度數點，引若干界線，將全圖分為若干扇形。

(5)將各事實之名稱及百分比，分別寫明於各扇形之內。

例如：

表 15–13 ××年日本觀光客來臺次數表

次數別	百分比(%)	度數點
第一次	41.1	147.9
第二次	17.6	63.4
第三次	12.2	43.9
第四次	6.2	22.3
第五次及以上	22.7	81.7
合計	100.0	360 度
樣本數	1,430	

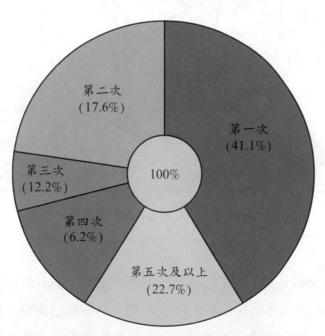

圖 15–7 ××年日本觀光客來臺次數分配圖

例如：

表 15–14　個人電腦品牌別評價表

項目	點數				
	A 牌	B 牌	C 牌	D 牌	E 牌
品質	53.6	63.4	29.8	40.9	34.3
價格	50.9	56.5	47.3	55.9	41.1
售後服務	3.2	17.3	4.1	9.7	10.7
外型	47.7	53.6	32.8	42.1	28.5
知名度	26.4	59.4	15.7	7.0	13.9

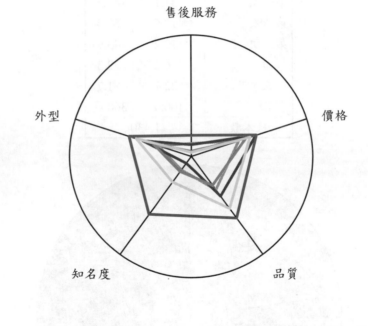

A牌　　B牌　　C牌　　D牌　　E牌

圖 15–8　個人電腦品牌別評價圖

4.統計地圖

　　表示特定事實在地域上分配關係之圖形謂之統計地圖。就行銷研究而言，主要功用是「行銷地圖」(Marketing Map) 之繪製。有關統計地圖之繪製，通常是以點之多少、大小、濃淡等表示數量的大小，並依數量之大小加上種種記號，以便使數量之集中、或分配狀況一目了然，讓資料閱讀者能立即由統計地圖看出特定

的事實。例如圖 15–9 表示××年觀光旅客在臺灣地區的旅遊動向，由臺灣地圖圖點之大小表示觀光旅客到各地區旅遊人數之多寡。若能更進一步地將此一圖形配合觀光旅客在臺灣地區停留日數資料，一併加以分析，則更能確實掌握觀光旅客的旅遊特性。

表 15–15　　××年國際觀光旅客觀光地區人數分析表

觀光地區	人次	(%)
臺北市	800	25.4
北部	1,728	54.9
中部	462	14.7
南部	453	14.7
東部	222	7.1
其他	374	11.9
樣本數	3,147	

資料來源：××年國際觀光旅客消費及動向調查。

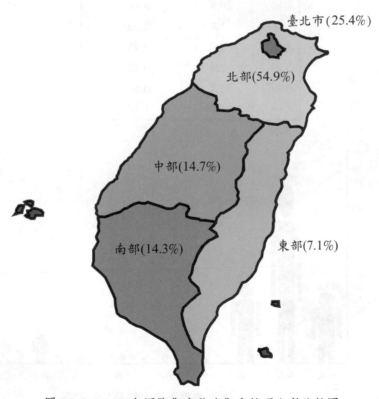

圖 15–9　　××年國際觀光旅客觀光地區人數比較圖

5.像形圖

所謂像形圖 (Figurative Diagram) 是指將欲表示之特定事實繪成圖形，並以各圖形之大小、高低、寬窄等代表特定事實數量之大小。圖 15–10 是以人體之高低來表示國籍別來臺旅遊觀光旅客之比率，繪製的方法是先設定標準長度，然後再根據此一標準長度，分別算出其他之長度。例如以華僑所占之比例 17.8%，設定長度為 3 英吋，然後根據此一假定長度，分別算出其他各個國籍人體的長度。茲以日本為例，其長度之計算方法如下：

$$X = \frac{45.4 \times 3}{17.8} = 7.6 \text{（英吋）}$$

表 15–16　比例、人體長度換算表

國籍別	比例 (%)	人體長度（英吋）
華僑	17.8	3.00
日本	45.4	7.60
美國	20.4	3.40
加拿大	1.4	0.02
澳洲	2.7	0.45
英國	2.5	0.42
德國	2.4	0.41
其他	7.4	1.24

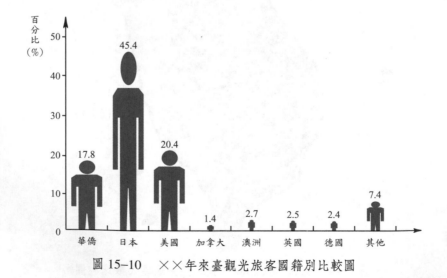

圖 15–10　××年來臺觀光旅客國籍別比較圖

Summary

　　行銷研究報告依對象之不同，區分為專門性報告、內部主管之報告與外部報告，報告之不同，報告之內容也不一樣。一般而言，行銷研究報告之構成項目應包括：①標題，②序言，③目錄，④調查設計概要，⑤調查結果分析，⑥結論，⑦建議事項，及⑧附錄。

　　統計圖表是指將樣本的統計量，以點、線、面、體之具體圖形，使閱讀者於一瞥之間，立可獲得綜合深刻之印象。統計圖表之類別計有：結構圖表、比較圖表、歷史圖表、次數圖表、相關圖表、及統計地圖等。至於統計圖形則有：線圖、長條圖、圓形圖、統計地圖、及像形圖等。不同之統計圖表，訊息表現之功能也不一樣。

Review Exercises

①試列舉行銷研究報告之構成項目。
②試論調查設計概要之必要性。
③試述統計圖表之功能。
④比較圖表與歷史圖表有何不同？試說明之。
⑤何謂統計地圖？試說明之。

索　引

C

管理學 張世佳／著

本書係依據技職體系之科技大學、技術學院及專校學生培育特色所編撰的管理用書，強調管理學術理論與實務應用並重。除了涵蓋各種基本的管理理論外，亦引進目前廣為企業引用的管理新議題如「知識管理」、「平衡計分卡」及「從A到A⁺」等。透過淺顯易懂的用語及圖列式的條理表達方式，來闡述管理理論要義，使學生能更平易的學習管理知識與精髓。此外，本書配合不同章節內容引用國內知名企業的本土管理個案，使學生在熟識的企業情境下，研討各種卓越的管理經驗，強化學生實務應用能力。

行銷管理 — 觀念活用與實務應用 李宗儒／編著

由國外經驗顯示，行銷學科的發展與個案探討，密不可分，因此本書有系統的整理國內外行銷相關書籍，其目的在於讓讀者有一系統化的概念，以助建立其行銷架構與應用。同時亦將目前許多新興的議題融入書中，每一章節以簡單的實務案例作為引言，使讀者可以更清楚章節內介紹的理論觀念；並提出學習目標與在章節最後列出思考與討論的題目，使讀者可以前後呼應，更加融會貫通。

行銷管理 — 理論與實務 郭振鶴／著

以目前臺灣中小企業所面對的行銷管理問題，有系統的解釋行銷管理相關問題。並特別加入市場調查方式內容，行銷責任中心制度應用、國際行銷、社會行銷、計量行銷，使學生學習行銷管理後能與其他知識管理相關科目加以整合串聯，環環相扣，更能達到學以致用的目的。

商用統計學 顏月珠／著

本書除了學理與方法的介紹外，特別重視應用的條件、限制與比較。全書共分十五章，章節分明、字句簡要，所介紹的理論與方法可應用於任何行業，特別是工商企業的經營與管理，不但可作為大專院校的統計學教材、投考研究所的參考用書，亦可作為工商企業及各界人士實際作業的工具。